国家重点研发计划项目“富氦天然气成藏机制及氦资源分布预测技术”
(编号:2021YFA071900);中国石油长庆油田分公司专项“鄂尔多斯盆地
古隆起对天然气富氦气藏控制研究”研究成果

鄂尔多斯盆地
EERDUOSI PENDI
氦气资源勘查及前景
HAIQI ZIYUAN KANCHA JI QIANJING

范立勇 陈践发 康锐 刘成林 李小燕
陶士振 秦胜飞 惠洁 于占海 贾丽
季海锟 文彩霞 胡新友 杨怡青 陈悦 编著
高建荣 丁振刚 王海东 张雪 曹晶晶
郑军卫 马晓峰 郝乐伟 洪思婕 陶辉飞

图书在版编目（CIP）数据

鄂尔多斯盆地氦气资源勘查及前景 / 范立勇等编著. 兰州 ： 兰州大学出版社， 2025. 1. -- ISBN 978-7-311-06844-8

Ⅰ. P618.130.2

中国国家版本馆 CIP 数据核字第 2025YP0844 号

责任编辑　哈雨昕
封面设计　程潇慧

书　　名　鄂尔多斯盆地氦气资源勘查及前景
　　　　　EERDUOSI PENDI HAIQI ZIYUAN KANCHA JI QIANJING
作　　者　范立勇　陈践发　康 锐　刘成林　李小燕　等 编著
出版发行　兰州大学出版社　（地址：兰州市天水南路222号　730000）
电　　话　0931-8912613（总编办公室）　0931-8617156（营销中心）
网　　址　hhttp://press.lzu.edu.cn
电子信箱　press@lzu.edu.cn
印　　刷　甘肃浩天印刷有限公司
开　　本　787 mm×1092 mm　1/16
成品尺寸　185 mm×260 mm
印　　张　15.75
字　　数　322千
版　　次　2025年1月第1版
印　　次　2025年1月第1次印刷
书　　号　ISBN 978-7-311-06844-8
定　　价　108.00元

（图书若有破损、缺页、掉页，可随时与本社联系）

序

氦气是关系国家安全的紧缺型战略资源，被广泛应用于国防工业、航空航天、半导体、光纤和低温超导等领域。世界氦气资源分布极不均衡，供需矛盾突出。我国氦气需求量大，但供应长期依赖进口，急需建立自己的氦气供应产业链。

我国的氦气资源分布总体呈现“点多、面广”的特征，但资源探明程度整体比较低。目前，我国已在四川盆地、鄂尔多斯盆地、渭河盆地、塔里木盆地、柴达木盆地、松辽盆地、渤海湾盆地、三水盆地等地发现富氦天然气藏或气样。鄂尔多斯盆地作为我国大型的含油气盆地，发现其富氦天然气藏前景广阔；因此，评价其氦气资源潜力，阐明其富氦天然气藏的形成机制和成藏模式，探明其氦气资源前景，能为国内的氦气供应提供重要保障。本书作者团队在对全盆地系统采样、实验分析和长期积累研究的基础上，取得了以下主要研究成果：(1) 提出了氦源岩的评价参数，分别为氦源岩岩石类型、氦源岩铀钍元素丰度、氦源岩形成时间及氦源岩体积规模；(2) 明确了鄂尔多斯盆地重点区带的氦源岩类型及其分布特征，认为鄂尔多斯盆地潜在氦源岩为壳源型，包括基底岩系和沉积岩系，具有“多源供氦”特征——由烃源岩、储集层中铀和钍的放射性衰变，以及地层水中溶解的来自其他岩石铀和钍的衰变来提供氦源；(3) 发现鄂尔多斯盆地氦气为壳源成因氦，氦气含量总体上呈现“边缘高，中央低”的分布特征，其中，庆阳气田的氦气含量最高，基本达到工业提氦标准（氦含量大于0.1%），神木气田部分达到工业提氦标准，其余气田均为贫氦气田，氦气显示较差；(4) 建立了鄂尔多斯盆地基底、基底—沉积岩系、沉积岩系供氦模式，从庆阳气田、黄龙气田、苏里格气田和神木气田等典型气藏氦气富集模式发现，各气田的氦气富集模式存在差异，但总体上与地质构造、氦源岩类型、断裂系统及沉积环境等因素密切相关——氦气在地下水中的溶解度变化及其脱溶过程是氦气富集成藏的关键因素之一，同时地质构造的复杂性、裂缝和断层的发育情况以及地层的演化历史对氦气的运移和富集具有重要影响；(5) 鄂尔多斯盆地氦气成藏主控因素为古隆起、富氦铀钍的花岗岩类基底、基底断裂分布特征和运移距离等——古隆起提供了储集空间，富氦铀钍的花岗岩类基底是氦气的主要来源，基底断裂提供了氦气运移通道，运移距离影响氦气聚集程度；(6) 划分了富氦—中氦区、低氦区和贫氦区，优选了最具勘探潜力的区带，这些区带主要集中在渭北隆起的斜坡地带和伊陕斜坡东北部的神木气田东部。

本书提出了氦源岩的评价参数，明确了鄂尔多斯盆地重点区带的氦源岩类型及其“多源供氦”的分布特征，明确了盆地为壳源成因氦和“边缘高，中央低”的分布特征，建立了鄂尔多斯盆地基底、基底—沉积岩系、沉积岩系供氦模式并明确了盆地氦气成藏主控因素，划分了富氦区、中氦区和低氦区并优选出最具勘探潜力的区带。这些重要的研究成果将推动我国氦气资源调查、研究工作的开展，对鄂尔多斯盆地乃至我国氦气资源勘探取得突破具有重要借鉴意义。

本书不仅是关于鄂尔多斯盆地氦气研究的第一本专著，也是关于我国诸盆地的研究中第一本系统探索、精心研究氦气的专著。其正式出版，将有助于缓解我国当前氦资源短缺的状况，值得大家一读。

中国科学院院士：戴金星

2025年1月

前　言

氦气被广泛应用于国防工业、航空航天、半导体、光纤和低温超导等尖端领域，具有重要的国防和工业价值，是一种十分稀缺且不可替代的战略资源。目前，从富氦、含氦天然气藏中提取氦气仍是工业制氦的唯一有效途径。四川盆地的威远气田是我国最早进行氦气工业提取和利用的天然气田，但由于气田开发时间较长，目前资源已日渐枯竭，在全国主要盆地内寻找富氦天然气藏迫在眉睫。鄂尔多斯盆地的氦气资源量超 50×10^8 m^3，但仍存在对其含氦气藏时空分布特征认识不清、稀有气体来源尚存争议、重点含氦气藏氦气富集机制及主要控制因素仍未明确等问题，这严重制约了氦气资源的勘探开发进程。

本书利用优化的色谱分析技术精确厘定鄂尔多斯盆地重点区带含氦天然气藏的氦气丰度，明确了鄂尔多斯盆地主要天然气藏的氦资源量及其分布特征；基于天然气分子组成、稳定同位素、稀有气体同位素分析明确了鄂尔多斯盆地重点区带含氦、富氦天然气藏中氦气及伴生气体的成因和来源；通过类比烃源岩评价参数体系提出了氦源岩评价参数，明确了鄂尔多斯盆地重点区带氦源岩的类型及分布特征；在形成机制和控制因素方面，通过深入分析建立了鄂尔多斯盆地重点区带含氦、富氦气藏的形成机制和主要控制因素，以及成藏模式。综合分析后本书认为，古隆起、富氦铀钍的花岗岩类基底、基底断裂分布特征和运移距离等是影响盆地氦气富集的关键地质因素。

本书提出了一些新的认识，包括：（1）在系统梳理国内外氦气勘探开发现状与地质理论研究进展，剖析国内外典型氦气成藏特征及模式的基础上，对比烃源岩评价参数，提出了氦源岩的评价参数，编制了氦源岩氦气生成潜力评价图版；（2）根据测井资料，结合岩样主微量元素分析，对鄂尔多斯盆地氦源岩特征及生氦潜力进行了系统评价；（3）基于天然气组分分析及同位素分析认为，鄂尔多斯盆地总体上氦气含量呈现“边缘高，中央低”的分布特征，为壳源成因氦；（4）剖析含氦、富氦天然气的成藏特征，认为鄂尔多斯盆地氦气成藏主控因素为古隆起、富铀钍的花岗岩类基底、基底断裂分布特征和运移距离等，建立了基底、基底—沉积岩系、沉积岩系供氦模式；（5）结合鄂尔多斯盆地富氦气藏主控因素和构造沉积背景，通过详细分析盆地内不同区带的氦气丰度、生氦强度及盖层厚度等因素，划分了富氦—中氦区、低氦区和贫氦区；（6）在鄂尔多斯盆地尚未发现天然气田的地区中，预测并优选了富氦天然气藏的有利勘探区带，特别指出靠近渭北隆起的斜坡地带、伊陕斜坡东北部的神木气田东部、伊陕斜坡和渭北隆起交会部位的宜君—黄龙断坡带、天环坳陷与西缘逆冲带相邻处的苏里格西区西部等为富氦气藏有利区。

本书的研究成果明确了鄂尔多斯盆地天然气藏氦资源分布特征，建立了氦气富集成藏理论体系及动态成藏机制；构建了鄂尔多斯盆地壳源氦精细识别技术、氦资源评价预测技术，以及富氦天然气有利分布区带及勘探目标预测技术。本书为理解和预测富氦天然气藏的分布提供了科学依据，将推动鄂尔多斯盆地氦气资源调查、研究工作的开展，对鄂尔多斯盆地乃至我国氦气资源勘探的突破具有重要的借鉴意义。

本书共七章，其中第一章探讨了氦气的发现、性质、应用、来源、赋存、制备及储运等基本概况，由郑军卫、李小燕、秦胜飞、陈践发执笔；第二章基于文献调研，梳理了世界氦气资源现状、勘探开发及地质理论的研究进展，剖析了国内外典型氦气藏特征，明确了富氦气藏成藏机理与成藏模式，由李小燕、郑军卫、陶士振、秦胜飞、陈悦、于占海、陈践发、马晓峰、郝乐伟、陶辉飞执笔；第三章从区域构造背景、主要演化阶段、构造单元划分、基底结构—构造特征及形成演化4个方面阐述了鄂尔多斯盆地区域地质概况，由康锐、贾丽、季海锟、文彩霞、胡新友、丁振刚、洪思婕执笔；第四章基于地球化学数据，重点探讨了鄂尔多斯盆地天然气、氦气的成因和来源，认为鄂尔多斯盆地含氦天然气呈现壳源氦的特征，由陈践发、惠洁、胡新友、范立勇、杨怡青、高建荣执笔；第五章重点分析了鄂尔多斯盆地长庆气区典型气藏特征，并提出了各气田氦气的富集成藏模式，由范立勇、康锐、惠洁、王海东、刘成林、陈践发、马晓峰执笔；第六章在与国内外典型富氦天然气藏分析对比的基础上，综合分析并确定了古隆起、花岗岩基底、深大断裂为影响鄂尔多斯盆地天然气中氦气富集的关键因素，由刘成林、康锐、范立勇、郝乐伟、曹晶晶、于占海、文彩霞、张雪执笔；第七章主要针对壳源氦进行探讨，提出了壳源氦源岩评价参数和标准，并对全球壳源氦进行了评价，发现鄂尔多斯盆地具有较好的氦气资源前景，可以划分为富氦—中氦区、低氦区和贫氦区，优选出4个最具勘探潜力的区带，由范立勇、陈践发、康锐、刘成林、王海东、高建荣、季海锟、丁振刚、贾丽执笔；最后全书由范立勇、陈践发、康锐、刘成林、李小燕统稿。

本书受国家重点研发计划项目“富氦天然气成藏机制及氦资源分布预测技术”（编号：2021YFA071900）和中国石油长庆油田分公司专项“鄂尔多斯盆地古隆起对天然气富氦气藏控制研究”联合资助，在此表示感谢。也衷心地感谢王晓晨、张蕾春、田欣在绘制图件和资料梳理等方面所做的贡献。在本书撰写过程中，我们参考了诸多前人成果，部分资料因无法查明原始作者而未能标明出处，谨此致歉，并对所有作者致以诚挚谢意。

鄂尔多斯盆地氦气成藏研究程度低，资料有限，正处于探索阶段，本书中难免有一些认识不到位和表述欠准确的地方，敬请广大专家读者批评指正。

目 录

第一章 绪论 ……1

第一节 氦气概况 ……1

一、氦气的发现 ……1

二、氦气的性质 ……2

三、氦气的应用 ……3

第二节 氦气来源、成因及赋存 ……6

一、氦气来源 ……7

二、氦气成因判识 ……11

三、氦气赋存 ……13

第三节 氦气制备和储运 ……15

一、氦气制备 ……15

二、氦气储运 ……17

第二章 国内外氦气资源勘探开发与地质理论研究进展 ……19

第一节 氦气资源勘探开发进展 ……19

一、全球氦气资源 ……20

二、氦气勘探开发进展 ……25

第二节 氦气地质理论研究进展 ……32

一、氦气聚集与地层时代关系 ……32

二、氦气与天然气伴生关系 ……33

三、氦气富集条件及机理 ……35

四、氦气富集成藏特征及模式 ……42

五、氦气资源评价 ……56

第三节　国内典型氦气藏特征 ……65
一、四川盆地 ……65
二、鄂尔多斯盆地 ……70
三、塔里木盆地 ……73
四、柴达木盆地 ……78
五、松辽盆地 ……82
六、苏北盆地 ……83
第四节　国外典型氦气藏特征 ……86
一、美国 ……86
二、俄罗斯 ……93
三、阿尔及利亚 ……95
四、坦桑尼亚 ……97
五、卡塔尔 ……100
六、其他国家 ……102

第三章　鄂尔多斯盆地区域地质概况 ……104

第一节　区域构造背景 ……104
一、秦岭造山带 ……104
二、北祁连造山带 ……105
三、兴蒙褶皱带南部 ……106
第二节　鄂尔多斯盆地主要演化阶段 ……110
一、鄂尔多斯盆地太古宙基底演化 ……110
二、中晚元古代坳拉谷 ……110
三、早古生代浅海台地 ……111
四、晚古生代克拉通坳陷 ……111
五、中生代内陆坳陷 ……111
六、新生代周缘断陷 ……112
第三节　鄂尔多斯盆地构造单元划分 ……114
一、伊盟隆起 ……114
二、西缘逆冲带 ……116
三、天环坳陷 ……116

四、渭北隆起 ……116
五、晋西挠褶带 ……117
六、伊陕斜坡 ……118
第四节　鄂尔多斯盆地基底结构—构造特征及形成演化 ……118
一、基底构造单元划分 ……118
二、各单元结构—构造特征 ……119
三、基底形成演化 ……127

第四章　鄂尔多斯盆地天然气和氦气成因及来源 ……130

第一节　天然气成因及来源 ……130
一、烃类气体成因和来源 ……130
二、非烃类气体成因和来源 ……134
第二节　氦气成因及来源 ……136

第五章　鄂尔多斯盆地典型气藏氦气富集成藏模式 ……140

第一节　庆阳气田氦气富集成藏模式 ……140
一、庆阳气田氦气含量分布特征 ……140
二、庆阳气田氦气富集成藏模式 ……143
第二节　黄龙气田氦气富集成藏模式 ……148
一、黄龙气田氦气含量分布特征 ……148
二、黄龙气田氦气富集成藏模式 ……153
第三节　苏里格气田氦气富集成藏模式 ……159
一、苏里格气田氦气含量分布特征 ……159
二、苏里格气田氦气富集成藏模式 ……160
第四节　神木气田氦气富集成藏模式 ……171
一、神木气田氦气含量分布特征 ……171
二、神木气田氦气富集成藏模式 ……176

第六章　鄂尔多斯盆地氦气富集成藏主控因素 ……181

第一节　古隆起促进气体的聚集 ……181
第二节　花岗岩类基底充当优质氦源岩 ……184

第三节 深大断裂可作为氦气运移的通道 ……186

第七章 鄂尔多斯盆地氦气资源潜力和勘探前景 ……189

第一节 壳源氦源岩评价参数 ……189
第二节 壳源氦源岩评价标准及全球氦源岩评价 ……190
一、长岩石年龄,高铀钍丰度 ……191
二、长岩石年龄,低铀钍丰度 ……193
三、短岩石年龄,高铀钍丰度 ……194
四、短岩石年龄,低铀钍丰度 ……195
第三节 壳源氦源岩特征 ……197
一、盆地基底花岗岩 ……197
二、富有机质泥页岩 ……199
三、铝土岩 ……201
第四节 鄂尔多斯盆地壳源氦源岩评价 ……208
一、基底型氦源岩 ……208
二、沉积型氦源岩 ……212
第五节 鄂尔多斯盆地氦气资源有利区带优选 ……217

参考文献 ……220

第一章　绪　论

氦气不仅被称作“气体稀土”和“黄金气”，还有着“拯救生命的资源”的美誉，被广泛应用于国防工业、航空航天、半导体、光纤和低温超导等尖端领域，具有重要的国防和工业价值，涉及国家安全、人民健康、经济发展，逐步成为大国角逐的战略资源，在未来科技领域具有重大的作用。本章探讨了氦气的发现、性质、应用、来源、赋存、制备及储运等基本概况。

第一节　氦气概况

氦气是一种稀有的惰性气体，氦也是宇宙中丰度仅次于氢的第二高的元素。由于其特殊的物理化学性质，氦气已在低温、高技术冷却、航空航天、深潜、工业、信息产业、科学研究、军事、民生及终极能源等十大领域得到广泛应用，相信随着科技的发展氦气将会在新的领域展现出更多的潜力。

一、氦气的发现

氦的发现涉及天文学和化学，氦是唯一在地球以外被首次发现的元素。结合前人的研究成果（李玉宏等，2022；秦胜飞等，2024），将氦气的研究分为以下三个关键阶段。

第一阶段：宇宙中氦的发现。1868年，法国天文学家朱尔斯·让森（Jules Janssen）和诺曼·洛克耶尔（Norman Lockyer）在观测日全食时，在太阳光谱中观察到一条未知的黄色光谱线，波长587.49 nm，由于它是在太阳的日珥上被偶然发现的，不属于当时的任何已知元素，因此，以前人们把氦称为“太阳元素”。随后，洛克耶尔根据希腊神话中的太阳神赫利俄斯（Helios）的名字将这个元素命名为“氦”（Helium）。

第二阶段：地球上氦气的发现。1895年，瑞典化学家珀尔·特奥多尔·克列夫（Per Teodor Cleve）和尼尔斯·亚伯拉罕·朗格勒（Nils Abraham Langlet）在对铀矿石加热后所释放出的气体的研究过程中，以及英国化学家威廉·拉姆齐（William Ramsay）

在研究新元素氩的过程中，均发现了氦气，证明氦气不仅存在于太阳中，也存在于地球上。拉姆齐的研究也揭示了氦、氩等元素在地球大气中的分布。1903年，在美国堪萨斯州的德克斯特镇的石油钻探中，发现了一种“不燃烧”的气体，化学家卡迪·汉密尔顿（Cardy Hamilton）和戴夫·麦可法兰德（Dave McFarland）分析发现该气体样本中含有1.84%的氦。这是首次在天然气中发现氦气，表明氦气虽然在地球上很罕见，但可从天然气中获取。1907年，物理学家发现，氦气的密度只有空气的1/7左右，是一种质量极轻的气体，这成为氦气的主要优势之一；科学家将α粒子打入真空管，并向管内放电，通过观察管内气体的发射光谱，证明了α粒子就是氦核。1908年，荷兰物理学家卡墨林·翁纳斯（Kamerlin Onnes）首次液化了“永久气体”——氦，开创了低温工程学和低温物理学的新纪元。1910年，美国发现了富氮高氦天然气田——潘汉德·胡果顿（Panhandle-Huguton）气田，是世界上最大的氦气田，这使美国成为全球氦气的主要供应者，其探明的氦气地质储量达到$112×10^8 m^3$，平均氦气含量为0.49%。1911年，科学家在利用液氦冷却汞时，发现汞的电阻几乎降为零，这打开了超导世界的大门。1937年，物理学家意外发现，在−270.98 ℃左右时，液氦的比热容会发生突变，从而发现了超流态现象。

第三阶段：氦的同位素的发现。20世纪30年代，科学家使用粒子加速器研究原子核反应，一些原子核反应产生了与^4He不同的轻氦同位素，即^3He。由于^3He的质量和核磁性质的独特性，可以借助光谱学和质谱学技术将^3He和^4He区分开来。20世纪中后期，天体物理学家也观察到^3He的存在，证实了^3He在太阳系中的自然存在。

二、氦气的性质

氦的化学符号为He，原子序数为2，它在元素周期表中位于0族。氦气属于稀有气体，是一种惰性气体，不易燃烧或爆炸。氦气是所有气体中第二轻的气体，而氦也是宇宙中丰度仅次于氢的元素。但氦气比氢气更为稳定和安全。在物理性质方面，氦气具有极低的沸点（−268.93 ℃）和熔点（−272.2 ℃），是所有已知元素中最低的。氦气在极低温度下仍然保持气态。氦气的密度也非常低，约为空气的1/7。氦气的化学惰性非常强，几乎不与其他元素或化合物发生化学反应，这使它成为一种非常稳定的气体（刘凯旋等，2022；许光等，2023；张文等，2024）。氦在水中的溶解度很低，0 ℃时，氦在水中的溶解度约为0.001 7 g/kg，约为氮气在水中溶解度的1/20，且随着温度的升高，氦在水中的溶解度会降低（秦胜飞等，2024）。这些性质使得氦气在科学研究、工业应用和日常生活中都有着广泛的用途（表1-1-1）。

表 1-1-1 氦气的性质与应用（贾凌霄等，2022）

性质	应用
沸点最低；在大气压下不会凝固	低温超导体的液体冷却 吹扫液氢系统
是世界上第二轻的元素（仅次于氢）	气球、飞艇的起重介质
最小的分子尺寸	泄漏检测
非常强的化学惰性	运载气体、半导体
非常高的比热容和导热系数	气体冷却——光纤
具有放射性惰性（无放射性同位素）	聚变反应堆中的传热介质
最高电离电位	金属电弧焊接——铝 等离子弧焊接——钛
极低的溶解度	深海潜水气体
极高的声速	金属涂层
低于2.2开尔文（K）的超流体	低温超导体的冷却

三、氦气的应用

氦气具有分子最小、沸点最低、化学性质不活泼、热稳定性高、导热率高、渗透性强、密度低、扩散易、溶解难、密封难等特殊的物理化学性质，在多个领域中发挥着不可或缺的作用（李玉宏等，2023；唐金荣等，2023；朱光有等，2024；陶士振等，2024；秦胜飞等，2024）。由于氦气的沸点极低，是成为超低温冷却剂的理想选择，其被广泛应用于超导磁体的冷却，如核磁共振成像（MRI）和粒子加速器中，其高效的冷却性能确保了设备的正常运行。在航空航天领域，氦气被用于加压和置换火箭燃料箱中的气体，以确保燃料的平稳输送并防止氧化反应，其惰性特性使其在高压和高温条件下仍能保持稳定。氦气的低密度和非易燃性使其成为气球和飞艇的理想填充气体，被广泛用于广告、气象研究和其他需要安全升空的场合（秦胜飞等，2022）。在深海潜水中，使用氦气混合气可以提高潜水的安全性和可操作性。在医疗领域，氦气可增加呼吸系统中氧气的运输速度，缓解呼吸系统疾病的症状，也可用于神经系统疾病的治疗和预防（李玉宏等，2023）。在电子工业中，氦气作为保护气体被用于半导体和光纤的生产过程中，可防止高温反应时材料的氧化和杂质污染，确保产品的纯度和性能。在科学研究领域，特别是在低温物理和超流体研究中，氦气因其独特的物理特性被广泛用作工作介质，是许多实验的关键。另外，氦气在民生、教育、军事、信息产业等领域，也有很广泛的用途（李玉宏等，2023；秦胜飞等，2024）。氦气的低反应、低沸点和低密度的独特性质，使其在许多领域成为不可或缺的物质，其广泛的应用体现了它的不可替代性和多功能性。表1-1-2为根据前人研究归纳总结的氦气的十大应用领域，相信随着科技的发展，氦气在新的领域将展现出更多的潜力。

表1-1-2　氦气的应用领域

序号	应用领域		应用性质及具体用途
1	低温	超导研究	氦气，特别是液态氦，由于其极低的沸点（接近绝对零度），在超导性研究中发挥着关键作用。超导体在极低温下展现出零电阻特性，对实验物理学至关重要。如在粒子加速器和量子计算机的研发中，氦气可提供冷却环境。磁性材料立方体悬浮在超导体上方，磁铁的磁场在超导体中感应出电流，从而产生相等且相反的磁场，精确平衡立方体上的重力
		核磁共振成像	在核磁共振成像（MRI）中，液氦提供低温环境，用于冷却核磁共振成像设备中的超导磁体，以保证设备稳定运行，高分辨率成像
2	高技术冷却	粒子物理学实验	在大型强子对撞机（LHC）等粒子加速器中，氦气扮演着至关重要的角色。作为超低温冷却剂，氦气主要用于为加速器中的超导磁铁提供冷却，使其温度达到接近绝对零度的超低水平，在这样的低温下，磁铁的材料将变为超导体，从而能够产生强大且稳定的磁场，这对于粒子加速和精确控制粒子路径至关重要。氦气的高热导率也帮助整个系统有效分散热量，确保加速器的稳定运行和实验的精确性
3	航空航天	火箭和航天器	在液体燃料航天器发射中，氦气是无可替代的燃料仓和管道系统的清洗剂、检漏剂，燃料加载的增压气和冷却剂，等等。氦气能够在液氢环境下作业，清洗增压液氢罐和管道系统
		飞艇	在飞艇中，氦气被用作气囊气体，以提供浮力，克服了氢气球易燃、易爆的缺点。在飞机发明前，氦飞艇曾承载着人们安全飞翔的梦想
4	深潜	气体混合物	在深海潜水中，潜水员通常会使用氦氧混合气体（Heliox）来进行深海潜水（或用于潜艇），让潜水变得更安全。氦氧混合气的优点：① 它比普通空气或氮氧混合气具有更低的密度和黏度，降低了深潜时呼吸的阻力，使得呼吸更加容易；②由于氦气是惰性气体，它不会像氮气那样在高压下导致氮醉现象，增加了潜水的安全性；③氦气溶解性较差，减少了迅速上升时气体泡产生的概率，降低了潜水员患上减压病的风险
5	工业	焊接与切割	氦气由于其惰性和高热导率，被用作保护气体，能够防止焊接区域受到氧化和污染，同时提供稳定的电弧并加速焊接过程，特别适用于厚材料的深穿透焊接。氦气在高速切割中能够减少金属飞溅，提供更清洁的切割边缘

续表 1-1-2

序号	应用领域		应用性质及具体用途
5	工业	光纤制造	氦气作为高效的冷却剂来冷却新拉制的光纤，以防止微裂纹的形成，保证光纤的质量；适当的冷却还有助于控制光纤的直径和圆度。由于氦气具有高热导率，它能够快速有效地从光纤表面带走热量，减少热应力，从而帮助光纤维持结构完整性，优化其光传输特性。作为一种惰性气体，氦气在制造过程中不会与光纤材料发生化学反应，保持了光纤的光学纯度
		芯片制造	化学惰性和高导热率使其成为芯片制造必不可少的保护气，提供理想的非氧化环境，用于纳米级的芯片制造，尤其是在高端芯片制造中应用广泛
		第四代核反应堆	第四代核反应堆中，在高达 790 ℃的气体冷媒温度下，只有氦气具有必需的化学稳定性、惰性、高传热速率、低动力学压力损失和低中子有效截面
6	信息产业	量子计算机	量子计算机为使量子比特温度保持在绝对零度左右，需采用液氦冷却，离开了氦，量子计算机将无法稳定运行
		硬盘	氦气更多地被用于填充硬盘，在硬盘中使用氦气的益处有：①氦气的密度相比空气更低，阻力更小，可以降低摩擦力和风阻，使盘片更加容易旋转，提高硬盘的读写速度和性能；②氦气的热传导性能比空气好，能够更好地散热，减少硬盘运行时所产生的热量；③氦气的化学惰性能够更好地保护硬盘内部的磁性涂层和读写头，延长硬盘寿命，填充了氦气的硬盘，其使用寿命比普通硬盘高两倍以上，同时读写速度和性能也得到明显提升
7	科学研究	天文学和宇宙学	氦是恒星核反应的重要产物。天文学家可通过分析氦在恒星光谱中的特征来研究恒星的演化和宇宙的早期状态
		精密分析与实验检测	精密分析中，氦气作为氛围气被用于运载被检测气体进入分析装置，由于其化学惰性，在使用过程中不会与被检测组分发生任何化学反应，保证了检测准确性。氦气的相对分子质量和物理性质与大部分要分析的物质差别很大，利用氦气作载气，对基于热导系数、声速和密度等变化的检测器来说，均可以实现最高的检测灵敏度
		地震监测	$^{3}He/^{4}He$ 值是灵敏的地壳稳定性指标，可以用于监测地震
		纳米材料	氦气气溶胶能够制备纳米颗粒和涂层
		其他领域	氦气还可用于低温制冷、超导、气体探测器、流体动力学等实验研究领域
8	军事	探测设备	氦气在高精度军事探测设备中发挥至关重要的冷却作用。氦气，尤其是液态氦，被用作军事探测设备（如红外传感器和其他高灵敏度的电子仪器）的冷却剂，提供必需的低温环境以提高设备性能和准确度。作为一种惰性气体，氦气在冷却过程中不会与设备材料发生化学反应，保证了设备的安全和长期稳定性

续表 1-1-2

序号	应用领域		应用性质及具体用途
9	民生	医疗领域	氦气在医疗领域有重要的应用，被称为“拯救生命”的气体。如在核磁共振（NMR）和核磁共振成像（MRI）等技术中，氦气可保证高清成像；呼吸系统疾病的治疗中，氦气可增加呼吸系统中氧气的运输速度，缓解呼吸系统疾病的症状；氦气还可用于神经系统疾病的治疗和预防
		娱乐和广告	氦气灯以氦气为放电气体，主要用于广告灯箱、霓虹灯、紫外线光源等方面。由于氦气能够产生明亮的黄色光芒，常被用于商业和娱乐场所中的灯光效果。氦气被广泛用于气体充填，如球类、气球、气垫等，由于氦气的密度比空气低，可使充入的物体漂浮在空中，可在庆祝活动和广告中使用
		电子支付领域	在电子支付领域，氦氖混合制成的氦氖激光器便宜、高效且能耗低，被广泛应用于条形码识别、二维码支付等场合
		食品包装	氦气可填充于食品包装中，以保持食品的新鲜度和质量
		科学教育和传播	吸入少量氦气后会使说话声音变高，用于科普活动
10	终极能源	终极聚变	^{3}He是世界公认的高效、清洁、安全、廉价的核聚变发电燃料。“第三代”核聚变（^{3}He与^{3}He反应）不产生中子，放射性小，反应易控制，既环保又安全，被称为终极聚变。10 t ^{3}He就能满足我国一年所有的能源需求，100 t ^{3}He便能提供全世界的能源需求。但^{3}He在地球上的蕴藏量很少，月壳浅层含有上百万吨^{3}He，足够人类使用上万年

第二节　氦气来源、成因及赋存

地球上的氦气来源按所居地球圈层分为大气源、壳源和幔源，壳源又可按含油气系统要素与储层岩性等进一步细分，大部分天然气藏中的氦以壳源氦贡献为主。氦有^{3}He和^{4}He 2种稳定同位素，地球上的^{3}He基本是地球形成时捕获的太阳系的原始氦，地球形成后新生成的氦，基本是^{238}U、^{235}U和^{232}Th经过α衰变产生的^{4}He，有衰变反冲、扩散、破裂和矿物转变4种释放方式。^{3}He/^{4}He值可用来示踪氦气来源、地质作用和地球化学过程。世界上尚未发现单一的纯氦气藏，氦气大多与甲烷、氮气、二氧化碳等伴生或是溶解在水中形成水溶气，一般分布在古老基底之上、深大断裂周围、地下水活跃地区、构造高部位（中浅层）、常压或者低压带以及天然气丰度低的地区。

一、氦气来源

一般情况下，只要富/含U、Th放射性矿物的岩石都可以衰变生成氦气。陶士振等（2024）按所处地球圈层将氦气来源分为幔源、壳幔混源、大气源、壳源；按岩石类型分为岩浆岩、沉积岩和变质岩；按含油气系统要素分为油气系统中烃源岩、储集岩、盖层等岩石氦源，基底氦源，地幔氦源等（表1-2-1）。普遍的分类是按所处地球圈层分为大气源、壳源（放射性成因）和幔源（Ballentine et al.，2002；尤兵等，2022）。在已报道的沉积盆地内的富氦天然气藏中，大部分天然气藏中的氦以壳源氦贡献为主（李玉宏等，2017；陶小晚等，2019；尤兵等，2022；Ballentine et al.，1991；Xu et al.，2017；Zhang et al.，2019），以幔源氦贡献为主的气藏相对较少（表1-2-2），而天然气藏中的大气氦含量较少，通常可忽略不计。

表1-2-1 氦气来源分类及特征（据陶士振等，2024，修改）

分类依据	分类及特征	
按地球圈层	大气源	$^3He/^4He$ 值等于 1.4×10^{-6}
	壳源	$^3He/^4He$ 值小于 2.0×10^{-8}
	壳幔混源	$^3He/^4He$ 值为 2.0×10^{-8}～1.1×10^{-5}
	幔源	$^3He/^4He$ 值大于 1.1×10^{-5}
按岩石类型	岩浆岩	花岗岩、伟晶岩等
	沉积岩	黑色页岩、铝土岩、煤岩等
	变质岩	片麻岩、花岗片麻岩、板岩
按含油气系统要素	油气系统	烃源岩、储集岩、盖层等岩石氦源
	基底氦源	古老基底富U、Th各类岩石
	地幔氦源	地球形成的原始 ^3He

沉积盆地内不同来源氦气的具体特征如下（陈践发等，2021；尤兵等，2022）。

大气源氦。通常，大气源氦主要来自固体地球脱气作用释放出的氦气，如大洋中脊的火山喷发、岩浆脱气和岩石风化作用释放出来的氦。大气中氦的含量极少，约占0.000 524%，一般可在地下水补给区溶解于水中（图1-2-1），随着地下水循环进入盆地流体系统。但天然气藏中的大气氦含量较少，常忽略不计（Dai et al.，2017）。

表1-2-2 含氦盆地或油气田氦气资源量

盆地或油气田	层位	氦气含量/%	$^3He/^4He$	幔源氦/%
四川盆地威远气田	Pt、Z、Є、P	0.029～1.604	0.001～0.090 Ra	<1.34
鄂尔多斯盆地东胜气田	C	0.045～0.487	$1.83×10^{-8}$～$6.25×10^{-8}$	<0.39
鄂尔多斯盆地苏里格气田	C	0.016～0.035	0.01～0.03 Ra	0.03～0.36
柴北缘地区	—	0.012～0.484	0.010～0.048 Ra	0.03～0.67
关中盆地	—	0.057～2.94	0.022～0.126 Ra	0.23～1.94
准噶尔盆地	C、P、J、K、N	0.002～0.236	0.014～0.306 Ra	0.10～4.89
塔里木盆地和田河	C、O	0.30～0.37	0.06～0.08 Ra	0.85～1.18
渭河盆地	N	0.40～3.43	$2.1×10^{-8}$～$76.1×10^{-8}$	0.01～6.75
松辽盆地三肇凹陷	J、K	0.102～0.404	$1.01×10^{-6}$～ $4.21×10^{-6}$	9.1～38.2
松辽盆地万金塔	K	0.01～0.08	$6.30×10^{-6}$～ $7.20×10^{-6}$	57.2～65.4
苏北盆地黄桥凹陷	N	1.20～1.34	$3.71×10^{-6}$～ $4.89×10^{-6}$	34.0～44.0
三水盆地	—	0.008～0.259	$1.60×10^{-6}$～ $6.36×10^{-6}$	11.0～56.0
美国 Panhandle-Hugoton	P	0.293～1.047	0.14～0.25 Ra	2.17～3.97
匈牙利 Pannonian Basin	N	0.036～0.125	0.18～0.38 Ra	2.82～6.11
美国 Permian Basin	—	—	0.20～0.55 Ra	3.15～9.00
北美 Williston Basin	Є、D、C、J、K	0.003～2.84	0.01～0.30 Ra	0.03～4.79
北坦桑尼亚分支	—	2.70～10.60	0.039～0.053 Ra	0.51～0.74
坦桑尼亚 Mbeya 地区	—	0.004～2.500	0.18～3.45 Ra	2.82～56.50

注：Ra=$1.4×10^{-6}$，幔源氦（%）=[（$^3He/^4He$）$_{样品}$-（$^3He/^4He$）$_{壳源}$]/[（$^3He/^4He$）$_{幔源}$-（$^3He/^4He$）$_{壳源}$]×100；其中（$^3He/^4He$）$_{壳源}$和（$^3He/^4He$）$_{幔源}$分别取0.008 Ra和6.1 Ra]或$2×10^{-8}$和$1.1×10^{-5}$来计算。“—”表示无相关数据或说明

幔源氦。幔源氦中^3He的含量相对更高。地幔中含大量原始气体，属于地球形成时赋存于地球内部的气体，包括CO_2、N_2、CH_4、He等挥发物，其可通过岩浆脱气作用被释放出来，从而使氦气进入盆地流体系统中（图1-2-1）。只有地幔熔融和岩浆活动才能源源不断地把^3He和其他挥发物运移输送到盆地流体系统中。因此，幔源^3He的存在意

味着盆地底部存在构造活动或火山活动。

壳源氦。壳源氦为放射性成因氦（^4He），为目前工业用氦的主要来源。自然界中U、Th等放射性元素（^{238}U、^{235}U和^{232}Th）的衰变都会产生^4He，如典型的衰变反应有：$^{238}U\rightarrow^{206}Pb+8^4He+6\beta$、$^{235}U\rightarrow^{207}Pb+7^4He+4\beta$、$^{232}Th\rightarrow^{208}Pb+6^4He+4\beta$等（图1-2-2）。U、Th元素在整个地壳中均有分布，但U、Th元素丰度极低，通常为10^{-6}量级（表1-2-3），且U、Th元素放射性衰变形成^4He的过程极其缓慢，^{238}U、^{235}U、^{232}Th的半衰期分别为44.68亿年、7.1亿年、140.1亿年。因此，氦源岩的放射性矿物岩体的规模越大，形成的地质时间越早，则天然气藏中壳源氦的含量就越高（李剑等，2024）。目前研究表明，在地球的地质发展演化过程中，地壳和上地幔发生地球化学分异，U、Th则富集于地壳，特别是盆地古老基底（花岗岩、变质岩、混合岩等）（李剑等，2024）。不同类型的岩石生成氦气的潜力具有明显差异，这主要取决于岩石中U和Th的浓度以及岩石的年龄和体积（刘凯旋等，2022）。

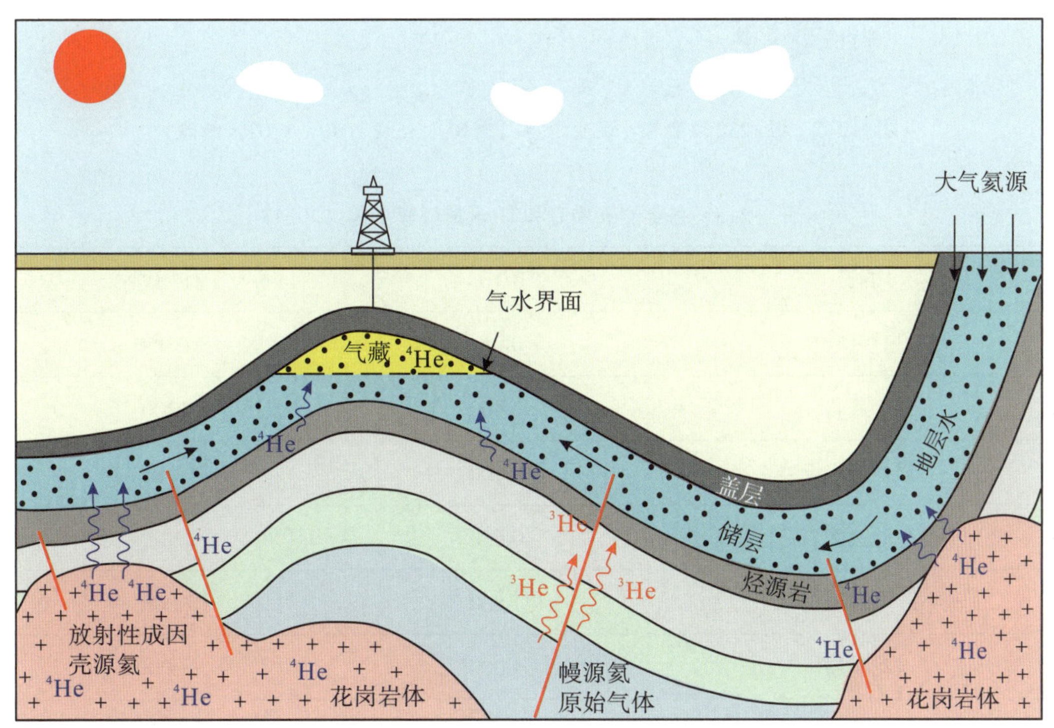

图1-2-1 氦气来源模式（据Barry et al.，2017；尤兵等，2022，修改）

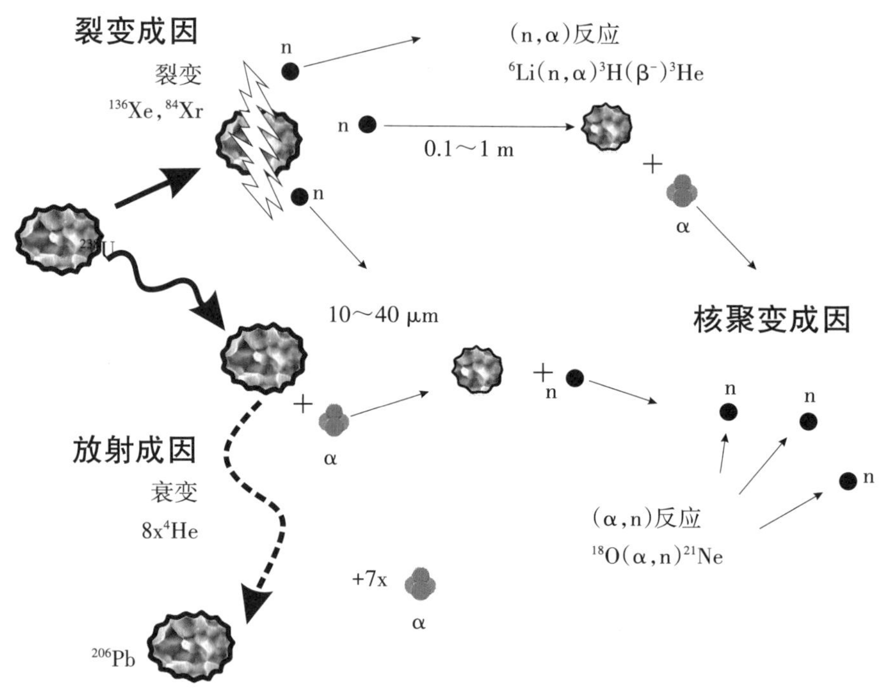

图 1-2-2　铀-238 裂变和 α 衰变示意（据 Ballentine et al.，2002，修改）

表 1-2-3　各类岩石中 U 和 Th 含量（李剑等，2024）

岩石	$U/10^{-6}$	$Th/10^{-6}$
超镁铁岩	0.014	<0.050
玄武岩	0.400	1.300
大洋拉斑玄武岩	0.100	0.180
高原玄武岩	0.530	1.960
中性岩	1.800	7.000
花岗岩	4.000	18.000
杂砂岩	2.100	6.700
页岩	3.200	13.100
碳酸盐岩	2.200	1.700

二、氦气成因判识

在地壳中，氦气的来源可以是放射性衰变产生（通常产生^4He），也可以是地幔释放（富含^3He）。^3He和^4He为氦的2种稳定的同位素，它们在地球上的来源和生成过程有所不同（秦胜飞等，2024）。

（1）^3He的地球来源相对稀少，主要来源于地幔脱气。在恒星的演化过程中以及物质在行星内部分异时，地幔逐渐富集^3He（恒星形成元素时产生的稀有核素，主要存在于月球表面的再生土中，由太阳风带来，太阳风含有大量的^3He，宇宙尘埃中也存在微量的^3He）这种原始气体。随着熔岩的流动、火山喷发、深层断裂以及水循环等地质活动过程，这些富含原始气体的地幔物质被带到地壳层。与此同时，在地幔中的原始氦，尤其是^3He，也通过这些地质活动逐渐上升至地表。地球上的^3He主要通过核反应的副产品获得。^3He的两个常见的氦反应过程是β衰变和核聚变反应（秦胜飞等，2024）：①β衰变（beta decay）是氚（^3H，也称为氢-3）衰变成^3He的过程。氚是一个放射性同位素，它通过β衰变释放出一个电子（β粒子）和一个反中微子，变成^3He。②核聚变反应是指在恒星内部，包括太阳，在极高的温度和压力下，轻元素核可以融合形成更重的元素。在这个过程中，两个氘（^2H，也称为重氢）核可以融合生成^3He和一个自由中子。

（2）^4He主要来源于地球内部铀（U）、钍（Th）、锂（Li）等放射性元素的衰变，这些元素在衰变的过程中产生α粒子，实际上就是^4He原子核，当α粒子从周围环境中获取两个电子，就成为^4He。^6Li受到Th、U释放的中子激发后，也可产生^3He与^4He（秦胜飞等，2024）。^4He从地壳矿物中释放出来的方式主要有4种，即衰变反冲释放、扩散释放、破裂释放和矿物转变释放（图1-2-3）（Ballentine et al.，2002；张明升等，2014；张志芹等，2015）：①衰变反冲释放（也被称为α离子反冲脱离矿物）。当含铀元素的矿物晶粒尺寸接近“停止距离”时，有相当量的氦会从矿物晶粒中释放出来。停止距离即矿物中的铀元素衰变产生的高能α粒子在喷射后停止的距离，主要由矿物的密度决定。②扩散释放。扩散是氦气从地壳矿物中释放最直接的方式，往往伴随着其他释放机制同时进行。矿物中氦气的扩散受到矿物颗粒大小和时间的控制，矿物颗粒越小，扩散系数越大，氦气从矿物中释放所需要的时间就越短。③破裂释放。脆性岩石中的矿物在上覆载荷的压力下破裂形成裂隙后，聚集在晶粒内的氦会沿着裂隙快速地释放出来。氦气释放量与裂隙体积成正比，并且沿裂隙以扩散的方式进行释放。④矿物转变释放。成岩、变质等作用会导致矿物晶格中的氦释放出来，最典型的就是矿物的重结晶作用。虽然这种机制是微观意义上的，但是可以致使地壳中的氦大规模释放。

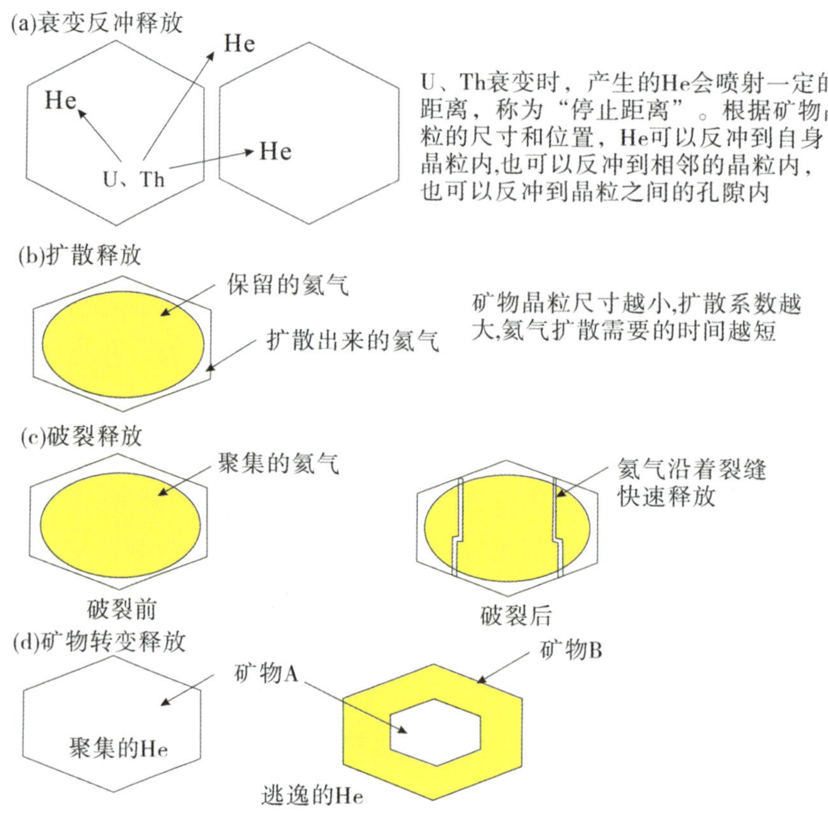

图1-2-3　氦气从矿物中释放机理（据张志芹等，2015，修改）

不同来源的氦气同位素组成具有较明显的差异，这种差异可以用来判断天然气的地质来源。$^3He/^4He$值是判识氦气来源的常用参数。例如，通常认为壳源、大气源和幔源来源的氦的$^3He/^4He$值分别为2×10^{-8}、1.4×10^{-6}和1.1×10^{-5}(Mamyrin et al.，2013；张明升等，2014)，可见自然界的氦以^4He为主，尤其是与氦气藏有关的壳源氦。样品中$^3He/^4He$(R)与大气中$^3He/^4He$(Ra)的比值(R/Ra)表示气样的氦同位素特征，即$R/Ra=(^3He/^4He)_{样品}/(^3He/^4He)_{大气}$，也可用于判断氦气来源。由于天然气藏中大气氦的组分可忽略不计，因此可不考虑大气氦的来源，直接用二元复合模式计算天然气样品中壳源和幔源所占的份额：

$$幔源氦=\frac{(^3He/^4He)_{样品}-(^3He/^4He)_{壳源}}{(^3He/^4He)_{幔源}-(^3He/^4He)_{壳源}}\times100\%$$

当$R/Ra>1$时，表明天然气藏中氦气有明显的幔源氦贡献，幔源氦份额大于12%；当$R/Ra>0.1$时，幔源氦份额大于1.2%；当$R/Ra<0.1$时，可以认为天然气藏中氦气基本来自壳源氦。R/Ra值越大，气藏中幔源氦的贡献越大。

从表1-2-2展示的数据可见，国内外大部分气田中的幔源氦贡献小于10%，即壳源氦贡献通常大于90%，这意味着，富氦天然气藏中氦气的主要来源为壳源。我国已发现的天然气藏中，紧邻郯庐大断裂（超壳断层）或与火山区有关的一些气藏，如松辽盆地、苏北盆地的黄桥气田和三水盆地的一些气井，发现了典型的幔源氦的贡献，且幔源氦贡献最高可达65.4%（表1-2-2）（尤兵等，2022）。而在非火山区或构造挤压区，深大断裂则为幔源氦气的运移提供了重要通道，如塔里木盆地和田河气田及柴达木盆地东坪气田。前人（陶明信等，1997；尤兵等，2022；赵欢欢等，2023）研究认为，形成幔源氦气藏需要同时满足两个重要条件：①裂谷构造环境，伸展性断裂发育并与上地幔沟通，为幔源氦向地壳运移提供开启性良好的通道；②要有持续的氦气补给，补给量不能小于气藏中氦气的散失量。

三、氦气赋存

（一）氦气赋存状态

整个宇宙中都存在氦，按质量计约占23%，仅次于氢。在地球上氦的含量很稀少，在空气、天然气、含放射性元素矿石及某些矿泉水中都有赋存，但主要赋存于天然气或放射性矿石中（陈践发等，2021；李剑等，2024）。氦气赋存状态有游离态、溶解态、吸附态和水合态（李玉宏等，2022）。游离态氦气与载体气一起以气相赋存在圈闭中形成含氦气藏。溶解态氦气以非饱和溶解态赋存于地层水中，随压力降低而转换为游离态释放，如温泉气中的氦气。水溶气遇到天然气藏可脱溶进入天然气藏，因被天然气稀释而丰度降低。由于氦气难吸附，吸附态氦气数量极少，水合态氦气研究程度低。

目前，世界上尚未发现任何单一的纯氦气藏，氦气大多与甲烷、氮气、二氧化碳等伴生或是溶解在水中形成水溶气。专家认为，一般工业气井中，氦气含量大于0.1%就具有商业开发价值。目前获得广泛工业利用且具有巨大经济效益的主要是以游离态赋存于常规天然气中的氦气，但天然气中的氦气含量一般较低，大多数气田为贫氦气田。近年来，在地热水中发现了氦气含量较高的水溶气，氦气含量大于1%非常普遍，甚至有些地区氦气含量超过10%。中国地质调查局西安地调中心在渭河盆地采集地热井伴生气样品63件，其中氦气含量大于1%的井达31口，含量最高可达9.23%，氦气为壳源成因。晋中盆地“晋热1号井”井口气体样品氦气含量高达8.50%～18.86%，平均为13.40%。我国江西部分地区温泉、民和盆地地热井（甘肃首个高品位氦气盆地）等地均有报道发现氦气含量超过1%的水溶气，说明水溶型氦气的资源品位一般远高于天然气，具有较为可观的价值。目前，中石化绿源地热能开发有限公司和陕西金奥能源开发有限公司等单位在渭河盆地开展“氦气提纯—地热供暖—天然气加热回冷水”联合开发利用地热资源的实践。我国地热资源丰富，若能以联合开发的方式开发利用，在提高地热资源开发效益的同时，水溶型氦气也有了一定的开发价值。

（二）氦气赋存位置

工业氦气主要从天然气中提取，富氦天然气是工业提氦最主要的来源。秦胜飞等（2024）通过对国内外富氦气藏进行研究，认为已发现的富氦气藏一般分布在古老基底之上、深大断裂周围、地下水活跃地区、构造高部位（中浅层）、常压或者低压带以及天然气丰度低的地区，典型剖面见图1-2-4。原因如下（秦胜飞等，2024）。

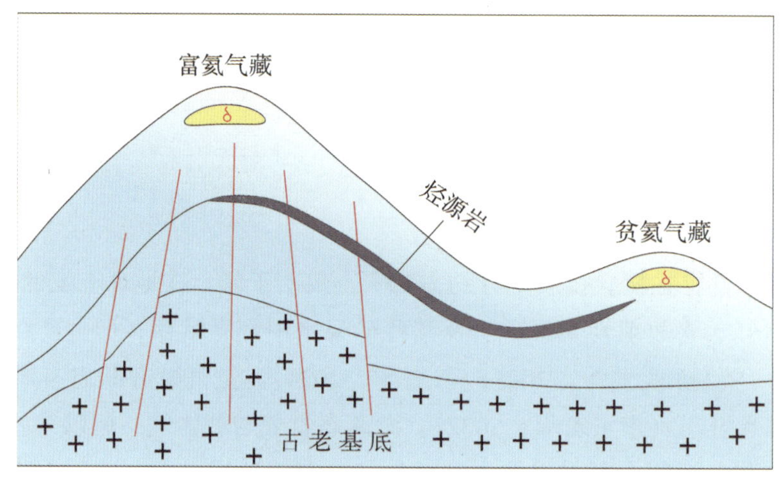

图1-2-4　典型富氦气藏剖面（秦胜飞等，2024）

（1）国内外已发现的富氦气藏发育在古老基底之上，是因为岩石中的铀和钍等放射性元素衰变周期极长，生氦速度缓慢，且大多数岩石中的铀、钍含量较低，仅凭烃源岩与砂岩和碳酸盐岩储集岩生成的氦气难以使气藏富氦，而花岗岩、片麻岩等古老基底岩石有较高的铀、钍含量，且年龄古老、体量大，经过长时间的累积可以生成大量氦，成为主力氦源岩，使气藏富氦。

（2）大多数富氦气田分布在克拉通盆地边缘、克拉通内的破碎带、与古老地层有联系的山前冲断带等地区，特点是其发育深大断裂，切割了古老基底，使基底与浅部的沉积地层连通，为深部古老基底生成的氦进入气藏富集提供了高效的运移通道。

（3）地下水是氦气保存和运移的重要载体，目前发现的富氦气田均有边底水活跃的特征，说明氦气富集和地下水活动密切相关。可用^{20}Ne表示地下水的活跃程度，研究发现富氦气田中^{4}He和^{20}Ne有良好的正相关关系，即氦气含量越高，^{20}Ne含量也越高。

（4）国内外富氦气藏一般埋藏深度较浅，且多自喜马拉雅期以来经历了大幅度的构造抬升，处于同一层位的高部位。因为深部地层年龄更古老且更加靠近古老基底等主力氦源岩，但地下水流动性较差，古老基底生成的氦只能在原地保存，若经历大幅度构造抬升运动，含氦古老地层水会向构造高部位（浅层地层）运移，从而在构造高部位富集形成富氦气藏。

（5）氦气是自然界目前已发现的分子最小的物质（分子直径仅为0.26 nm），理论上氦气的保存对盖层的要求非常严格，但国内已发现的富氦气藏的盖层比较破碎，封盖条件较差，且多为常压气藏或低压气藏，几乎没有高压或超高压气田，因为压力系数过高，会导致深部含氦流体难以进入气藏并发生气水交互作用，使得流体中的氦难以进入气藏富集。

（6）调研发现我国富氦气藏的含气丰度一般都较低，因为天然气丰度越高，对氦气的稀释程度就越强，氦气含量就越低；天然气丰度越低，对氦气的稀释程度则越弱。但天然气的含气丰度低，氦气含量不一定就高。

研究发现，我国优质氦气资源多分布在中西部盆地，尤其是塔里木盆地、柴达木盆地和鄂尔多斯盆地，均发现了多个富氦气田，天然气资源量大，有很大的氦气资源潜力。东部盆地也发现了一些壳幔混合成因的富氦气田，有些气田的氦气含量远高于中西部富氦气田，但其规模较小，天然气资源量有限，氦气资源潜力有限（秦胜飞等，2022，2024；陈悦等，2023；张驰等，2023；李剑等，2024；陶士振等，2024）。

第三节 氦气制备和储运

目前工业氦气的主要来源是富氦天然气提氦（深冷法被广泛采用）和液化天然气（LNG）尾气等联产提氦，多技术组合能降低投资和消耗，具有更好的应用前景。由于不凝气（LNG BOG）提氦所需天然气氦的品位更低，有效利用是提升我国短期氦气资源保障水平的重要途径。氦储运是产业链中的关键环节，分为气氦储运和液氦储运，大规模、长距离氦运输首选液氦运输。

一、氦气制备

工业氦可以从空气中提取，也可以从含氦的天然气中提取。采用空气液化后分离来获得氦气的代价（耗电）极高，不适用于工业大规模提取，只能在大型空气分离设备（比如制氧量为10 000 m^3/h）液化空气分离制氧的过程中，作为副产品回收尾气，而得到粗氦（含氦量约为70%）（吴远宽，1997）。氦在空气中的含量低至百万分之五，在天然气中的含量有的高达百分之几，因而，氦主要从天然气中提取（廖维仁，1984）。在我国，1973年就在四川威远建立了第一个专业天然气化工厂，采用液化天然气工艺流程，提取粗氦，然后再精炼提取不同纯度的氦气产品（表1-3-1）。

表1-3-1　我国氦气产品的质量标准（吴远宽，1997）

产品名称	级别	纯度/%	杂质含量/10^{-4}							
			Ne	H_2	O_2	N_2	CO	CO_2	CH_4	H_2O
超高纯氦	5.5	99.999 5	2.0	0.2	0.5	1.0	0.1	0.1	0.2	1.0
高纯氦	5.0	99.999	4.0	1.0	1.0	2.0	0.5	0.5	0.5	3.0
普氦	4.5	99.995	15.0	3.0	3.0	10.0	1.0	1.0	10	1.0
工业氦	4.0	99.99	25.0	5.0	5.0	20.0	1.0	1.0	1.0	15.0
粗氦	3.0	99.9	≤800	≤800	20	50	（不作规定）			30.0

氦气制备的方法主要有天然气分离法、合成氨法、空气分馏法和铀矿石法4种（陶小晚等，2019）。天然气提氦的方法主要包括吸附法、吸收法、扩散法、膜渗透法、低温冷凝法，另外有膜分离和变压吸附（PSA）、联产法天然气提氦、联合法天然气提氦、沸石吸附法提氦等技术（邢国海，2008）。其中，冷凝法是从天然气中提取氦气的主要方法，该工艺包括天然气的预处理净化、粗氦制取及氦的精制等工序，最终可以生产出99.99%纯度的氦气。合成氨法，即从合成氨的尾气中分离提纯氦气，该工艺包括低温吸附清除氮气、精馏得到粗氦，然后进行氧气催化脱氢和氦气净化，最终达到99.99%的纯度。空气分馏法，通过分馏液态空气提取氖氦混合气，然后进行分离和提纯，最终获得纯氦气。铀矿石法，即通过焙烧含氦的铀矿石，分离出气体，再经过化学方法除去杂质（如水蒸气、氢气和二氧化碳），最终提纯出氦气。

目前工业氦气的主要来源是富氦天然气提氦和液化天然气尾气等联产提氦（李玉宏等，2022）。从富氦天然气中直接提氦的工业品位为0.1%（体积分数），提氦采用的方法主要有低温法和非低温法。低温法主要为深冷法，非低温法主要包括膜分离法、溶剂吸收法、扩散法、变压吸附法等（秦胜飞等，2024），其中深冷法和膜渗透分离法是常被采用的方法。空分尾气进一步深冷、合成氨尾气提氦也能提供一定量的氦气（李玉宏等，2022）。

冷凝分离技术可根据冷凝温度的不同分为浅冷（冷凝温度高于-45 ℃）、中冷（冷凝温度在-45～-100 ℃之间）和深冷（冷凝温度低于-100 ℃）3种。深冷法提氦要求天然气中的氦含量较高，下限为0.1%，而且工艺较为复杂。由于天然气中多数组分的沸点较低，甲烷沸点只有-160 ℃，氦气是自然界沸点最低的气体，因此，只能采用深冷技术提纯氦气（范瑛琦等，2022）。深冷法（低温冷凝法）是目前世界各国从天然气中提取氦气的主要方法，其原理是由于氦气的液化温度低，当其他气体全部液化后，仅存的气态氦就可以被提取。其通常由气源预处理净化、粗氦提取及氦气精制等工序构成（李玉宏等，2022）。首先，要对气源做净化预处理，即利用物理吸附和化学吸收的方法去除天然气中的硫化氢、二氧化碳、水、汞等杂质。可以使用醇胺法、热钾碱法和砜胺法等常用方法脱除酸气，采用分子筛进行精脱水，采用HgSIV脱汞分子筛脱汞。其次，利用碳氢化合物的沸点差异，对天然气进行2次冷凝后，就可以提取氦含量为60%～70%的粗氦。最后，氦气液化后再经过脱氢和精制提纯，生产出纯度大于等于99.999%的高纯度氦气。一般采用催化氧化脱氢法脱氢，储氢合金脱氢等工艺尚在发展中。深冷分离工艺根据气液分离方法的不同，又可分为3类：闪蒸法、精馏法和闪蒸与精馏结合法（Ansarinasabh et al.，2017）。深冷技术的优点是原料适用范围广、工艺成熟，可大规模从天然气中提取氦气。该技术不但可以用于天然气提氦过程，还适用于从空气分离的尾气中提取氦、氖、氩、氪、氙等稀有气体。目前，德国林德集团（简称林德集团，The Linde Group）、法国液化空气集团（Air Liquide）、美国空气化工产品有限公司（简称空气产品公司，Air Products and Chemicals，Inc.）、日本岩谷产业株式会社四大氦气供应商，均采用深冷分离技术生产氦气（范瑛琦等，2022）。

气体膜分离技术是以气体在膜两侧的分压差为传质推动力，利用不同气体分子透过膜材料渗透速率的差异来实现组分分离（范瑛琦等，2022）。20世纪80年代，四川威远天然气厂与中国科学院大连化学物理研究所合作开始探索膜法分离氦气。通过膜分离工艺浓缩后的氦气，仍需经过催化脱氢和精制提纯工艺才能得到高纯度的氦气（秦胜飞等，2024）。

液化天然气尾气等联产提氦主要是为了利用低含氦天然气中的氦资源，其不凝气技术发展迅速，提氦规模日益加大（李玉宏等，2022）。国内以鄂尔多斯盆地为代表，国外以卡塔尔为代表。不凝气提氦所需天然气氦的品位更低（李玉宏等，2022）。低品位资源的有效利用将成为实现我国短期氦气资源保障水平提升的重要途径。

从目前的提氦技术来看，深冷法被广泛采用，但获得氦气的投资、能耗较高，变压吸附、膜分离、吸收法、水合物法等单一技术都存在一定的局限。研究发现多技术组合提取分离氦气可以有效打破单一分离技术的“瓶颈”，降低投资和消耗，具有更好的应用前景（范瑛琦等，2022）。如Quader et al.（2021）将低温分离与膜分离技术结合，设计了4种工艺流程，研究发现组合工艺可以在相同原料和产品浓度条件下，回收更多的氦气。2016年，林德集团（徐鹏等，2019）公开了一种膜和变压吸附组合回收氦气的方法，可从氦体积分数为0.1%的气体中回收氦气，提纯产品中氦体积分数大于99%。

二、氦气储运

氦产品的储存和运输是连接需求端与供给端的纽带。氦储运设备需具备高密封性、高洁净度等条件，才能保障氦产品的高效运输和稳定供应。氦储运是产业链中的关键环节，分为气氦储运和液氦储运（孙润林等，2024）。

气氦储存分为地上储存和地下储存，高压储存和低压储存。地上储存多通过气态压缩的方式，将气氦压缩到储罐、管束、气瓶等高压容器内，具有成本低、能耗低、充放速度快等优点；此外，气囊也是气氦地上储存的方式，仅作为余气储存手段，其压力低、储存容积小。地下储存采用储氦库和储气井。储氦库主要分为气藏型和盐穴型2类，储气规模大，多储存粗氦。储气井竖向埋设于地下，具有安全性高、占地面积小、单井储存量大等优势。国内气氦运输主要依托管束式集装箱，高压储气瓶组管束主要用于气氦储存；气瓶容积小，用于小规模储存和运输。

液氦储存所需储存容器小，为低压储存，储存设备主要有液氦罐箱、液氦杜瓦罐等。液氦运输的设备与液氦储存设备基本类似，可移动的液氦储存设备（如移动式液氦罐箱和液氦杜瓦罐）也可用于液氦运输。由于液氦运输的周期更短、效率更高、成本更低，因此，大规模、长距离氦运输首选液氦运输。

第二章 国内外氦气资源勘探开发与地质理论研究进展

氦气是军事工业和高新技术产业发展不可或缺的稀有战略资源。在中国知网（CNKI）检索（检索时间：2025年1月1日）篇名中包含“氦气”的文献，共检索到1 000篇，80%的文献内容为氦气的提取和应用，近三年有关氦气资源勘探开发及地质理论研究方面的文献增多。总体来看，1948—1979年这30多年，对氦气的关注极低，共发文8篇；1980—2000年这20年间，每年都有相关文献报道，但最多不超过10篇；2001—2020年这20年对氦气的关注呈波浪式增长趋势；2021年开始，对氦气的关注猛增；2022年达到了84篇，2024年全年发文79篇。国外氦气资源丰富，对氦气的研究和开发利用较早，国内氦气资源品位低，起步较晚。本章基于文献调研，梳理世界氦气资源现状、勘探开发及地质理论研究进展，剖析国内外典型氦气藏特征，明确富氦气藏成藏机理与成藏模式。

第一节 氦气资源勘探开发进展

国内外在氦气资源勘探和开发方面均取得了显著进展。从全球来看，氦气资源和产量分布相对集中，主要集中在美国、卡塔尔、阿尔及利亚、俄罗斯4个国家。美国氦气资源储量和产量均占绝对优势，国外氦气资源主要从富氮气田和富二氧化碳气田中提取。全球氦气需求高速增长，北美、亚太和欧洲为三大消费主力区，供需矛盾日益凸显，并逐渐形成以美国、卡塔尔、俄罗斯为主的供应格局。我国对氦气资源关注较国外晚，虽然氦气资源分布点多、面广，但品位总体相对较差，探明程度比较低，氦气资源供应短缺，对外依存度高，资源安全形势严峻，需尽快建立自己的氦气供应产业链。目前，在鄂尔多斯、塔里木、四川、松辽、渤海湾、准噶尔、柴达木、吐哈、苏北及三水等盆地均有含氦气田（藏）或气井的发现，显示出较好的资源前景。

一、全球氦气资源

（一）氦气资源储量

目前全球探明的氦气储量仅占天然气探明储量的0.005 6%，可达到工业品位的氦气资源极少。世界氦气资源储量与产量短缺且分布相对集中，主要分布在美国、卡塔尔、阿尔及利亚、俄罗斯、波兰（俗称“氦五国”）等少数国家和地区。美国氦气资源储量和产量均占有绝对优势（李玉宏等，2023）。按照美国地质调查局（USGS）2022年的数据：全球氦气总资源量约为$484×10^8$ m^3，其中美国、卡塔尔、阿尔及利亚、俄罗斯氦气资源量分别为$171×10^8$ m^3、$101×10^8$ m^3、$82×10^8$ m^3、$68×10^8$ m^3，这四国氦气资源量共占世界资源量的85%以上；波兰和加拿大也有一定氦气资源；在坦桑尼亚大裂谷地区发现非伴生氦气资源，具有一定的资源前景；中国氦气资源量仅为$11×10^8$ m^3，占比2.3%。2023年美国地质调查局（USGS）数据显示，全球氦气资源储量为$519×10^8$ m^3，其中美国、卡塔尔、阿尔及利亚、俄罗斯资源储量分别为$206×10^8$ m^3、$101×10^8$ m^3、$82×10^8$ m^3、$68×10^8$ m^3，美国、卡塔尔、阿尔及利亚和俄罗斯四国占比约为88%，比2022年有所上升，主要增长在美国；中国氦气资源量仍为$11×10^8$ m^3，占比有所下降，为2.1%。李剑等（2024）按照氦气含量大于0.01%的标准，初步估算全球氦气总资源量约为$790×10^8$ m^3（表2-1-1），若考虑2023年美国和其他国家增长的资源储量，则全球氦气总资源储量可以达到$846×10^8$ m^3。

美国是世界上最大的氦气资源国，资源储量占全球总量的39.7%，美国有11个州共发现约104个富氦天然气田，氦含量主要分布在0.01%～11.40%之间，平均约为0.37%。美国的氦气资源主要分布在怀俄明州、犹他州、亚利桑那州、科罗拉多州、新墨西哥州、堪萨斯州、俄克拉何马州和得克萨斯州，并主要分布在潘汉德·胡果顿、莱利瑞吉（Riley Rigde）、格林伍德（Green Woods）、凯斯（Keyes）、克里夫赛德（Cliffside）、巴拿马（Panoma）等以烃类为主的天然气田（藏），个别气藏中氦气和二氧化碳含量较高。美国大部分的富氦天然气藏主要富集在古生代的石炭系和二叠系中，代表性的氦气藏为美国中部的潘汉德·胡果顿气田；少部分赋存在中生代的三叠系和侏罗系中，代表性氦气藏为美国洛基山地区的哈利圆顶（Harley Dome）和莱利瑞吉气田（刘凯旋等，2022）。

资源储量相对丰富的国家依次为卡塔尔、阿尔及利亚和俄罗斯。卡塔尔是全球第二大产氦国，天然气资源主要位于北部气田（North field）中生界中，是世界上最大的非伴生天然气田，拥有丰富的氦气资源。其天然气储层规模巨大，但其气藏中的氦气含量仅为0.04%，缺乏达到工业品位的氦气储量。卡塔尔氦气资源主要从液化天然气尾气（BOG）提纯回收，资源量巨大。卡塔尔是全球最大的液化天然气供应国。

表2-1-1　全球氦气资源量情况对比

国家	USGS(2022)		USGS(2023)		李剑等(2024)	
	氦气资源量/10^8 m^3	资源占比/%	氦气资源量/10^8 m^3	资源占比/%	氦气资源量/10^8 m^3	资源占比/%
美国	171	35.3	206	39.7	171	21.6
卡塔尔	101	20.9	101	19.4	101	12.8
阿尔及利亚	82	16.9	82	15.8	82	10.4
俄罗斯	68	14.0	68	13.1	205	25.9
加拿大	20	4.1	20	3.9	20	2.5
澳大利亚	18	3.7	—	2.1	18	2.3
中国	11	2.3	11	6.0	78.5	9.9
波兰	3	0.6	—	—	3	0.4
伊朗	—	—	—	—	50	6.3
坦桑尼亚	—	—	—	—	39	4.9
南非	—	—	—	—	9.2	1.2
哈萨克斯坦	—	—	—	—	2	0.3
其他	10	2.1	31	—	10	1.3
合计	484	100	519	100	790	100

阿尔及利亚是全球第三大氦气资源国，位于北非，氦气资源主要来自东部三叠盆地的哈西鲁迈勒（Hassi R'Mel）气田，平均氦含量为0.19%，氦气储量为18×10^8 m^3。哈西鲁迈勒气田主要分布在撒哈拉地台北部三叠盆地中的蒂尔赫姆特隆起上，产层主要为中生界的三叠系砂岩（刘凯旋等，2022）。该气田主要采用不凝气法提氦，占阿尔及利亚天然气出口量的60%。

俄罗斯是全球第四大氦气资源国，氦气资源潜力较大，高含氦气田主要分布在东西伯利亚和远东地区，代表性富氦天然气田分别为埃文基自治区的Yurubcheno-Tokhomskoye气田、伊尔库茨克地区的Kovyktin-stoye气田和萨哈共和国地区的Chayandinskoye气田（刘凯旋等，2022）。俄罗斯氦气资源主要赋存在新元古界的里菲系和文德系以及古生界的寒武系中，氦含量主要分布在0.1%～0.6%之间，氦气储量为17×10^8 m^3，具备商业开发价值，但开发程度低，主要采用天然气轻烃联产综合利用法提氦。据俄罗斯联邦能源部测算，东西伯利亚和雅库特地区可工业开采的氦气资源量占全球资源量的1/3（陈磊等，2023）。

坦桑尼亚可能具备可观的氦气资源储量，其富氦天然气田（2016年发现）主要分布在坦桑尼亚西南部的鲁夸湖地区和东北部的埃亚西湖以及巴兰吉达湖地区，地表温泉气中氦气丰度最高可达10.60%，预测富氦天然气藏主要赋存在古生界二叠系和中生界三叠系卡鲁超群砂岩层中（刘凯旋等，2022）。挪威Helium One公司在坦桑尼亚大裂谷地区发现非伴生氦气资源甜点储区，其中鲁夸盆地（Rukwa Basin）的预期最大可采氦气资源储量约为39×10^{8} m^{3}。

波兰（东欧）也有少量的氦气资源，主要发现于波兰低地的天然气田中，氦气平均含量为0.27%。这些气田主要分布在前苏台德单斜的南部地区（Zielona Góra-Rawicz-Odolanów），氦气资源主要富集在古生界二叠系的赤底统和蔡希斯坦统灰岩以及白云岩地层中（刘凯旋等，2022）。

中国为贫氦国，资源储量仅占全球的2.1%（USGS，2023），氦含量为0.01%～0.10%，资源品位总体相对较差。

2023年美国地质调查局（USGS）数据显示，全球氦气总探明储量约为121×10^{8} m^{3}，其中美国、阿尔及利亚和俄罗斯探明储量分别为86×10^{8} m^{3}、18×10^{8} m^{3}、17×10^{8} m^{3}，美国、阿尔及利亚和俄罗斯三国探明储量占比为99.99%，占据绝对资源优势，基本垄断了全球氦气供应。

（二）氦气资源产量

全球每年生产氦气（1.35～1.75）$\times10^{8}$ m^{3}，目前主要产氦国为美国、卡塔尔、阿尔及利亚、俄罗斯、波兰和澳大利亚。美国是第一产氦大国，占全球氦气产量的约47%（USGS，2022）。据美国地质调查局（USGS）统计数据，2012—2015年美国氦气年产量由1.33×10^{8} m^{3}逐年递减至0.88×10^{8} m^{3}，2016—2019年氦气年产量稳定在0.90×10^{8} m^{3}左右，2021年产量下降至0.77×10^{8} m^{3}。近年来，美国限制对新区块的勘探开发，随着老区块资源枯竭，美国氦气产量呈衰退趋势（陈磊等，2023）。未来美国氦气生产可能转为从贫氦天然气资源中提取。

第二大氦气产出国为卡塔尔，氦气主要产自北部气田液化天然气的闪蒸气。卡塔尔氦气产量已从2017—2019年的0.45×10^{8} m^{3}增长至2021年的0.51×10^{8} m^{3}。

第三大氦气产出国为阿尔及利亚，氦气主要来自哈西鲁迈勒气田，也是从液化天然气尾气中提取。2017年以来，阿尔及利亚氦气年产量稳定在0.14×10^{8} m^{3}，主要供应欧洲市场。

俄罗斯的氦气资源潜力较大，但开发程度低。每年除满足自身100×10^{4} m^{3}的需求外，剩余部分液化后可以出口他国。俄罗斯氦气年产量增长较快，已由2016—2018年的 0.03×10^8 m^3增长至2021年的 0.09×10^8 m^3，主要供应远东地区。

波兰是全球氦的较小生产国之一，但也是欧洲唯一的氦生产国。波兰的氦气主要产自Odolannowg气田，年生产氦气（0.01～0.03）$\times10^8$ m^3，主要供应欧洲市场。该国有16个氦气田，波兰地质研究所数据显示该国的氦产量将会逐年下降。

加拿大目前已经探明的氦矿床通常位于富含氮气的储层中，并伴随少量的二氧化碳或其他气体，位于深部圈闭中，提取和液化成本更低，因此加拿大的氦勘探可能非常有前景。

澳大利亚在达尔文建立的液化天然气工厂投产，提取多个盆地中的氦气，氦气年产量稳定在 0.04×10^8 m^3。由于波拿巴盆地（Greater Sunrise）、波斯湾盆地（Ichthys）和北卡那封盆地（Goodwyn North Rankin North West Shelf Venture）天然气藏在氦提取方面的潜在未开发价值高于澳大利亚在达尔文的唯一商业陆上氦提取设施，估计从澳大利亚液化天然气中回收氦气的总量为 16.7×10^8 m^3。所以说，澳大利亚增加氦气产量的机会很大(贾凌霄等，2022)。

中国天然气提氦工业起步较晚。20世纪70年代，成都天然气化工总厂以四川盆地富氦的威远气田为气源，建立了中国第一套天然气提氦装置。周军等（2022）根据中国主要提氦项目统计氦气总产量约为 0.03×10^8 m^3/a（立方米/年）。

（三）氦气资源供需

1.氦气供应

全球氦气供应基本以长贸协议为主，现货市场占比低于2%。德国林德集团、法国液化空气集团和美国空气化工产品有限公司这三大氦气供应商占据了全球约70%的市场份额（张哲等，2024），其中：（1）德国林德集团在美国、阿尔及利亚、卡塔尔和澳大利亚经营着多家提氦工厂，布局50余个氦气转运站，在氦气液化器和液氦罐箱的建造方面拥有数十年的经验和国际领先水平，其氦气供应占据全球约30%的份额。2020年初，林德集团将其10%市场份额（气量约为 240×10^4 m^3/a，主要来自卡塔尔、澳大利亚和俄罗斯等）的氦气业务剥离给了广钢气体能源股份有限公司。自此，广钢气体能源股份有限公司成为中国目前最大的内资氦气供应商。（2）法国液化空气集团是目前卡塔尔氦气资源的最大承购商，拥有集装箱车队和完整的二级物流（管束车、杜瓦瓶、钢瓶），其氦气供应占据全球约20%的份额。其在德国运营有一座用于储存纯氦的盐穴型地下储气库，在同类企业中为首创。（3）美国空气化工产品有限公司在20世纪50年代设计并建造了首套深冷法天然气提氦装置，其氦气供应占据全球约10%的份额。旗下的Gardner-ryogenics 业务部门是氦气储存运输设备制造领域公认的领导者。

全球氦气供应链基本由美国及美国的资本所控制。美国是全球氦气开采早、技术先进、储备雄厚、经验丰富的国家，也是全球氦气主要的产地和出口国之一。自1903年美国发现大型富氦气田后就垄断了全球氦气的生产和销售。美国氦气产量在2012年之前占全球总量的80%，2021年产量全球占比47%。受关键供应源（国家国土资源局管理的阿马里洛氦气产输储体系）资源量减少和法定最低库存限制拍卖量的影响，以及俄罗斯、卡塔尔等国家新增产能的影响，美国在全球氦气市场的份额逐渐下降到50%以下，预计未来10年将继续下降至20%以下（张哲等，2024）。除此之外，美国还持有卡塔尔、阿尔及利亚的氦气份额。他们除了在气源上垄断全球氦气市场，还利用其在低温—超低温领域下制冷机、压缩机、大型氦气液化器、液氦罐箱和氦气储罐等关键核心技术和设备的绝对领先地位，通过限购进一步加强在氦气全产业链的控制权（张哲等，2024）。如卡塔尔的提氦设备和技术来自美国，也受美国控制。

卡塔尔有望成为全球最大的氦气供应国。卡塔尔目前是仅次于美国的第二大氦气生产国，但气藏天然气中氦含量很低，约为0.04%，属低品位含氦气藏，但储量规模巨大。氦气作为液化天然气生产的附加产品实现商业价值。卡塔尔拥有世界上最大的非伴生天然气田，液化天然气产量占全球的三分之一，是中国最大的液化天然气进口来源国（张哲等，2024）。卡塔尔出口氦气主要来自北部气田的液化天然气工厂生产的BOG。到2028年，拉斯拉凡预计会有5套提氦装置，届时卡塔尔有望成为全球最大的氦气供应和出口国。

在资源保护与战略储备方面，美国、俄罗斯等国极其重视，早就建有氦气战略储备。目前，全球建有4座地下储氦库，分别是美国克里夫赛德（Cliffside）枯竭气藏型粗氦储气库、俄罗斯奥伦堡盐穴型粗氦储气库、法国液化空气集团位于德国格罗瑙埃佩的盐穴型纯氦储气库和美国得克萨斯州的博蒙特盐穴储氦库（张哲等，2024）。

总的来说，美国和卡塔尔是全球氦气供应的资深主力国，俄罗斯逐步成为供应增长贡献的新秀。2023年全球氦气产量为$1.7×10^8\ m^3$（同比增长8%），美国、卡塔尔、阿尔及利亚和俄罗斯各自供应比例分别为46%、39%、6%和5%，中国占比1%（张哲等，2024）。

中国氦气产业尚未形成完整可靠的供应链，自主保障用气能力不强，氦气供应主要依赖进口（陈践发等，2021；秦胜飞，2021；刘贵洲，2022；贾凌霄等，2022）。2022年，中国氦气对外依存度超过94%；2023年，中国氦气对外依存度有所降低，为89.5%，国产氦气仅能满足约10%的国内需求（唐金荣等，2023；陈磊等，2023）。中国氦气进口主要来源国为卡塔尔、美国、澳大利亚。自2014年卡塔尔拉斯拉凡氦气装置投产以来，卡塔尔出口中国氦气量一直占据首位，且占比逐年提高，由2016年的49%提高到2022年的84%，在中国氦气进口国中占据支配性地位。俄罗斯氦气产能逐渐释放，地缘政治影响下俄罗斯资源出口欧洲受限，伊尔库茨克和阿穆尔工厂氦气资源迅速向中国倾斜，俄罗斯逐步成为中国氦气进口新增长极。

在四川盆地富氦的威远气田自贡地区建成中国国内第一个天然气提氦装置，最高年产氦气仅为3×10^4 m^3，2004年关闭。2012年，重新在四川荣县建立天然气提氦装置开始提氦，按照该气田天然气中氦气平均含量0.2%计算，一年最多可生产氦气30×10^4 m^3，不足中国年氦气进口量的1.5%（秦胜飞等，2021）。据塔里木油田和成都天然气化工总厂数据，和田河气田氦产能和氦含量均高于威远气田，提氦装置设计每年可回收氦气约90×10^4 m^3（李玉宏等，2022）。内蒙古兴圣天然气有限责任公司等已建成年提氦能力为225×10^4 m^3的工厂。中国不凝气提氦技术与产能建设的飞速发展是中国氦气战略资源保障的重要力量。

2. 氦气需求

氦气应用领域多，需求大，随着全球范围内5G、半导体、航空航天等高技术产业的发展，氦气需求居高不下。据美国地质调查局（USGS）预测数据，全球氦气需求量未来5年将以5%～7%的速度稳步增长，2026年将达到2.06×10^8 m^3（陈磊等，2023）。目前，全球氦气消费中，北美地区为第一主力消费区，占42%；其次是亚太地区，占32%；第三位是欧洲，占20%；中东及非洲地区需求量较低，仅占5%（唐金荣等，2023）。中国2023年氦气消费量为2 565$\times10^4$ m^3，在亚洲氦气需求中所占份额最大（约42%），其次是韩国（每年消费量为1 300$\times10^4$ m^3）和日本（每年消费量为1 100$\times10^4$ m^3）。

二、氦气勘探开发进展

国内外在氦气资源勘探和开发方面均取得了显著进展。在全球范围内，美国是氦气资源最丰富的国家，其他氦气储量主要分布在卡塔尔、阿尔及利亚、俄罗斯等国家（图2-1-1），这些国家的氦气主要从富氮气田和富二氧化碳气田中提取。典型的富氦气藏主要分布在晚元古代到古生代的沉积盆地，以及中—新生代构造中岩浆活动强烈的地区，氦气主要来源于地壳中放射性元素的衰变。

（一）国外氦气勘探开发进展

1903年，美国堪萨斯州德克斯特进行油气勘探时偶然发现具有工业价值的含氦天然气藏（Rogersgs，1921），主要组分为氮气和氦气。后来在美国其他州也相继发现了富氦、高氦天然气藏，一些油气田的氦气含量高达10%，远远超过了经济上可开采氦气的下限（含量为0.1%）。随后在俄罗斯、德国、加拿大、波兰、阿尔及利亚、卡塔尔、坦桑尼亚和中国等国家和地区也相继发现了一定规模的氦气资源（刘凯旋等，2022）。

全球氦气资源分布极不均匀，美国、卡塔尔、俄罗斯等为氦气的主要供应国。许多公司已在北美地区、俄罗斯、卡塔尔、坦桑尼亚等地开展氦气的勘探开发，北美部分地区的氦气资源位于富含氮气的储层中，具有广阔的开发前景（贾凌霄等，2022）。

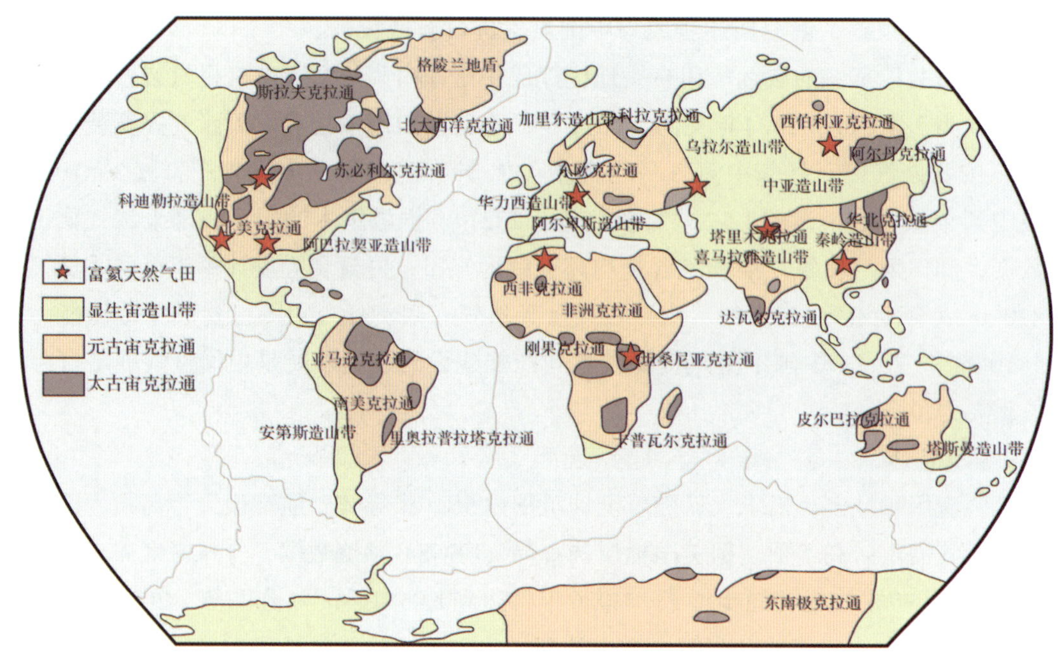

图2-1-1　世界主要天然气藏氦含量分布及基底特征（陈践发等，2021）

在北美地区，新发现加拿大萨斯喀彻温省、阿尔伯塔省和美国蒙大拿州、亚利桑那州等部分地区具有巨大的氦气开发潜力。新发现表明此类氦气田主要位于充氮储层中，将是北美地区氦气生产新的增长领域（贾凌霄等，2022）。北美氦气公司（NAH）、皇家氦气公司（Royal Helium）、帝国氦气公司（Imperial Helium）、全球氦气公司（Global Helium）、阿凡提能源公司（Avanti Energy）及沙漠山能源公司（Desert Hill Energy Corp.）目前正在积极开展本土的氦气勘探工作（贾凌霄等，2022），表现在：（1）北美氦气公司目前已经为非烃氦靶区钻探了30口勘探和开发井。该公司在萨斯喀彻温省圈定了含氦构造，建立了一个面积超过$2×10^4$ km^2的大型氦气远景区，已在Cypress油田（2020年7月投产）和Battle Creek油田（2021年5月投产）分别启动了2座氦气生产设施，正在Cypress West地区新发现的氦矿藏中着手建设第3个氦生产设施。（2）皇家氦气公司在加拿大萨斯喀彻温省南部拥有超过4 000 km^2的氦气远景区，前两个钻井区块集中在萨斯喀彻温省西南部（Climax）和中南部（Bengough）。2019年末，公司在Climax确定了7个钻探目标，2021年1月公司在Climax地块启动首次钻探计划，Deadwood、Souris River和Duperow地层的氦浓度为0.33%～0.64%。随后，在Climax-3井的基底Deadwood“表土”中发现一个新的含氦层序，总面积为32 km^2，总氦储量估计值为（0.71～1.70）$×10^8$ m^3。（3）帝国氦气公司在加拿大阿尔伯塔省东南部的整个Teveville构造上拥有246.35 km^2的矿权，生产测试气流达到$16.7×10^4$ m^3/d，氦气含量达0.63%，其余为3.5%的甲烷、8%的二氧化碳和87.87%的氮气。（4）全球氦气公司通过收购，截至

2021年，在萨斯喀彻温省南部拥有面积超过4 000 km^2的土地，该土地位于著名的“氦通道（Helium Fairway）”，氦浓度较高（大于2%）。同时，公司整合了2021年收购和购买的地震数据，确定了至少5个重要储氦地质构造。全球氦气公司目前在加拿大拥有3个核心区域。（5）阿凡提能源公司在阿尔伯塔省和蒙大拿州购置了大约303.5 km^2的矿业权。（6）沙漠山能源公司在亚利桑那州中东部霍尔布鲁克盆地探明超过344 km^2的氦气远景区，该景区被称为“氦的沙特阿拉伯”，氦气含量达8%～10%，历史产量为2.6×10^8 m^3。

俄罗斯、卡塔尔、阿尔及利亚、坦桑尼亚等国家也在积极开发其氦气资源。俄罗斯于2021年同步启用阿穆尔（Amur）天然气处理厂（GPP）和世界上最大的氦容器维修物流中心，通过低温容器将阿穆尔天然气处理厂生产的液氦输送至更广阔的氦市场，预计2025年将达到$6\ 000 \times 10^4$ m^3/a氦气设计产能。卡塔尔拥有巨大的北部气田，随着卡塔尔天然气公司氦气-3工厂的投产，其氦气产量约占世界氦气总产量的35%，年总产能为74×10^6 m^3，成为全球重要的氦气生产国（贾凌霄等，2022；李玉宏等，2022）。阿尔及利亚的Ain Salah气田在全球氦气市场中占据重要地位。第一氦气公司（Helium One）在坦桑尼亚大裂谷地区发现了非伴生氦气资源的甜点储区，确定了21个氦气前景区，其中鲁夸（Rukwa）盆地的预期（最大）可采氦气资源量约为39.08×10^8 m^3，可以供应目前世界14年的消费量。

刘凯旋等（2022）解剖国外富氦天然气藏发现，其平面上主要分布在古老克拉通地区，垂向上以埋藏较浅的元古界和古生界为主；绝大多数富氦天然气中的氦气主要是由地壳中的铀、钍等放射性元素衰变形成。根据天然气组成将富氦天然气藏分为富氦烃类气藏、富氦二氧化碳气藏和富氦氮气藏，大多数富氦烃类气藏位于克拉通内部隆起带之上，气藏规模和氦资源量较大；富氦二氧化碳/氮气藏多位于克拉通边缘活动带，气藏规模和氦资源量较小，提出古老克拉通内部隆起富氦天然气藏和古老克拉通边缘活动带富氦天然气藏两种成藏模式，认为具备花岗岩基底隆起、深大断裂、晚期构造活动和区域性盖层等地质条件的地区是氦资源勘探的重点有利区。

（二）国内氦气勘探开发进展

我国对氦气资源关注较晚。国内的氦气资源分布点多、面广，整体探明程度比较低（贾凌霄等，2022）。目前在鄂尔多斯、塔里木、四川、松辽、渤海湾、准噶尔、柴达木、吐哈、苏北及三水等盆地均有含氦气田（藏）或气井发现。在主要含气盆地中共评价出18个氦含量大于0.1%的富氦气田（藏），包括和田河、阿克莫木、罗斯2、古城、尖北、东坪、马北、庆阳、东胜、黄龙、正宁及太平庄等，显示出较好的资源前景。但国内氦气以氦含量在0.01%～0.10%之间的中低丰度为主，资源品位相对较低（图2-1-2）（李剑等，2024）。

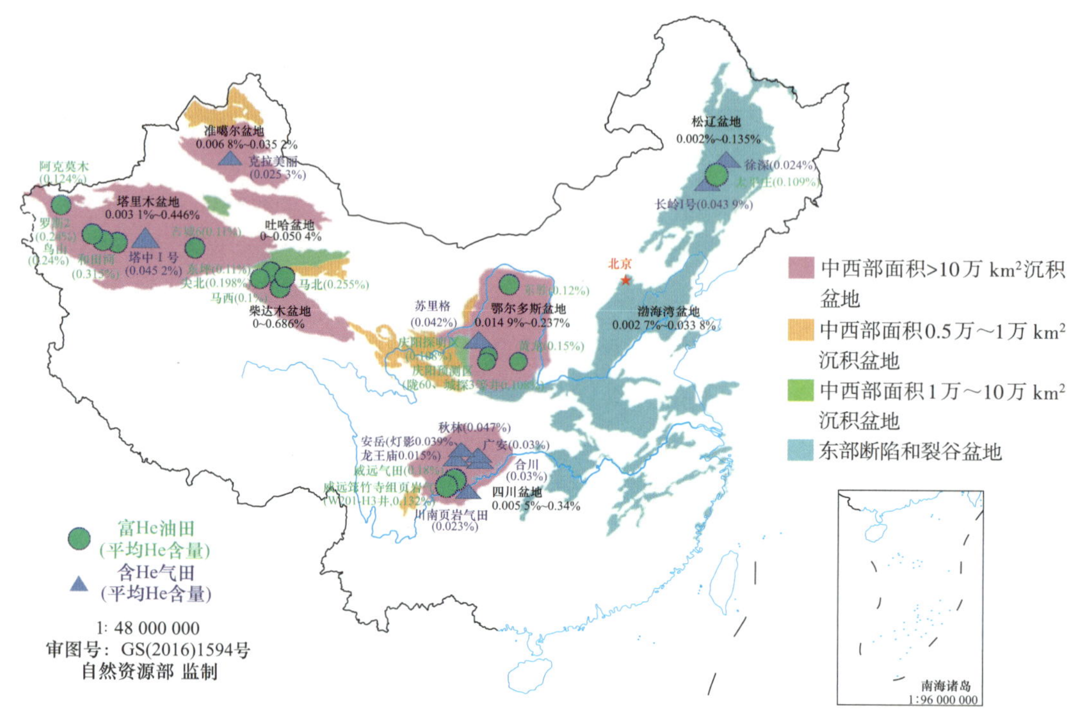

图2-1-2　中国氦气含量分布（李剑等，2024）

中国氦气来源与大地构造格局有关，具有明显的东西分带特性（图2-1-3～图2-1-5），表现在（秦胜飞，2022）：（1）东部含油气盆地为拉张型盆地，其成因与上地幔的隆升有关，因而混有较多的幔源氦，如松辽盆地、渤海湾盆地、苏北盆地；（2）中部含油气盆地为板内多旋回坳陷盆地，是构造最为稳定的克拉通盆地，氦气全部来自壳源，如鄂尔多斯盆地、四川盆地；（3）西部是挤压型含油气盆地，构造活动略强于中部盆地而远弱于东部盆地，氦气主要来自壳源，混有微量的幔源氦，如准噶尔盆地、塔里木盆地、柴达木盆地、吐哈盆地、羌塘盆地等。

研究认为，中西部是氦气资源的主力勘探区，东部氦气资源潜力相对有限（秦胜飞等，2022；张驰等，2023；陈悦等，2023；李剑等，2024）。中西部主要含油气盆地天然气中氦气体积含量为0.000 2%～0.902 8%，几乎每个盆地都零星测出了氦气含量较高的天然气样品（含量大于0.1%）（秦胜飞等，2022），根据地球化学数据，认为氦气主要来自壳源（图2-1-3～图2-1-5）。四川盆地的威远气田是中国首个实现工业制氦的气田，氦含量一般在0.1%～0.342%之间，平均约为0.2%，目前氦气资源已近枯竭（李剑等，2024）。近年来，我国发现了多个氦含量相对较高、规模较大的气田。中国石油在鄂尔多斯盆地南部发现了庆阳、黄龙、正宁等3个富氦气田，其中庆阳气田是国内氦气规模最大的特大型富氦气田，具有重要的经济开发利用价值。中国石化在鄂尔多斯盆地北部发现的东胜气田，氦气平均含量约为0.15%，以此估算氦气储量也近$2.0\times10^8\ m^3$（陈新军等，2023），属于特大型富氦气田。苏里格气田氦气平均含量约为0.05%，初步估算氦气储量超$10\times10^8\ m^3$，气田氦气总量巨大，是未来具有规模开发潜力的超大型含氦气田。柴北缘发现了尖北、东坪等富氦天然气田（藏）。塔里木盆地氦气分布广泛，目前发现了包括和田河、阿克莫木、罗斯2、古城等富氦气田（藏），和田河气田是继威远气田之后，近年来我国新评价发现的第一个大型富氦气田，氦气含量在0.27%～0.45%之间，平均氦含量约为0.315%，氦气探明储量为$0.72\times10^8\ m^3$，具有相对较高的工业利用价值。渭河盆地埋深4 000 m以浅的水溶氦资源量为$21.3\times10^8\ m^3$，是目前中国开展氦气资源研究的热点地区之一。

中国东部陆内裂谷盆地氦气资源主要分布在郯庐断裂带两侧的裂陷盆地（图2-1-5），断裂带周缘松辽、渤海湾、苏北、三水等盆地已发现了多个含氦气藏。从化学组成特征来看，既存在以CH_4为主的富氦烃气藏，同时也存在以非烃气体为主的富氦CO_2气藏和富氦N_2气藏，$^3He/^4He$值主要在0.88～4.91 Ra之间，平均为2.82 Ra，以幔源He贡献为主。CO_2是幔源稀有气体的主要载体，但是幔源挥发份本身并不富He（原始He含量仅为200×10^{-6}左右），幔源He富集的主要原因是幔源挥发份在沉积地层发生了一系列次生作用，主要与CO_2的溶解与矿化有关。在溶解矿化过程中，幔源CO_2大量消耗，形成片钠铝石等碳酸盐矿物，致使幔源He和N_2气体相对丰度增加了上千倍。东部富氦CO_2气藏和富氦N_2气藏是幔源流体在不同的CO_2溶解矿化阶段的产物；富氦烃气藏是有机成因烷烃气体与其他2类富氦气体混合的结果（王晓锋等，2022）。虽然东部地区氦气丰度相对较高，但天然气藏整体规模较小，氦气资源潜力相对有限（李剑等，2024）。

总体来说，中国的含氦盆地中，氦同位素比值以及幔源氦比例的差异较大，$^3He/^4He$值分布在1.01×10^{-8}～7.2×10^{-6}之间，R/Ra值分布在0.01～5.14之间（图2-1-4，图2-1-5），氦气成因来源类型和分布具有明显的区域规律性，东部断陷和裂谷盆地混有较多的幔源氦，为壳幔混合成因；中部盆地为典型壳源氦成因，西部盆地则以壳源成因为主，混入少量的幔源氦（张驰等，2023；陈悦等，2023；李剑等，2024）。目前世界上进行工业开采的含氦气田几乎都是壳源氦。中国中西部评价发现中国首个特大型富氦气藏——和田河气田（折算氦气储量约为$1.959\times10^8\ m^3$）、中国首个特大型致密砂岩型富氦气田——东胜气田（探明氦气地质储量约为$1.96\times10^8\ m^3$）、鄂尔多斯盆地大牛地超大型氦气田（氦气储量为$1.00\times10^8\ m^3$）和渭河盆地氦气田（资源量为$21.3\times10^8\ m^3$）（张驰等，2023）。

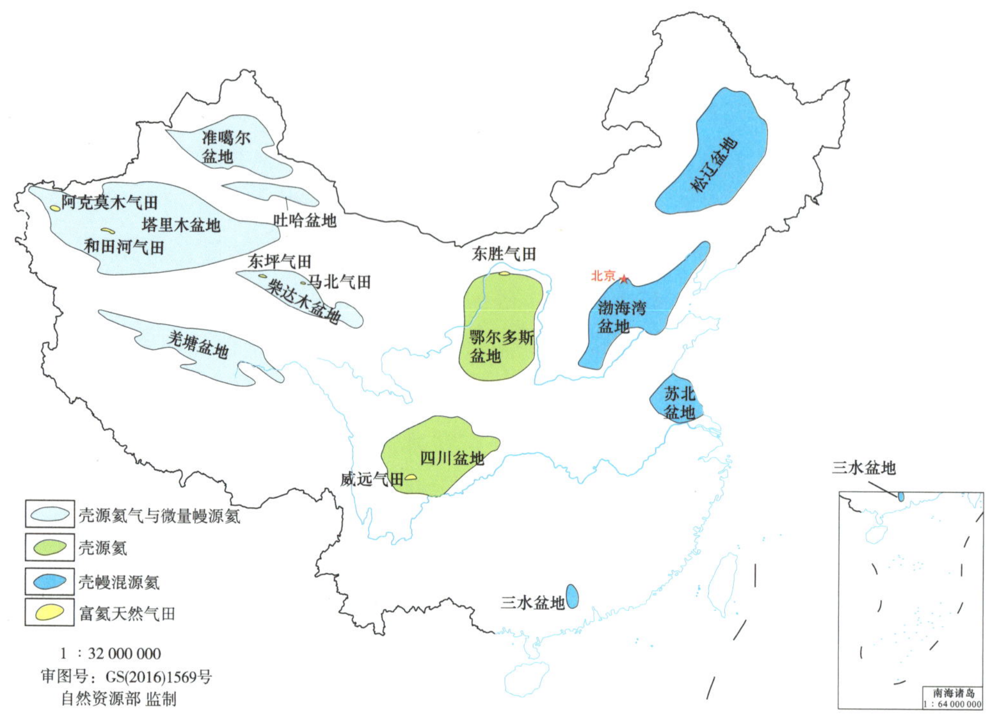

图2-1-3　中国主要含油气盆地氦气成因类型（秦胜飞等，2022）

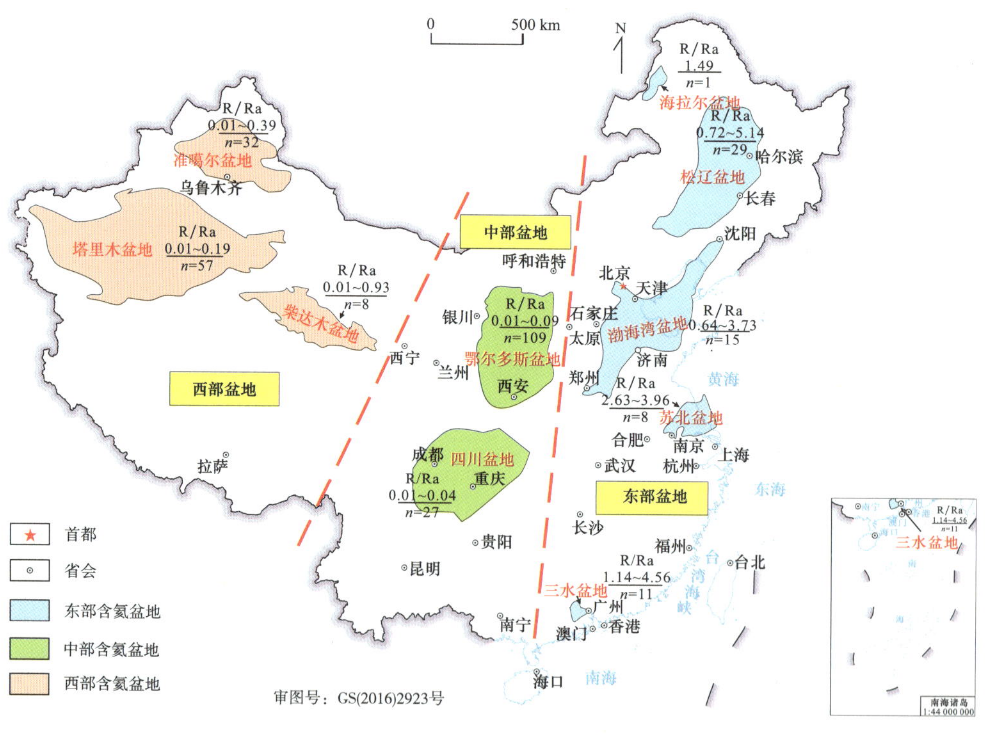

图2-1-4　中国含氦盆地分区特征及R/Ra值范围（张驰等，2023）

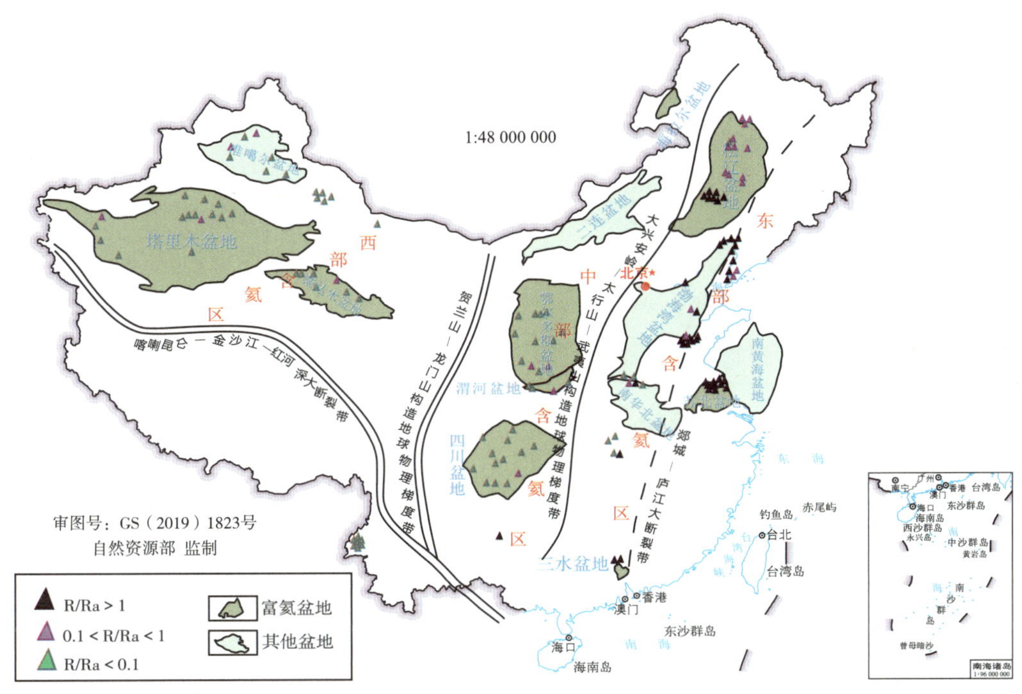

图2-1-5　中国含油气盆地氦气构造地球化学分区分布（陶士振等，2024）

世界上富氦气田数量很少，绝大多数是贫氦气藏。氦气的富集机理和勘探方法与天然气差异很大，甚至有矛盾之处。天然气勘探的甜点区对氦气的稀释程度也较大，不利于氦气的富集。因此，秦胜飞等（2024）认为寻找富氦气藏需要跳出天然气勘探思路的束缚，根据氦气富集特点和富集主控因素来寻找富氦区：（1）寻找富氦资源应该在古老基底发育区或附近寻找与古老基底距离较近、基底断裂发育、受后期构造运动影响抬升幅度较大、天然气资源为中—低丰度的气藏。这就要求这些地区天然气有效供气强度不宜太高，否则对氦气稀释程度过大，不易形成富氦气藏。符合这样条件的地区一般位于烃源岩生气中心的外围、中—低生气强度的古老克拉通盆地边缘、盆地之间的碰撞带、盆地内部古隆起、深大断裂发育区、断层破碎带、受喜马拉雅构造运动影响且有较大幅度抬升的地区。（2）氦气与氮气富集具有耦合作用，如果能找到富氮气藏或者以氮气为主的气藏，也许就能找到富氦气藏，未来也可以尝试从氮气形成和成藏的角度来寻找以氮气为主的气藏。

第二节　氦气地质理论研究进展

本节重点梳理氦气地质理论现状及进展，阐述了氦气聚集与地层时代的关系、氦气与天然气伴生关系，归纳了氦气源岩、运移、富集、输导及保存等氦气富集条件与机理，明确了氦气与天然气的成藏差异、氦气富集影响因素，总结了氦气成藏模式及富氦气藏划分标准、类型与氦气资源评价方法。

一、氦气聚集与地层时代关系

天然气中氦气的含量与储层的地质年代有关（张明升等，2014；张志芹等，2015），氦气在任何时代的储层中都有聚集，且表现出储层年代越久远，氦气含量越高的特征。如对美国天然气储层调研显示，在所有的含氦天然气藏的气样中，来自古生代的占66%，中生代和新生代的均占17%（Tongish et al.，1980）。而这个年龄更可能是氦气开始向储层运移的时间，而不是储层形成的时间，即氦气向储层中运移的时间越久，储层中氦气的含量越高（Brown，2010）。

在中国，氦气在地层时代特征上具有广泛分布的特点（表2-2-1），最古老的含氦地层是震旦系，主要见于四川盆地的威远气田，最年轻的含氦地层为古近系—新近系，包括三水盆地、渤海湾盆地、苏北盆地、柴达木盆地、塔里木盆地和准噶尔盆地（张驰等，2023）。在中国，氦气虽然广泛分布于各个地层时代，但无论地层的地质年代如何，氦气含量普遍较低。

同时代的储层中，天然气中氦气的含量与储层的深度呈负相关（张明升等，2014；张志芹等，2015）。盖层厚度越薄，含氦量越高，如苏联贝加尔褶皱区在古生代沉积的游离气中的含氦量与沉积盖层厚度呈负相关关系。储层深度增加，含氦量减少，如美国天然气储层中含氦量随着储层深度的增加而减小，氦气主要聚集在500～5 000 m深度的储层中。我国的氦气含量并未随着地层时代的变老而增加，而是呈现“两头高、中间低”的特征，这与我国氦气藏的分区特征密切相关（张驰等，2023）。

我国不同地区的氦气含量差别较大，其成因类型和赋存层位具有明显的分区分带特征，东部盆地混有较多的幔源氦，中部盆地为壳源氦，西部盆地以壳源为主，混入少量的幔源氦（秦胜飞等，2022，2024；陈悦等，2023；张驰等，2023；李剑等，2024；陶士振等，2024）。我国氦气纵向分布层位众多，不同地区氦气分布层位变化较大，东、中、西部富/含氦气田（区）在纵向地层分布上也存在一定差异性（图2-2-1），总体上氦气赋存层位由东向西、由北向南，呈现出由新到老的变化趋势（陶士振等，2024）。

表2-2-1　中国十大含氦盆地的地层时代分布特征（张驰等，2023）

赋存地层		Z	Є	O	S	D	C	P	T	J	K	E	N
东部盆地	松辽盆地										√		
	海拉尔盆地										√		
	三水盆地											√	
	渤海湾盆地			√								√	√
	苏北盆地					√		√					√
中部盆地	四川盆地	√	√				√	√	√	√			
	鄂尔多斯盆地			√				√	√	√			
西部盆地	柴达木盆地									√		√	
	塔里木盆地		√	√	√	√	√	√	√		√	√	√
	准噶尔盆地						√	√		√			√

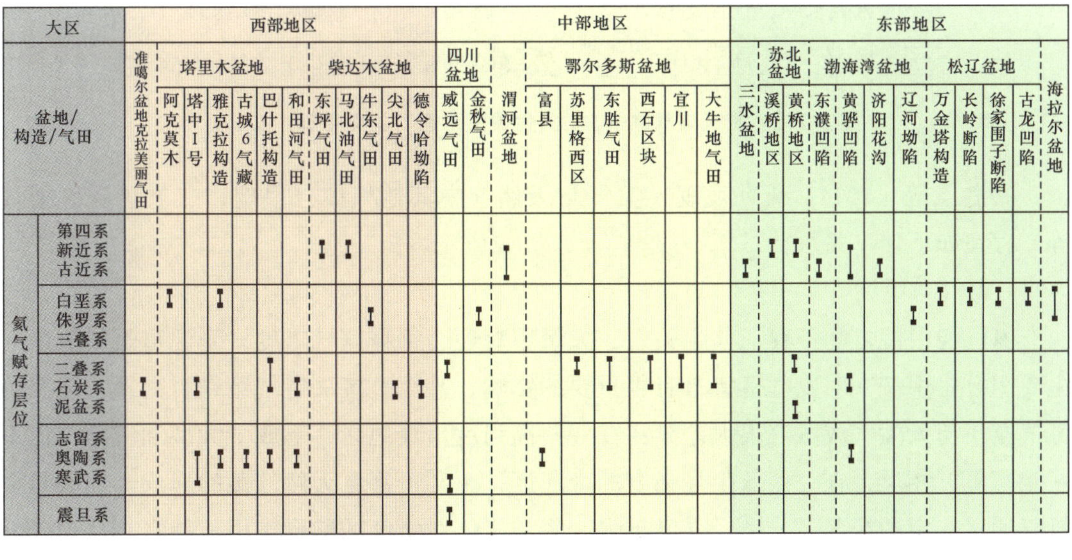

大区	西部地区											
盆地/构造/气田	准噶尔盆地克拉美丽气田	塔里木盆地						柴达木盆地				
		阿克莫木	塔中I号	雅克拉构造	古城6气藏	巴什托构造	和田河气田	东坪气田	马北油气田	牛东气田	尖北气田	德令哈坳陷
第四系 新近系 古近系								I	I			
白垩系 侏罗系 三叠系		I		I						I		
二叠系 石炭系 泥盆系	I		I			I	I				I	I
志留系 奥陶系 寒武系			I	I	I	I	I					
震旦系												

大区	中部地区								
盆地/构造/气田	四川盆地		渭河盆地	鄂尔多斯盆地					
	威远气田	金秋气田		富县	苏里格西区	东胜气田	西石区块	宜川	大牛地气田
第四系 新近系 古近系			I						
白垩系 侏罗系 三叠系		I							
二叠系 石炭系 泥盆系	I				I	I	I	I	I
志留系 奥陶系 寒武系	I			I					
震旦系	I								

大区	东部地区											
盆地/构造/气田	三水盆地	苏北盆地		渤海湾盆地				松辽盆地				海拉尔盆地
		溪桥地区	黄桥地区	东濮凹陷	黄骅凹陷	济阳花沟	辽河坳陷	万金塔构造	长岭断陷	徐家围子断陷	古龙凹陷	
第四系 新近系 古近系	I	I	I	I	I	I						
白垩系 侏罗系 三叠系							I	I	I	I	I	I
二叠系 石炭系 泥盆系			I I		I							
志留系 奥陶系 寒武系					I							
震旦系												

（纵向行标题：氦气赋存层位）

图2-2-1　中国富/含氦天然气纵向赋存层位分布特征（陶士振等，2024）

二、氦气与天然气伴生关系

氦气是弱源气，不能独立成藏，通常作为伴生资源赋存在天然气中或溶解在水中形成水溶气，迄今世界上还未发现单一的纯氦气藏。由于氦气只能寄生于载体气（天然气）内，吴义平等（2024）提出载体气与氦气存在3类共生成藏机制，即异源同储、同源同储和同源异储，根据天然气组分还可进一步细分，见图2-2-2。

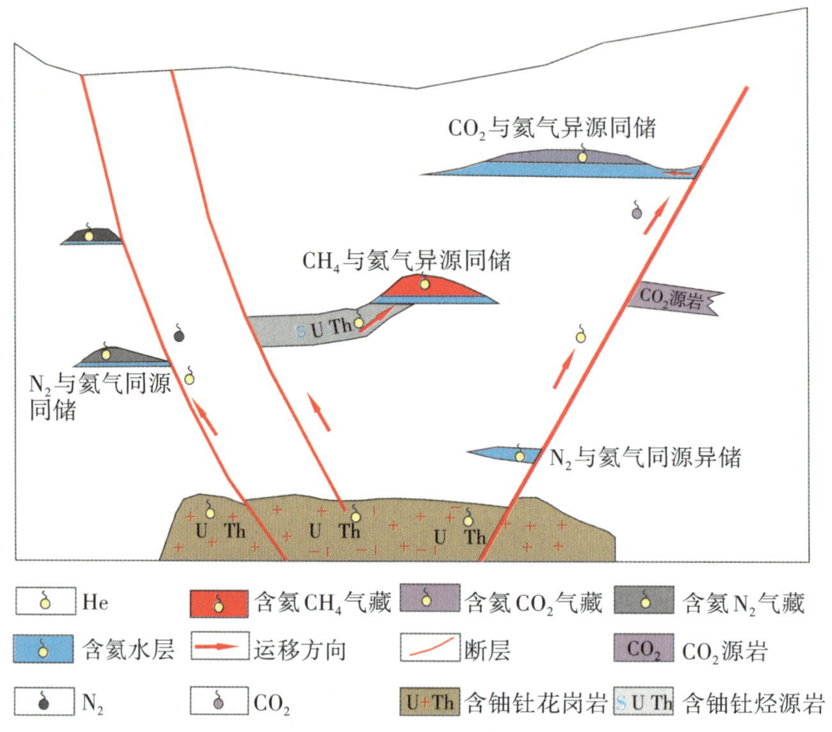

图2-2-2　氦气与载体气3类共生关系示意（吴义平等，2024）

秦胜飞等（2024）研究发现，氦气与天然气中其他气体（甲烷、二氧化碳、氮气等）存在如下伴生关系。

1.氦气与甲烷

氦气与甲烷之间不存在共生关系，大量甲烷还会稀释氦气丰度。壳源富氦气藏中的主要组分是甲烷，对氦气富集具有很重要的影响，甚至直接决定气藏是否富氦，但我国氦气富集与天然气成藏有很大差异：在一些高强度生烃地区，形成了大型油气藏，但不一定富氦；相反，在一些低生烃强度的隆起区，更利于富氦天然气藏的形成。原因是在氦气通量一定的情况下，生烃强度越强，烃类气体对氦气的稀释作用就越强，从而降低氦在天然气藏中的丰度。

2.氦气与二氧化碳

氦气与二氧化碳在成因和含量上均没有相关性，但二氧化碳可以作为氦的载体气。天然气藏中存在富氦二氧化碳气藏，如我国东部三水盆地宝月气田等，也存在一些富氦氮气藏含有较高的二氧化碳。二氧化碳的来源主要包括有机和无机2种成因：有机二氧化碳由有机物（煤、石油、动植物残骸等）经生物作用的降解大量生成；无机二氧化碳则由碳酸盐岩在温度作用下、地下水的酸类溶解以及变质过程中生成，还可在岩浆作用下析出。

3.氦气与氮气

氦气与氮气有非常好的伴生关系，这为寻找富氦资源提供了新思路（秦胜飞等，2023；秦胜飞等，2024）。秦胜飞等（2024）研究发现国内外典型富（含）氦气藏中，无论富氦气藏还是贫氦气藏，氦气和氮气均存在明显的正相关关系，即氮气含量越高的气藏氦气含量也越高，且在天然气藏中氮气含量一般远高于氦气含量。虽然氦气和氮气都在天然气中富集，但二者来源、富集机理不同：（1）来源方面。氮气来源复杂多样，主要包括地下水中溶解的大气氮、沉积有机质释放的氮、变质沉积物释放的氮，以及在岩浆活动区来自火成岩或地幔的氮。放射性成因氦气的来源比较单一，以壳源为主，构造活动强烈地区可能会有少量幔源氦，壳源氦气的生成与岩石中的铀钍含量及经历的衰变时间有关，几乎不受温度影响。（2）富集机理方面。氮气的富集受到多种因素的影响，包括储层特征、地层温度、压力及微生物群落等；氦气不能独立成藏，需要其他地质流体作为载体，在一定的构造作用下运移进入气藏富集。

氦气、氮气生成途径和机理不同，却可以在富氦气藏中同时富集，秦胜飞等（2024）提出氦气与氮气之间存在耦合作用，特点如下：①富氦气藏中两者含量关系密切；②两者都依靠地下水的运移最终富集在气藏中；③在构造抬升作用下，地下水向构造高部位（威远、和田河）运移，或者天然气沿古老地层横向运移，捕获地层水中的氦气和氮气，不排除横向运移合并氮气和氦气最终富集在天然气藏；④氦气和氮气可能都主要来自古老基底岩石，可视为同源，氦来自岩石中铀、钍的放射性衰变，氮主要来自无机物中含氮化合物的分解，氦气与氮气都为惰性气体，在地壳中比较稳定，亨利常数比较接近，生成后都溶解在地下水中，随地下水运移，在气藏中同时脱气富集，为“同溶共储、共聚”的过程。也有研究认为氦气与氮气没有相关性，这可能与其成因、成熟度等有关，需进一步探讨。

三、氦气富集条件及机理

从岩石矿物中释放出来的氦气数量较少，进入邻近的流体系统中并和这些流体一起通过断裂和裂缝运移到储层中聚集成藏，这些流体可以是油、气、水或岩浆等。幔源或深地壳氦气则通过深大断裂和裂隙进行垂向运移，再通过断裂或裂隙向油气圈闭中运移并聚集成藏（张明升等，2014）。

（一）氦气源岩

氦气为无机成因气，幔源氦（^3He）为保存在地球深部的原始氦，恒星形成时产生；

壳源氦（^{4}He）由岩石中铀、钍等放射性元素的衰变产生，是目前工业用氦的主要来源。气藏中的氦气有多种来源，烃源岩、砂岩储层、碳酸盐岩储层、古老基底岩石等含有铀、钍等放射性元素的岩石都会衰变生成氦，提供氦源，可以分为有效氦源和主力氦源。秦胜飞等（2024）认为氦气的富集是一个“多源聚氦，主源富氦”的过程，气藏是否富氦由主力氦源决定。

1.有效氦源

有效氦源指所有能给气藏提供氦但不足以使气藏富氦的岩石，即除主力氦源岩之外的氦源岩，包括储层和烃源岩等（秦胜飞等，2024）。富有机质泥页岩等烃源岩铀、钍含量一般较高，应该是最主要的有效氦源岩，但烃源岩生成的氦一般会与其生成的天然气一起运移成藏，因此生成的烃类气会稀释氦气丰度，故烃源岩生成的氦只能作为含氦气藏的有效氦源岩。砂岩和碳酸盐岩等储集岩本身铀、钍含量较低，多数年龄较新，生成的少量氦还会被烃类气稀释，对氦气富集的贡献极小。

2.主力氦源

主力氦源指能对气藏富氦起决定性作用的氦源，大多是储层和烃源岩等油气系统以外的大体量的富铀、富钍的古老岩石或者基底，如花岗岩、片麻岩等（秦胜飞等，2024）。目前国内外发现的富氦气田均坐落于古老基底之上或者周围存在古老基底。此类岩石生成的氦会以水溶态保存，并在特定地质条件下运移进入圈闭，为壳源氦气藏供氦。大多数壳幔混源成因氦气藏的主力氦源也为古老基底岩石，也有少部分气藏的主力氦源是幔源流体。国内外大多数气藏都是贫氦气藏，只有主力氦源岩产生的氦进入气藏富集成藏时，才会形成富氦气藏。中国主要富氦气藏的 3 类主力有效氦源岩为古老富 U、Th 花岗岩基底，富 U、Th 黑色页岩和铝土岩（表2-2-2）。

花岗岩不仅是有效氦源岩，也可以是氦气储集岩，其内部纳米级孔隙发育，孔隙大小可优于页岩（页岩气储层），且微裂缝发育，具有氦气运移和储存的条件。花岗岩中氦气释放主要受温度控制：低于 27 ℃时，花岗岩中富 U、Th 矿物对^{4}He完全封存；27～250 ℃时，^{4}He被部分封存；高于 250 ℃时，^{4}He不能被封存，断裂可将这些不被封存的^{4}He运移至地壳浅部的流体系统中成藏（李玉宏等，2022）。

3.有效性评价

赵栋等（2024）评价氦源岩有效性认为：①潜在氦源岩孔隙中积累的溶解氦能否在适宜条件下规模性脱溶为游离氦，是判识潜在氦源岩是否有效的关键性先决条件；②除岩石 U、Th 元素含量外，巨大的体量规模，适宜的孔隙度和含水饱和度，良好的“沉积埋藏史—气藏成藏史—构造演化史”时空匹配关系，以及相对专一的生氦能力，也是评判潜在氦源岩有效性的关键参数；③铝土岩（U：25×10^{-6}；Th：56×10^{-6}）、泥页岩（U：16.23×10^{-6}；Th：11.66×10^{-6}）、花岗岩（U：6.96×10^{-6}；Th：31.04×10^{-6}）、片麻岩（U：1.75×10^{-6}；Th：16.5×10^{-6}）中，铝土岩的U、Th含量最高，花岗岩的U、Th含量并没有显著优势，但用溶解氦富集效率（η_{He}）计算，在相同条件下，花岗岩最易形成游离氦富集，泥页岩与铝土岩次之，片麻岩最难。对于同一种岩性，He摩尔分压越小，越易形成游离氦富集，即对应其他气体（CH_4、N_2）充注造成溶解氦脱溶。

表2-2-2　中国主要富氦气藏的3类主力有效氦源岩（李剑等，2024）

氦源岩类型	时代	分布地区	U、Th含量/10^{-6}	已发现气藏或代表井
古老富U、Th花岗岩基底	古元古代哥伦比亚超大陆 新元古代花岗岩基底	塔里木中央古隆起、塔北古隆起、鄂尔多斯基底、四川盆地威远地区	U：2.9～9.0 Th：70.7～102	和田河、阿克莫木、东胜、庆阳、威远
富U、Th 黑色页岩	早寒武世	四川、塔里木	U：10～120 Th：3.8～25.9	轮探1井 威201井
	早志留世	四川		
	三叠纪	鄂尔多斯		
铝土岩	二叠纪	鄂尔多斯陇东地区	U：7.8～22.3 Th：35.4～136	宁古-14井 宁古-13井

（二）氦气运移

目前对于初次运移和二次运移的认识还存在分歧（表2-2-3）。尤兵等（2023）指出，从矿物中释放出来的氦气，运移方式分为初次运移和二次运移2种，氦气的初次运移指氦气从氦源岩中迁出的过程，二次运移是指氦气从氦源岩中迁出以后发生的运移（Danabalan，2022）。其运移形式主要表现为扩散和平流（图2-2-3）。陶士振（2024）认为氦气由源到藏的运移过程经历了初次运移和二次运移2个阶段。初次运移包括氦气在氦源（岩）内部的运移以及从氦源岩内到外的运移；二次运移是脱离氦源（岩）以后一直到天然气圈闭中聚集成藏的运移过程。基于典型富氦气藏解剖及地下流体中“氦气—水”相平衡分析，陶士振（2024）提出氦气存在“集流、渗流、扩散”3种运移机理，形成“水溶相、气容相、游离相”3种赋存状态。

秦胜飞等（2024）认为氦气是天然气异源同储的伴生气，其和天然气不同，有特殊的运移过程，分为初次运移和二次运移2个阶段，而二次运移则需要其他流体作为运移载体。（1）初次运移指含铀、钍的矿物或者岩石放射性衰变产生的氦气从矿物晶格中释放到岩石孔隙水中的过程，即含铀、钍的矿物放射性衰变产生的^4He脱离宿主矿物进入孔隙空间的过程（秦胜飞等，2024），有衰变反冲释放、扩散释放、破裂释放和矿物转变释放4种方式。氦源岩组成与晶体结构不同时，矿物对氦的封存能力存在显著差异。氦能否从矿物中顺利迁移主要取决于矿物对氦的封闭温度，高温有利于氦的扩散与氦泡的长大，促进氦的释放。由于主力氦源岩埋藏一般较深，地层温度高，很容易突破矿物对氦的封闭温度，经过一定时间后，氦就完全可以从宿主矿物中释放出来。如花岗岩生成的氦至少有80%可以释放出来。另外，压裂及矿物转化过程也可引起氦的迅速释放（李平等，2023）。(2) 二次运移指氦气从含氦矿物中迁移出来之后的一切运移，可分为2个过程：一是从深部基底运移到地壳浅部地层的过程；二是在富集成藏过程中伴随天然气继续运移的过程（秦胜飞等，2024）。氦气经过初次运移从宿主矿物进入岩石孔隙空间，由于氦气生成的速度极度缓慢，难以大规模聚集独立成藏。因此，孔隙空间中的氦气先溶于地层水，并保存在地层水中。由于氦气在孔隙水中的扩散速度非常缓慢，需要通过地质流体才可以实现远距离的运移。因此，氦气二次运移的2个过程都需要其他流体作为运移载体。

表2-2-3　初次运移和二次运移内涵

运移方式	尤兵等,2023	陶士振等,2024	秦胜飞等,2024
初次运移	氦气从氦源岩中迁出的过程,不包括从矿物中释放出来的过程	氦气在氦源(岩)内部的运移以及从氦源岩内到外的运移	含铀、钍的矿物或者岩石放射性衰变产生的氦气从矿物晶格中释放到岩石孔隙水中的过程
二次运移	氦气从氦源岩中迁出以后发生的运移	脱离氦源(岩)以后一直到天然气圈闭中聚集成藏的运移过程	氦气从含氦矿物中迁移出来之后的一切运移,可分为2个过程:一是从深部基底运移到地壳浅部地层的过程;二是在富集成藏过程中伴随天然气继续运移的过程

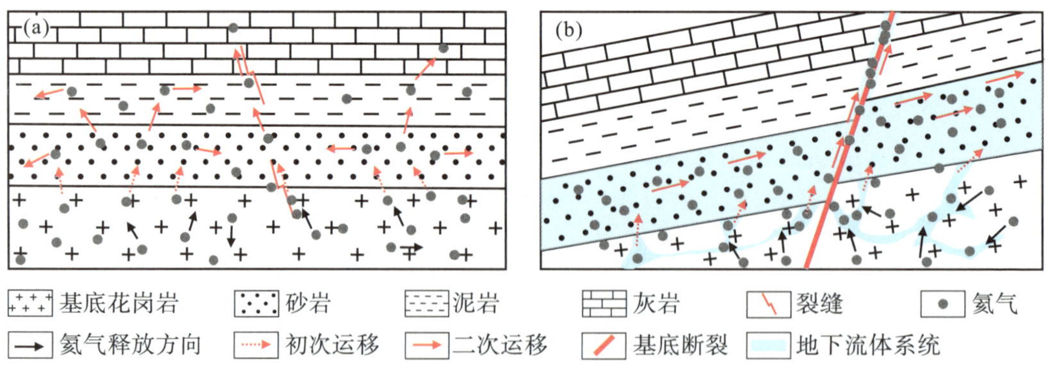

图2-2-3　氦气运移的2种方式（尤兵等，2023）

（三）氦气富集

1.以岩浆作为载体的氦气富集

地幔中的岩浆向地壳浅部运移时，混入岩浆的He、CO_2、N_2、CH_4等天然气会随着温度和压力的降低，从岩浆中脱离出来，脱出的He等天然气可以直接充注到邻近的储集层中形成气藏，也可沿其他断裂继续向上运移再聚集成藏（付晓飞等，2005；张明升等，2014）。岩浆活动是形成这种含氦天然气聚集的首要条件，其次应该为深大断裂的发育。

2.以地下水、天然气作为载体的氦气富集

从矿物中释放出来的氦气会先溶解到孔隙水中，并随孔隙水一起运移。运移过程中，遇到烃类或二氧化碳等气体时，孔隙水中的氦气会被抽吸到该气体中，并随该气体一起运移。以地下水、天然气作为载体的含氦气藏的形成主要有3种模式（张明升等，2014）：①含氦的孔隙水流过天然气气藏底部或过渡带时，气体会抽吸孔隙水中的氦进入气藏中直接成藏；②烃类气体运移经过富集了氦气的孔隙水时，气体会抽吸溶于孔隙水中的氦气，氦气则伴随烃类气体一起运移进入圈闭后聚集形成富氦或含氦气藏；③CO_2（包括有机成因的幔源CO_2和有机脱碳形成的CO_2）运移经过富集了氦气、氮气和甲烷的孔隙水时，CO_2会溶于水中并将溶于孔隙水中的氦气抽吸出来，则剩余的气体中氦气会更富集（Brown，2010）。

目前国内外发现的富氦气田均坐落于古老基底之上或者周围存在古老基底，主要为壳源氦气。对于古老基底来说，生氦矿物生成的氦经过初次运移之后以水溶态保存在古老地层水中。由于古老基底岩石不具备生烃能力，氦气无法直接从水中脱溶进入气相，继而从基底中运移出来。基底岩石不含有机质，难以生成烃类气体，而烃源岩和储集层又都在基底岩层之上，烃源岩生成的天然气会向上运移进入储层中成藏，从而作为氦气二次运移的运移载体，但其很少向下运移进入基岩（紧贴基岩发育的烃源岩除外），上部储层中的天然气也很难下灌到基岩中把氦气带出。因此，氦气从古老基底中运移到上覆浅部地层的载体只能是地下水（秦胜飞等，2022）。

古老地层水脱气富氦是壳源氦气的富集机理（秦胜飞等，2024）：富铀、富钍的古老岩石生成的氦气通过多种方式突破矿物晶格，经过初次运移后进入孔隙水中并以水溶态形式保存，在构造抬升、挤压等地质作用下，溶解了氦气的古老地层水沿着深大断裂向上运移到浅部地层。随着温度和压力的降低，氦气在水中的溶解度会迅速降低。若地层水中的氦气达到饱和状态，氦气就从水中脱出，并以游离态向上运移到上覆气藏中成藏或者散失；若尚未达到饱和状态，氦气则继续以水溶态形式保存在地层水中并沿着断裂和不整合面等运移通道继续运移，遇到气藏之后从水中脱溶并进入气藏，富集形成富氦气藏。脱溶过程受亨利定律的控制，即在一定的温度和平衡分压下，气体在溶液中的溶解度与气体的平衡分压成正比。气水界面处氦气分压极低，使得氦气从水中脱溶出来进入气藏，而气藏中的气体因分压大而溶解到水中，貌似把氦气从水中“萃取”出来。随着地层水不断上涌，氦气不断脱溶进入气藏，使得气藏富氦。

3.以地热流体作为载体的氦气富集

地热田下面正在冷却的岩浆体中释放出来的氦，可以直接通过上覆地层扩散，也可以与热水、水汽和从冷却岩浆体中释放出来的蒸汽相混合，然后通过可渗透岩石或沿断裂带运移出来。这种上升的气体和热水系统也可将原先存于围岩中的氦运送到地表，形成含氦的温泉、蒸汽喷口或间歇喷泉（张明升等，2014）。当这种气体渗入地表的地下水中时，土壤气体中就会富含氦气。

（四）氦气输导

沟通“源—藏”的有效输导体系是氦气进入天然气成藏系统发生聚集的重要桥梁（陶士振等，2024），输导条件包括有效的输导通道和有利的输导载体。地下的输导载体有很多，如前文所述有地下水、天然气及其他流体（油田卤水、热液流体等）。中国的中西部盆地基底断裂、盖层断裂、不整合面及储层是壳源氦有效的输导体系；东部地区盆地内部发育多组深大断裂，壳幔混源氦的深部运移与超壳深大断裂-岩浆活动有关，浅部与基底断裂及天然气成藏系统输导通道有关。

（五）氦气保存

氦气分子直径小（0.26 nm），远小于致密砂岩（40～700 nm）、致密碳酸盐岩（40～500 nm）、泥质岩（5～200 nm）、膏盐类（3.6 nm）的孔喉直径（张朝鲲等，2024）。目前，在地层压力下尚无盖层可以直接阻止氦气分子扩散的案例，即使膏盐类也不能完全阻挡氦气的扩散。因此，氦气富集成藏较烃类、CO_2、N_2对保存条件要求更加苛刻。陈新军等（2023）认为壳源型氦气藏需要优质、厚层的膏盐岩或泥岩进行封存，致密的顶底板和高顶底板突破压力能有效阻止烃类和氦气散失，对气体的聚集起到重要作用。致密膏盐层、盐岩层、灰岩、页岩、异常高压盖层、充满水/盐水盖层等通常可以作为富氦天然气藏的有效封盖层，其中低孔低渗且富含盐水的致密膏盐层是有利的氦气盖层。尤兵等（2023）认为一个稳定的富氦天然气藏，不仅需要具有良好封闭作用的盖层，还应当满足气藏中氦气的补充速率高于散失速率。

理论上氦气的聚集成藏在自然界中不存在，张朝鲲等（2024）认为得益于亨利定律的存在及载体气的协助，氦气在地层中可以以“异源同储”伴生气的形式，在物性、压力、浓度三重封闭下，得到盖层的保护封存。李玉宏等（2018）认为受范德华力的影响，氦气可以呈“氦气+载气体”团簇等弱物理作用体的形式在气藏中赋存，形成的“氦气+甲烷”或“氦气+二氧化碳”团簇，形态庞大，在地层中运移缓慢，如此，氦气在地层中的逸散亦有效减少。

张朝鲲等（2024）的统计研究将全球含氦气田的盖层划分为膏盐类盖层、泥质岩类盖层和碳酸盐岩类盖层3种，其中膏盐类盖层在含氦气田中最为常见，其次为泥质岩类盖层，最后为碳酸盐岩类盖层。含氦气田的盖层厚度范围主要为20～500 m，但并不是越厚越好。盖层对于氦气的封盖效果受一系列微观特征（孔隙度、渗透率、突破压力、中值半径）与宏观特征（岩性、厚度、成岩作用、连续性、构造作用）影响，含氦气藏载体气类型的不同也会使盖层对于氦气的封闭能力产生差异（表2-2-4）。

表2-2-4　氦气资源的盖层特征及封盖效果（据张朝鲲等，2024，整理）

大类	小类	封闭效果
微观特征	孔隙度	在储层条件相同的情况下，盖层的孔隙度越小，氦气在盖层中逸散所需克服的毛细管压力差越大，盖层的物性封盖效果越好
	渗透率	会显著影响氦气呈水溶态或游离态通过盖层的速度及效率，进而对盖层物性封闭、浓度封闭氦气的程度产生影响
	突破压力	突破压力与盖层对于物质的封盖效果呈正相关关系；氦气作为一种伴生气，更高的突破压力虽可提升盖层对于氦气的物性封闭能力，但也会增强氦气载体气的充注强度，使气藏中的氦气含量受到稀释
	中值半径	中值半径越小，盖层岩石的毛细管压力越大，盖层阻滞天然气扩散的能力越强，影响盖层对于氦气的物性封闭与浓度封盖效果
宏观特征	岩性	全球含氦气田的盖层类型主要有膏盐类、泥质岩类与碳酸盐岩类3种。膏盐类可有效限制氦气等稀有气体的逸散，是理想的氦气封闭盖层
	厚度	盖层厚度增加，盖层压力封盖效果增强；但过高的盖层厚度同样会使氦气载体气充注强度增强，不利于高品位含氦气藏的出现。因此，盖层厚度与盖层对于氦气封盖效果的关系仍需根据具体情况，考虑其他盖层及含氦气藏指标综合判断
	成岩作用	膏盐类盖层在埋深过程中经过再结晶和脱水等成岩变化，成为优质盐岩、硬石膏盖层，封盖效果得到显著增强；泥质岩类盖层的成岩程度太低，其自身封闭性不够，成岩作用太高，黏土矿物会大量转化，岩石可塑性变差，易发生破裂，最佳封闭深度在2 000～4 000 m之间；碳酸盐岩类盖层伴随碳酸盐胶结程度的提高，岩层的封闭能力亦能得到显著增强
	连续性	盖层只有在空间上具备连续性，岩性均匀且稳定，才能保护一定范围内储层中的氦气免于逸散

续表2-2-4

大类	小类	封闭效果
宏观特征	构造作用	通过改造盖层的宏观特征从而影响盖层对氦气的封盖性能，一旦受区域构造应力影响，盖层发育大量微裂缝或被断层切穿，储集层中的氦气与外界的流通状态将会改变，盖层的封闭能力也会受到影响
载体气		载体气类型主要有烃类、CO_2、N_2 3种。氦气的载体气类型为烃类气体时，盖层对于氦气的封盖效果同样受盖层对于烃类气藏的封盖效果影响；载体气类型为CO_2时，CO_2较其他类型的氦气载体气更易以水溶气、团簇的形式协同氦气逸散、损失，这对于封盖赋存于CO_2气藏中氦气的盖层提出了更高的要求；当氦气的载体气类型为N_2时，氦气与N_2常协同演化，使盖层浓度封闭动力不足，造成一定程度的氦气资源损失

秦胜飞等（2024）研究认为封盖能力相对较弱更有利于氦气富集，因为富氦气藏的形成需要古老基底中水溶型氦气作为主力氦源对气藏供氦，以地下水为载体的氦气，在构造抬升等外力的作用下往上运移。如果气藏具备非常好的封盖条件，随构造抬升，则很容易在气藏中形成异常高压，古老基底中溶解有氦气的地层水也很难运移到上覆气藏。反之，在气藏封盖条件相对薄弱的地区，气藏中的异常高压能够释放，有利于深部地层水往上运移，这样更能使气藏富氦。这也解释了为什么富氦气藏几乎全是常压或负压气藏。当然，封盖能力相对较弱并不是说封盖能力越差越好，前提是必须保证能把天然气保存下来。

四、氦气富集成藏特征及模式

（一）氦气富集与天然气成藏差异

氦气主要来自天然气，其中富氦天然气是获取氦气的主要来源。尤兵等（2023）从源、储层、盖层、圈闭、释放、运移、聚集、保存8个方面对比分析了氦气与油气成藏要素特征，详见表2-2-5。

秦胜飞等（2023）研究认为氦气的富集与天然气成藏在气体来源、生成机理、运聚过程（包括初次、二次运移方式）、对构造背景的要求及对地下水活跃程度的要求等诸多方面都存在较大差异，详见表2-2-6。油气系统中天然气成藏，是天然气自烃源岩生成，然后运移到储集层成藏的过程［图2-2-4（a）］。秦胜飞（2022）指出放射性来源的氦气之所以能够富集，是因为气藏经历了“多源供氦、主源富氦”的过程。气藏中的氦气有多种来源，但气藏是否富氦，是由主力氦源（指除了烃源岩和储集层给气藏供氦，能额外给气藏供氦并使气藏富氦的氦源）决定的［图2-2-4（b）］。当前已发现的富氦气藏多分布在克拉通内部隆起或克拉通边缘构造活动带，它们具有2个共同的地质特征：①富氦气藏都分布在古老的基底岩石之上或者周围存在古老基底；②在中—新生代以来发生较为强烈的构造抬升。如美国潘汉德·胡果顿富氦气田、中国四川盆地威远气田、塔里木盆地和田河气田等。壳源氦是目前工业用氦的主要来源，为岩石U和Th放射性衰变而成的^{4}He；幔源氦还有少量地球深部（地幔）保存的^{3}He，只有在火山活动或者深大断裂发育的地方，幔源氦才可能伴随地幔流体上涌进入气藏［图2-2-4（c）］。

表2-2-5　氦气与油气成藏要素特征对比（尤兵等，2023）

成藏要素	氦气成藏要素特征	油气成藏要素特征
源	岩石中^{238}U、^{235}U和^{232}Th放射性衰变	富有机质烃源岩
储层	多孔的、可渗透的岩石	多孔的、可渗透的岩石
盖层	致密的、渗透性极低的岩层	低渗透的泥页岩、膏岩、碳酸盐岩
圈闭	构造圈闭、地层圈闭、复合圈闭等	构造圈闭、地层圈闭、复合圈闭等
释放	衰变反冲释放、扩散释放、矿物破裂释放、矿物转变释放	—
运移	扩散:游离态; 平流:水溶态或气溶态	初次运移:压力; 二次运移:浮力
聚集	地下水脱溶聚集; 独立气相“抽吸”聚集; 混合流体脱气聚集; 以气相直接进入气藏	浮力与毛细管力的平衡
保存	无后期破坏和改造	无后期破坏和改造

表2-2-6　氦气的富集与天然气成藏差异（据秦胜飞等，2023，整理）

要素	天然气	氦气
源	有机成因为主	无机成因
	主要来自沉积岩中的富有机质地层(又称气源岩或烃源岩)	壳源(放射性来源)和幔源
	位于盆地低洼处的烃源岩等	所有岩石都含有一定量的U和Th,由岩石中的U和Th经α衰变释放出α粒子,α粒子从周围介质中捕获2个电子,就成为^{4}He
生成机理	干酪根热解、裂解生气和原油二次裂解生气等,生物降解生气、储层沥青裂解生气	来自U和Th的放射性衰变

续表2-2-6

要素	天然气	氦气
生成机理	需要一定的温度,并有生气高峰期,生气强度取决于烃源岩有机质丰度、有机质类型和演化程度	生成量取决于岩石中 U 和 Th 的含量和衰变时间:岩石中 U、Th 的含量越高,岩石越古老,放射性衰变产生的氦气就越多
运聚过程	初次运移相态不同(包括水溶相、油溶相、游离相等);运移动力包括烃源岩层压实成岩作用、浮力、热增压(温度升高导致岩石矿物和孔隙流体膨胀)及气体浓度差带来的动力,其中烃源岩大量生气造成热膨胀作用是天然气初次运移的重要动力	放射性衰变产生的^{4}He脱离宿主矿物进入孔隙空间,主要有 α 粒子反冲脱离矿物、从矿物中扩散运移、矿物破裂和矿物转换释放出氦气 4 种方式;水岩交互作用、热作用、蚀变作用均可使氦气从产氦矿物中释放出来;埋深越深,温度越高,矿物对氦气的保存能力越差,更多的氦气可以从矿物晶体中释放出来
	二次运移是自烃源岩排出之后进入储集层的全过程,方式包括分子扩散、溶解(水溶、油溶)和游离状态 3 种;运移的动力主要是浮力	氦气自矿物晶格中排出进入孔隙水之后的一切迁移活动,称为二次运移,包括进入到其他岩层或气藏的过程。氦气的二次运移是靠载体携带运移的。载体包括地下水,以及诸如 N_2、CO_2 或 CH_4 等气体
富集程度	天然气自烃源岩生成运移到储集层成藏,形成天然气藏,含有一定的氦,但属于贫(低)氦气藏	富氦气藏的形成需要其他主力氦源的补充,即需要经过“多源聚氦,主源富氦”的过程。常见的主力氦源是 U、Th 含量较高的古老基底(如花岗岩、变质岩等),此外,在拉张型盆地的构造活动区,还有可能是来自地幔流体的幔源氦
构造背景	沟通烃源岩到储集层的断裂,构造活动相对稳定,不破坏圈闭的封闭性;天然气可以在构造高部位、斜坡和构造低部位富集,形成构造气藏、岩性气藏、页岩气藏、煤层气藏等不同类型的气藏	氦气的富集对地质构造有较严苛的要求,当前已发现的富氦气藏多分布在克拉通内部隆起或克拉通边缘构造活动带,共同地质特征是:富氦气藏都分布在古老的基底岩石之上,或者周围存在古老基底;在中—新生代发生较为强烈的构造抬升。构造活动产生的断裂可为地壳深部的“主源氦”向浅部运移提供通道,构造抬升为溶解了氦气的地下水向上运移提供动力
地下水	要求地下水动力条件处于相对滞留状态	对地下水的活跃程度在不同的时期有不同的要求:在古老岩石生氦早期,地下水应相对静止,使得孔隙水中的氦气含量增加;成藏时要求古老岩石中溶解有氦的地下水活跃起来,在构造抬升的驱使下,往上部运移,为富氦气田提供氦

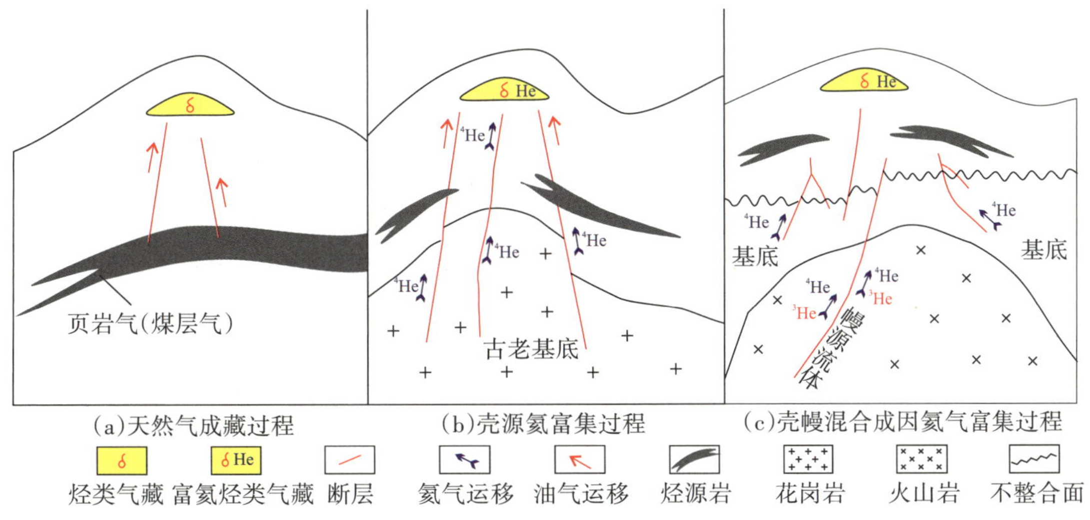

图2-2-4　天然气成藏和氦气富集过程示意（秦胜飞等，2023）

陶士振等（2024）认为氦气与天然气形成条件和成藏要素既具有很大的差异性，又同时存在共性。差异性是指二者在“生—运—聚”机理方面存在较大差异，主要表现在：一是氦气主要由U、Th等放射性元素物理衰变而成；二是氦气运移多为跨越不同构造层的较长路径输导体系；三是氦气聚集需要寄生于载体气。共性主要表现在含气系统要素和成藏要素的共同性上，二者同样具有“源—圈闭”的含（油）气系统的属性和条件，同样具有“生、储、盖、圈、运、保”6大类别成藏要素，但针对含氦气系统，重点关注的是氦气“生、运、聚”3大要素（表2-2-7）。

表2-2-7　天然气中氦气聚集关键要素与成藏机理一览表（陶士振等，2024）

氦气成藏关键要素	氦气成藏机制和过程			备注/实例
	成因类型	释氦条件	释氦机制和过程	实例
氦气生成机理	元素衰变	U、Th和Li等元素衰变	地壳富U和Th基底岩石或富有机质烃源岩放射性α衰变释放He，进入天然气圈闭聚集系统	大多数气田
	地幔脱气	断裂/岩浆活动脱排	沿超壳（岩石圈）深大断裂、构造岩浆活动带或地幔柱发生的地幔脱气作用，运移至天然气藏中聚集成藏	松辽盆地
	大气成因	大气降水进入地下水循环系统	大气来源氦，通过溶解于大气降水或地下水补给区等方式进入地下水循环，沿断裂或不整合带渗滤到地下，进入含氦气系统。通常大气来源氦很少，甚至可以忽略不计	占比较少

续表 2-2-7

<table>
<tr><th colspan="2">氦气成藏关键要素</th><th colspan="5">氦气成藏机制和过程</th><th>备注/实例</th></tr>
<tr><td rowspan="8">氦气运移</td><td rowspan="4">运移相态</td><td>相态类型</td><td colspan="2">赋存空间</td><td colspan="2">不同相态运移特征</td><td>实例</td></tr>
<tr><td>水溶相</td><td colspan="2">水动力活跃区</td><td colspan="2">存在于从氦源岩到圈闭气藏之间的广大区域，氦源岩内部初次运移和氦源岩外部(主体)二次运移中均存在水溶相氦气</td><td>大多数气田</td></tr>
<tr><td>气容相</td><td colspan="2">天然气二次运移与富氦地层水交汇区</td><td colspan="2">烃源岩生排出的天然气在向圈闭二次运移的过程中从地层水中萃取氦形成气容相，运移进入圈闭成藏</td><td>东坪气田</td></tr>
<tr><td>游离相</td><td colspan="2">孔隙自由水缺乏区域、水溶氦过饱和区、气水界面处</td><td colspan="2">存在空间范围及规模较为局限，存在时间较为短暂。一般在氦源岩内部孔缝空间自由水缺乏的情况下，U 和 Th 衰变释放的氦气扩散到裂缝中形成游离相氦；地层抬升或水溶氦运移到较浅位置，温度压力下降，氦溶解度降低，水溶氦过饱和而析出为游离氦</td><td>氦源岩内、过饱和区、气水界面</td></tr>
<tr><td rowspan="4">运移机理</td><td>运移机理</td><td>动力</td><td>通道</td><td>方式</td><td>运移特点</td><td>实例</td></tr>
<tr><td>集流</td><td>水动力浮力</td><td>断裂/裂缝高孔渗带</td><td>集群搬运</td><td>成群的氦分子，如含氦介质(水溶相、气容相)或游离相氦，在压力梯度或浮力作用下依附于载体或以独立相态呈集群式运移</td><td>威远、东坪气田</td></tr>
<tr><td>渗流</td><td>压力梯度</td><td>多孔介质及微裂缝</td><td>微细渗滤</td><td>不同含氦相态在多孔介质或微缝中的流动，包括达西流和非达西流 2 种渗流方式</td><td>东胜、金秋气田</td></tr>
<tr><td>扩散</td><td>浓度梯度</td><td>多重孔缝介质</td><td>分子运动</td><td>扩散始于地壳矿物中 U、Th 元素放射性衰变后的氦气释放，主要发生于氦源岩内外，包括水溶氦或游离氦因与外围流体环境存在氦浓度差而发生的从高浓度到低浓度的运移</td><td>安岳气田、涪陵页岩气田</td></tr>
</table>

续表 2-2-7

氦气成藏关键要素	氦气成藏机制和过程			备注/实例
	聚集机理	动力机制	聚集成藏与富集规律	实例
氦气聚集机理	脱溶成藏	亨利效应	紧临气藏气水界面处，在亨利效应作用下，由于氦气在气-水不同介质的分压差，水溶氦脱溶进入天然气藏中聚集	大多数气田
	浮力聚集	浮力作用	烃源岩生排出的天然气在向圈闭二次运移中，萃取地层水中的氦气形成气容氦，在浮力作用下向圈闭运移聚集（常规天然气）	东坪气田
	压差驱替	生气增压、毛管压差、浓度压差	非常规天然气（致密砂岩气、页岩气、煤层气）富有机质烃源岩中U、Th元素衰变释放的氦气，由于烃源岩生气增压及氦气浓度梯度引发扩散压差，驱使氦气在烃源岩外近距离运移进入气藏内聚集，或源内滞留/短距离运移聚集	苏里格致密气、威远页岩气
	动态平衡	扩散作用、渗滤作用	一方面氦气和天然气不断突破盖层散失，另一方面不断有天然气和氦气向圈闭中补充，氦气和天然气同样具有运聚动平衡和晚期成藏特征	普适规律
	富集规律	通源连藏低势高位	氦气分布富集于相对“近氦源、邻断裂、低压区、高部位”的地方，适度载体气藏（田）规模、充满度、资源丰度、压力系数、低势高位等决定氦气富集程度和体积分数	普适规律

（二）氦气富集成藏影响因素

氦气富集成藏影响因素很多，前人从多个方面进行了探讨。张志芹等（2015）认为，氦气成藏主要受断裂、地下水、地热和其他伴生气等因素影响。其中，在气藏深度的影响下，氦气与天然气具有一定相关性，天然气中氦气含量通常随气藏深度的增大以及天然气含量的增大而减少；氦气与氮气有很好的正相关性，通常氦气含量高的情况下，氮气含量也相对较高；氦气与二氧化碳呈负相关性，通常二氧化碳含量增加，天然气中最大含氦量减少，直到天然气中的二氧化碳含量达到40%～50%，最大含氦量则达到小于0.09%的最低数值，并随后略微上升至刚刚超过1%，而后趋于平衡，说明二氧化碳对天然气中氦的分布没有重大影响。李玉宏等（2017）认为，除常规天然气气藏的储、盖与圈闭条件外，有效氦源岩（花岗岩及其相关的铀富集）、高效运移通道（断裂）、合适的载体气藏（工业利用的氦气都是天然气伴生气）是氦气成藏的关键。陈新军等（2023）认为氦气富集的主控因素是充足的氦源岩、有效的运移通道、良好的保存条件和适度的烃类气体。尤兵等（2023）指出壳源富氦天然气藏的3个成藏关键条件是：①稳定的古老基底，充足的氦源；②促进释放的热作用与构造活动，推动运聚的流体介质与构造活动；③早期存在的或与氦气同时成藏的载体气藏。张驰等（2023）认为我国的富氦盆地具有分区特征，氦气成藏的影响因素有氦源岩、构造因素、运移载体和封盖条件。陈燕燕等（2023）认为外源氦的补充是形成富氦页岩气和煤层气藏的前提。优越的氦源条件（U、Th 等放射性元素的丰度、页岩和煤的地层时代、发育规模和含气量）、有效的输导条件以及良好的保存条件是页岩气和煤层气中氦气富集的重要影响因素。张文等（2024）认为影响氦气聚集的重要因素包括克拉通古老基底、有利圈闭、保存条件以及深大断裂的发育等：①富铀钍花岗岩基底及古老克拉通提供丰富氦源；②发育新构造活动利于氦气释放；③存在地下水系统和游离气藏益于氦气运移；④主要气体相对于氦气补给量适中，利于氦气富集。秦胜飞等（2024）研究发现，国内外富氦气藏发育在古老基底之上且多在浅层、构造活动强烈且抬升幅度较大的地区、地下水活跃地区、天然气储量丰度较低的常压或低压带、富氦气藏中氦气与氮气相伴生地区，认为氦气富集主控因素包括古老基底为气藏提供主力氦源、断裂为含氦流体提供运移通道、晚期构造抬升为含氦地层水往上运移提供动力、烃源岩生气强度较低有利于氦气富集、封盖能力相对较弱更有利于氦气富集。陶士振等（2024）揭示氦气聚集成藏主要有“脱溶汇聚、浮力驱动、压差驱替”3种机理，提出氦气富集受控于“优质氦源、高效输导、适宜载体”3大要素，分布受控于相对“近氦源、邻断裂、低势区、高部位”4个因素，规模经济储量的形成需要具备“通源连圈、低势高位、气氦适配”的有利条件。含氦气系统控藏要素有效性及地质评价相关问题详见表2-2-8。

表2-2-8　含氦气系统控藏要素有效性及地质评价相关问题（陶士振等，2024）

氦气系统关键地质因素			类型	成藏控制因素与地质评价相关问题
氦气系统关键要素	“源”	载体气的氦源 源储分离型	源储分离型载体气的氦源	①非基岩富氦气藏(和田河气田、威远气田):非基岩富氦气藏主力氦源通常为基底花岗岩或变质岩,烃源岩为有效氦源,氦气运聚成藏作用受水动力、浮力(天然气携带氦气)和亨利效应控制。 ②基岩富氦气藏(东坪气田):基岩氦气自生自储,原位滞留及源内运移调整;载体气源储分离,浮力驱动运聚成藏

续表 2-2-8

氦气系统关键地质因素			类型	成藏控制因素与地质评价相关问题
氦气系统关键要素	"源"	源储分离型载体气的氦源	源储接触型载体气的氦源	接触型(深盆气、致密气):载体气近源聚集,主力氦源多来自基底花岗岩或变质岩,烃源岩为有效氦源,如东胜气田、正宁气田等,金秋气田氦源来自烃源岩、储气层及其围岩
		氦储一体型载体气的氦源	煤层气 页岩气	①氦源及富氦特征:煤层气、页岩气在具备条件下都可以富氦,煤层和页岩有机质丰度高、铀钍含量高,具有"气-氦"两源同体、源储一体特征,煤层(及围岩暗色泥岩)和页岩为有效氦源,且煤层和页岩中存在氦气自生自储、原位滞留,近水楼台、得天独厚 ②氦气富集因素:一是煤层和页岩具有短期高峰大量生烃、全天候长期生氦、有效供氦的特征;二是煤层和页岩生成天然气具有稀释氦的作用,但是其稀释程度并非取决于高有机质丰度和高生烃量,而是取决于煤层和页岩生烃的有限滞留量;三是基底断裂发育区存在基底氦源的额外贡献
	"运"	输氦构造组合	伸展、走滑、挤压、隆升	①输氦构造组合的多样性:伸展(裂陷沉降)、走滑、挤压、隆升等构造活动均能催生断裂输导体系和运聚动力,适度的构造活动有利于地下流体及氦气运聚,强烈的构造活动往往会起到破坏作用 ②必要条件与有利条件:有效输氦的必要条件是具有运移通道和动力。构造隆升是地下流体及氦气运聚的有利条件之一,但并非必要条件,关键是畅通有效的运移通道及动力,例如,裂谷盆地伸展裂陷沉降及走滑平移作用是控制地下流体及氦气运移及释放的有利条件(万金塔、庆深、平方王、花17井区)
		运移动力	水动力、浮力、压差	①运移动力的多样性:氦气运移动力有水动力、浮力、压差(生烃增压、浓度差等),水动力活跃区和稳定区都能够在相应动力条件下实现氦气有效运聚成藏 ②构造活动区(阶段):水动力活跃,水动力作用促发地下流体及氦气多以水溶相集流方式运移 ③构造稳定区(阶段):浮力驱动天然气携带氦气运移(东坪气田);源内和近源载体气(煤层气、页岩气、致密气)中氦气运移源于压差驱替,以扩散或渗流方式运移。金秋气田天然气二次横向运移沿途"萃取"及圈闭区气水界面亨利脱溶,同时圈闭围岩含氦地层水持续脱溶补充续氦

续表 2-2-8

氦气系统关键地质因素			类型	成藏控制因素与地质评价相关问题
氦气系统关键要素	“聚”	储集条件	碎屑岩、碳酸盐岩、页岩、煤岩、侵入岩、火山岩等	储集条件同天然气，目前国内外在各类储集岩，如碎屑岩、碳酸盐岩、页岩（威远气田）、煤岩（鄂尔多斯盆地三交北—紫金山高达0.16%、波兰Lubin盆地气田高达1.9%、澳大利亚Bowen盆地气田高达1.65%）、侵入岩（东坪花岗岩）、火山岩（南非Virginia气田氦气含量平均3.5%，最高12%）中均发现了氦气富集
		聚氦条件	静态要素	氦气聚集的静态要素是与天然气藏共用的“储、圈、盖、保”4项条件及所处的构造背景条件
			组合条件	①有利组合条件：通源连圈、低势高位、气氦适配 ②分布控制因素：近氦源、邻断裂、低势区、高部位，这里的“低”“高”是相对概念，指局部相对区域背景值的“低”或“高”部位
			构造高点与构造抬升	构造高点通常是氦气运移的有利低势区，可由构造抬升造成，也可以由非均匀沉降造成，如伸展裂陷导致非均匀沉降过程中形成的断凸和断隆（块）高点是氦气及天然气运聚的有利区
		构造活动性	构造活动区、构造稳定区	构造活动区有利于地下流体及氦气运移。构造相对活动区（东部、西部地区）和构造相对稳定区（中部鄂尔多斯海陆交互相、四川中生界陆相层系）都能够形成氦气富集。除了板块之间的相互作用力，存在地球固体潮及其所引发的地壳脉动式运动，以及盆地沉积盖层中的静压力、重力、水动力等多种运移动力均可驱动壳幔系统流体暨油气运移。关键是氦气“源-圈”通连及有效输导条件
		水动力强度	水动力活跃区、水动力稳定区	水动力活跃区有利于提高地下流体及氦气运聚效率。水动力相对活跃区（东部、西部，以及中部克拉通构造活动区）和水动力相对稳定区（中部鄂尔多斯海陆交互相致密砂岩气、煤层气，四川下古生界页岩气、中生界陆相层系致密气）都能够以不同相态和方式（水溶相、气容相、渗流、分子扩散等）运聚形成氦气富集，关键是“通源连圈”及氦气的持续有效补给
		共伴生组分相关性	CH_4、CO_2、N_2、H_2等	①关系属性：氦气与天然气中其他主要组分（CH_4、CO_2、N_2和H_2等）之间异源同储，其间含量高低表观相关性变化，并非是成因上的依赖关系 ②关系类型：共伴生组分气源母质为异源异因，空间上可能同位或异位，聚集成藏为“异源同储”伴生关系，类似于同一地球上不同时期不同种族的人口比例一样，不具有相互促变的因果关系，只是表观数值同向增长的关系

续表 2-2-8

<table>
<tr><th colspan="3">氦气系统关键地质因素</th><th>类型</th><th>成藏控制因素与地质评价相关问题</th></tr>
<tr><td>氦气系统关键要素</td><td>“聚”</td><td>盖层与封闭保存条件</td><td>盖层
侧向遮挡
顶底板</td><td>①氦气的强渗透性和弱吸附性：决定了氦气易散失，致使全球大小气藏中无高含量氦气(多数在10%以下)。盖层是圈闭构成要素及富氦气藏形成和稳定保存的前提基础
②氦分子强永恒运动与运聚动平衡：尽管气藏中氦气分压低，盖层中充满高盐度孔隙水使氦气溶解度降低，水溶相扩散可能受限，但是在漫长的地质演化中，氦气在“气藏—盖层—上覆体”之间存在运聚动平衡(布朗运动、溶解、渗流和扩散)。氦气在“气藏—盖层”之间存在进出、往返的动态溶解—脱溶返藏过程，但是氦气一旦进入盖层中，便同时进入“盖层—上覆体”之间的动态往返过程，盖层封闭性及氦气最终“合力”流向取决于不同介质之间氦气的丰度、分压、含水性、盐度等
③盖层优劣与流动活动：未被破坏的封气盖层质量优与劣对气藏下部流体运动状态的影响作用差异性不大。有认为盖层条件太好，没有泄压通道，不利于深部流体上移，事实上重要的不是泄压，而是泄流(体积)通道或场所，不论盖层封闭条件好坏，深部流体进入气藏盖层下气水界面处，一般是向周围以平流方式泄流、泄压，除非有贯通盖层的断裂或剥蚀破坏，流体才会穿过盖层。其实，一定强度的构造活动及断裂通道才能足以促使下部流体上涌泄流；再差的盖层只要没有被破坏，也不足以促发下部流体上涌流动</td></tr>
<tr><td colspan="2" rowspan="2">氦气地质评价</td><td rowspan="2">富氦目标优选</td><td>盆地内与盆地外</td><td>①基本条件：形成富氦气藏的3个基本条件，也是富氦目标评价的必要条件——“连圈氦源、通圈烃源、有效圈闭”。有利条件是“通源连圈、低势高位、气氦适配”
②目标方向：规模经济氦气主要赋存于天然气田中，首先要有适度规模和丰度的天然气田，所以目前寻找氦气主要还是在盆地里，包括山间盆地等中小盆地，盆地以外和盆地之间往往难以创造规模有效圈闭的时空和物质条件，即使发育通源断裂，也难以发现规模效益富氦气田。除非大盆地不同坳陷之间的隆起带，如美国潘汉德·胡果顿高含氦烃类气田</td></tr>
<tr><td>载体气圈闭/甜点与氦气富集</td><td>常规天然气勘探目标是探“圈闭”，非常规天然气勘探目标是找“甜点”，氦气勘探目标是寻“富集”。尤其是在非常规天然气里找氦气，离开甜点不可能存在氦气规模效益聚集。关键是需要按照氦气“源—运—聚”规律，在研究区圈闭群、甜点群中寻找有利于氦气富集的相对低势(低充满度、低丰度、低压力系数等)区/层，或在大型圈闭/优质甜点区中寻找相对低/弱势载体气部位</td></tr>
</table>

（三）氦气富集成藏模式

氦气富集和天然气成藏有很大区别，国内外对于氦气富集成藏模式方面的研究开展较少。李玉宏等（2017）初步提出了氦气成藏概念模式，认为有效氦源岩、高效运移通道和合适的载体气藏是氦气成藏的关键。刘凯旋等（2022）根据国外盆地特征，提出古老克拉通内部隆起富氦天然气藏和古老克拉通边缘活动带富氦天然气藏2种成藏模式。尤兵等（2023）根据氦气的运聚过程以及载体的特征，将氦气的聚集模式归纳为 3 种：①地下水脱氦聚集模式；②独立气相“抽吸”聚集模式；③混合流体脱气聚集模式，提出了连续成藏和幕式成藏 2 种壳源氦气的成藏模式。美国潘汉德·胡果顿气田中的氦气具有连续成藏的特征，氦气充注时间长，主要通过地下水脱氦聚集到早先形成的烃类气藏中；坦桑尼亚鲁夸盆地、中国四川盆地威远气田以及塔里木盆地和田河气田则表现出幕式成藏特征，富氦天然气藏的形成主要受控于构造活动，且氦气与载体气可能同时成藏。张驰等（2023）根据我国氦气分区特征，提出东部和中西部2种氦气富集成藏模式。

陶士振等（2024）通过对我国典型富氦气田含氦气系统构造地质背景和控藏要素的综合解剖，提出了我国氦气聚集的“原盆—构造—岩性—载气”组合区带模式、勘探选区评价方向思路及分类方案（表2-2-9）。按照“原型盆地—构造背景—储层岩性—载气类型”4层次要素方式命名区带（表2-2-9），具体应用时可简化，阐明主要类型及特色即可，无特别说明的载体气一般指烃类气。陶士振等（2024）据此梳理划分了我国4类盆地8种富氦区，并根据8种已知富氦气田，建立如图2-2-5的典型氦气富集模式暨勘探模式，并剖析了不同类型富氦气藏形成主控因素。

表2-2-9　我国氦气赋存的“原盆—构造—岩性—载气”4层次要素组合区带类型及其划分方案（陶士振等，2024）

序号	“原盆—构造—岩性—载气”组合要素				氦气区带类型	区带地质背景及特征	区带典型气田实例
	原型盆地	构造背景	储层岩性	载气类型			
1	克拉通盆地	古隆起	海相碳酸盐岩	烃类气为主	克拉通—古隆起—碳酸盐岩型	古隆起(凸起)下存在基底富铀钍氦源岩及基底断裂沟通	和田河、威远、大探1井区碳酸盐岩气田(藏)
2		隆起/斜坡带	海陆交互相致密砂岩	烃类气	克拉通—断隆带—致密砂岩型	海陆交互相地层古隆起/斜坡带下存在基底富铀钍氦源岩及基底断裂沟通	东胜、庆阳致密气

续表2-2-9

序号	"原盆—构造—岩性—载气"组合要素				氦气区带类型	区带地质背景及特征	区带典型气田实例
	原型盆地	构造背景	储层岩性	载气类型			
3	克拉通盆地	断裂隆起带	富有机质页岩	烃类气	克拉通—断隆带—页岩型	盆地内部/边缘断裂活动带中的相对稳定区	威远寒武系页岩气、涪陵页岩气
4	克拉通盆地	断裂平缓褶皱带	煤岩	烃类气	克拉通—盆缘断褶带—煤岩型	盆地边缘断裂褶皱带中的相对平缓区	三交北、紫金山煤层气
5	前陆盆地	斜坡凸起/凹陷边缘隆起带	陆相砂岩	烃类气为主	前陆盆地—斜坡/隆起带—砂岩型	前陆斜坡局部凸起带（金秋）、前缘隆起（广安、合川）或凹陷边缘隆起带（阿克莫木）	阿克莫木、金秋气田
6	断陷盆地	断裂/岩浆活动凸起带	陆相砂岩、火山岩	烃类气非烃气CO_2、N_2	断陷盆地—断凸带—砂岩/火山岩—烃类/非烃气型	裂谷盆地断陷期非均匀沉降，在断裂或岩浆活动带附近的凸起带，载体气有烃类气、非烃气、地热伴生气3类	庆深气田、花17井区（CO_2）、万金塔气田（CO_2）
7	坳陷盆地	断裂带附近隆起区	陆相砂岩	烃类气非烃气CO_2、N_2	坳陷盆地—断隆带—砂岩型—烃类/非烃气型	裂谷盆地坳陷期或克拉通后坳陷局部隆起下或侧翼发育断裂，载体气有烃类气和非烃气2类	松辽中浅层原油伴生气、花501井区（N_2）、鄂尔多斯中生界原油伴生气
8	基岩/基底	冲断带基岩隆起/潜山	花岗岩、变质岩等	烃类气	基岩/基底—隆起区—富铀钍基岩型	富铀钍盆地基底或盆缘基岩隆起区或潜山氦气自生自储	东坪气田

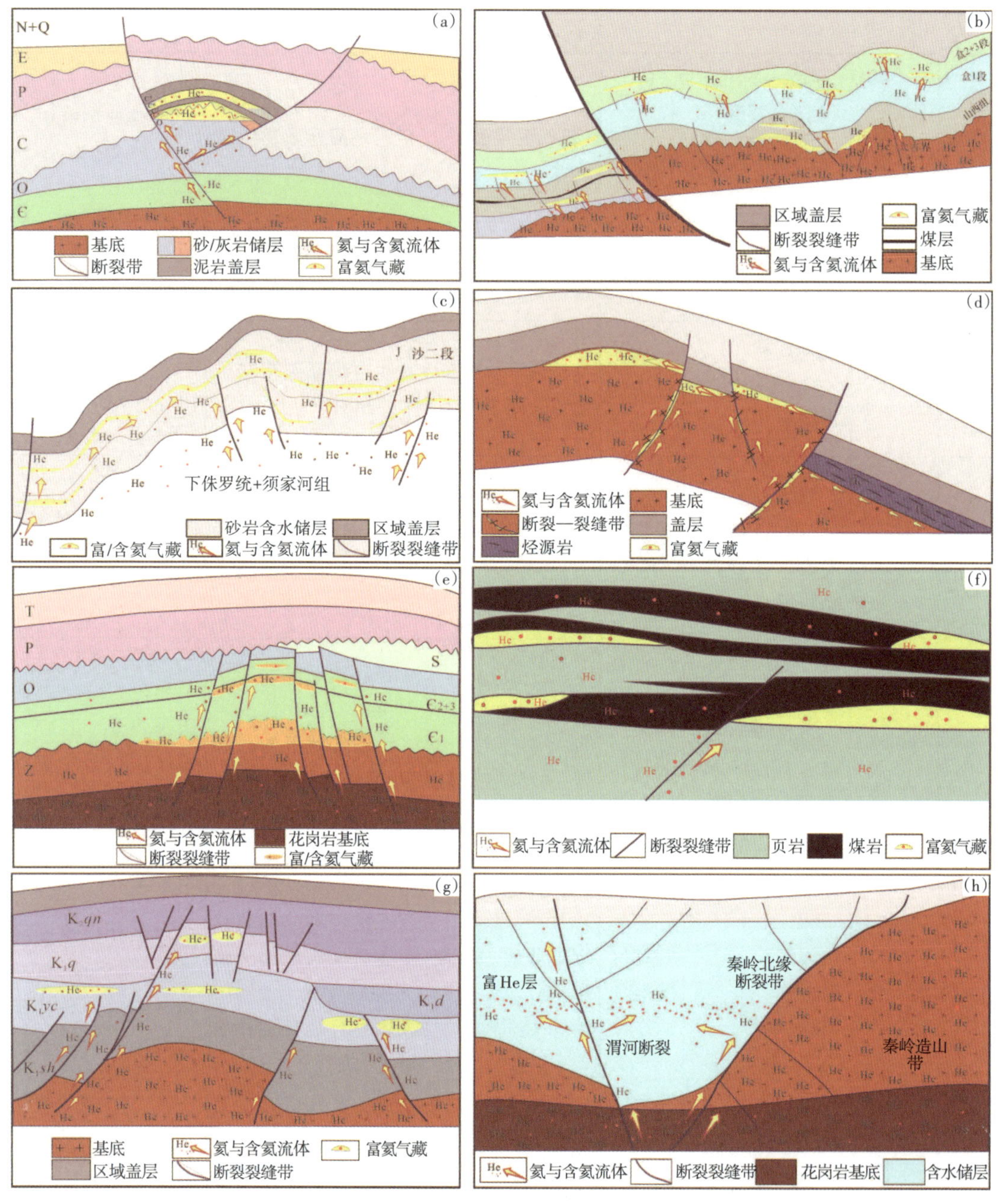

（a）克拉通—古隆起—碳酸盐岩气田富氦型（和田河气田）；（b）克拉通—断隆带—致密砂岩气富氦型［东胜气田，据何发岐等（2022）修改］；（c）前陆盆地—斜坡/隆起带—致密砂岩气富氦型（金秋气田）；（d）基岩/基底—隆起区—富铀钍基岩气藏富氦型（东坪气田）；（e）克拉通—断隆带—页岩气富氦型（威远寒武系页岩气田）；（f）克拉通—盆缘平缓断褶带—煤层气富氦型（三交北区块）；（g）断陷盆地—断凸带—非烃气富氦型（万金塔气田）；（h）中小断陷—基底凸起区—地热伴生气富氦型［渭河气田，据李玉宏等（2022）修改］

图2-2-5　我国典型区带氦气富集（勘探）模式（陶士振等，2024）

（1）克拉通—古隆起—碳酸盐岩气田富氦型，以塔里木盆地和田河气田为典型代表［图2-2-5（a)］。和田河气田位于塔里木盆地巴楚隆起南缘玛扎塔格构造带，是塔里木盆地已探明的最大的古生界海相碳酸盐岩气田。氦气富集主控因素为：台盆区基底新元古代花岗岩提供充足壳源氦源；玛扎塔格深大断裂及浅部构造缝提供优势氦气运移通道，喜马拉雅期构造活动重新调整并发育裂缝，使含氦流体聚集于构造高部位，且储层横向连通性较好，有利于大型富氦气田形成。

（2）克拉通—断隆带—致密砂岩气富氦型，该种含氦系统以鄂尔多斯盆地东胜气田为典型代表［图2-2-5（b)］。氦气富集主控因素为：存在基底氦源岩和烃源岩氦源双重贡献，即基底的太古宇—元古宇的变质岩—花岗岩系为壳源氦，且上古生界富U、Th烃源岩（煤岩、暗色泥岩、铝土岩等，且U、Th含量远高于下古生界腐泥型烃源岩）氦源存在有效供氦；构造活动导致泊尔江海子和乌兰吉林庙二级大断裂与四级断裂提供从基底氦源岩和烃源岩氦源到储集层的优势聚氦运移通道；成规模但丰度低的烷烃类载体气运移使得地区水溶氦脱气，氦气富集于合适的储盖组合中。

（3）前陆盆地—斜坡/隆起带—致密砂岩气富氦型，以四川盆地金秋气田为典型代表［图2-2-5（c)］。四川金秋气田为前陆盆地富氦气田，基底断裂不发育，氦气富集主控因素为：推测氦气主要来源于须家河组和沙溪庙组富U、Th泥岩，砂岩壳源氦，且远离川中生烃中心，烷烃稀释效应弱，且气田处于前陆斜坡带相对合适的构造成藏部位；盆地内中生代内部的纵向断裂提供氦气富集主要运移通道，天然气侧向长距离运移聚集使得水溶氦可以被不断“萃取”脱溶富集成藏，且推断气田成藏后仍有气藏所在地层沙二段富U、Th泥岩，砂岩补充供氦。

（4）基岩/基底—隆起区—富铀钍基岩气藏富氦型，以柴达木盆地东坪气田为典型代表［图2-2-5（d)］。东坪气田位于阿尔金山前挤压冲断构造带基岩隆起区，氦气富集主控因素为：元古代、加里东期、华力西期和印支期的花岗岩、花岗闪长岩及变质岩基底提供壳源氦，南北向深大断裂以及斜坡带区域不整合面形成高效供氦通道，且东坪斜坡带基岩位于多个生烃凹陷之间，烷烃气载体长距离运移“萃取”脱溶基岩中的水溶氦，在浮力作用下运移到高部位圈闭中聚集成藏。

（5）克拉通—断隆带—页岩气富氦型，以四川盆地威远气田寒武系页岩气为典型代表［图2-2-5（e)］。威远气田寒武系页岩气氦气富集主控因素为：前震旦系花岗岩基底与寒武系筇竹寺组富U、Th页岩同时提供壳源氦，首先是寒武系页岩既生烃类气又生氦，同层自生自储。同时，可能存在下部基底供氦，含氦地层水沿基底断裂进入盆地盖层中喜马拉雅期构造活动形成的断层和裂缝通道进入页岩气层，并沿层理缝在层内进行适度的横向运移聚集，形成富氦页岩气。

（6）克拉通—盆缘平缓断褶带—煤层气富氦型，以三交北—紫金山区块为典型代表

［图2-2-5（f）］。氦气富集主控因素为：主要来源于紫金山杂岩体与富U、Th石炭系—二叠系含煤地层自身双源供氦，环紫金山断裂发育提供良好的氦气运移通道，由于氦源的持续充注，使得氦气在煤层气中有效聚集。

（7）断陷盆地—断凸带—烃类/非烃气富氦型，其中烃类气含氦型以松辽盆地庆深气田为典型代表，非烃气以万金塔气田为典型代表［图2-2-5（g）］。氦气富集主控因素为：主要为基底壳源^4He和幔源少量^3He混合来源（总体以^4He为主）；东部地区地质构造背景复杂，万金塔气田发育2套深部断陷期基底断裂及浅部反转期断裂提供了幔源无机成因CO_2载体气/氦气优势运移通道；平面上富氦CO_2气藏主要由沟通深部和浅部的深大断裂控制，幔源无机成因CO_2携带幔源氦共同成藏，并在长距离二次运移途中脱溶“萃取”基底壳源氦，同时基底水溶壳源氦也可沿多套断裂向有利储盖组合运聚。

（8）中小断陷—基底凸起区—地热伴生气富氦型，以渭河盆地水溶气为典型代表［图2-2-5（h）］。氦气富集主控因素为：主要由盆地基底太古宇—元古宇花岗岩、片麻岩和周缘燕山期—印支期形成的花岗岩提供充足的壳源氦，切割花岗岩基底的渭河断裂和秦岭断裂体系为水溶氦提供高效运移通道，水溶氦有利区富集于渭河盆地基底隆起上的继承性背斜及穹丘状圈闭。地热伴生气、水溶氦、水溶气伴生氦富集受深部断裂及热流控制，不局限于盆地，如郯城—庐江深大走滑断裂带两侧及大别—胶南造山带等温泉地热伴生气中的氦气聚集等。

秦胜飞（2022，2023，2024）认为在正常的天然气成藏系统中，烃源岩和储集层中U和Th生成的氦气被天然气捕获并稀释后只能形成低氦气藏，很难形成富氦气藏。富氦气藏的形成必须要有其他氦源（主力氦源）作更多的补充，需要经过“多源聚氦，主源富氦”的过程。主力氦源可以是古老基底，也可以是来自地幔流体中的幔源氦。秦胜飞（2022，2023，2024）根据氦气来源，把氦气富集分为壳源氦气和壳幔混源氦气2大类6小类富集模式（表2-2-10，图2-2-6）。

五、氦气资源评价

（一）富氦气藏划分标准

天然气中氦气平均含量为0.04%，目前全球探明氦气储量仅占天然气探明储量的0.005 6%，表明达到工业品位的氦气资源极少。对于富氦天然气的划分，国内外没有统一的标准。美国把氦气含量超过0.3%的天然气称为富氦天然气；Bowersox（2018）对美国中肯塔基氦气资源进行研究时认为氦气含量超过0.4%才有经济价值；Ballentine et al.（2002）认为氦气含量大于0.1%的气田为富氦气田；徐永昌等（1996）认为气藏中氦气含量为0.05%～0.10%则具备商业价值。

表2-2-10 氦气富集成藏模式类型及机理（据秦胜飞等，2022，2023，2024，整理）

氦气富集成藏模式		富集机理	典型案例/备注
壳源氦气富集模式	古老地层水上移释氦模式	古老基底岩石产生的氦保存在地层水中，随着时间的累积，地层水中的氦不断累积，在喜马拉雅期构造运动作用下，地层经历大幅度抬升，同时产生沟通古老基底和上覆气藏的断裂，溶解了氦气的深部地层水沿断裂向上运移释放出氦气，使气藏富氦	四川盆地威远气田、塔里木盆地和田河气田和鄂尔多斯盆地东胜气田等
	天然气沿古老储层运移富氦模式	古老储层生成的氦气保存在地层孔隙水中，当天然气沿古老储层运移时，地层水中的氦气会脱溶进入天然气，天然气运移的过程也是氦气不断富集的过程，运移距离越长，捕获的氦气越多，最终在构造高部位形成富氦气藏	柴达木盆地东坪气田和尖北气田
	页岩气（包括煤层气）藏富氦模式	富有机质页岩或煤层在热演化过程中生成的天然气一部分运移到上覆圈闭中，另一部分则残留在页岩或煤层中形成贫氦气藏。但如果页岩气藏或煤层下面或附近发育其他含铀、钍的古老岩体，就有可能形成富氦的页岩气藏或煤层气储层	页岩本身的生气量很大，会严重稀释页岩本身生成的氦，故很少在页岩气或煤层气中发现富氦气藏
壳幔混源氦气富集模式	以烃类为主的壳幔混源富氦模式	氦气仍以壳源为主。烃源岩生成的天然气携带自身产生的氦运移到储层中形成贫氦气藏，当构造活动产生了沟通上地幔的深大断裂，同时在深部地壳也产生了一系列断裂，幔源氦和溶解了氦气的深部地层水沿断裂向上运移进入气藏，使气藏富氦	松辽盆地双城—平川地区五站和太平庄气田
	以二氧化碳为主的壳幔混源富氦模式	含有少量氮气和烃类气，主力氦源多来自地幔。二氧化碳是无机成因，与岩浆活动有关，岩浆活动会把深部地幔流体带到圈闭中，同时产生的断裂使古老基底和其他岩层生成的氦也一并进入气藏富集	三水盆地宝月气田中部分气藏，幔源氦气超过50%
	以氮气为主的壳幔混源富氦模式	含少量烃类和二氧化碳，氦气往往以壳源氦为主，幔源氦占比虽高，但一般小于50%。氮气主要来源于地壳深部含氮化合物的高温裂解，而高温则来源于岩浆活动或者深部热液	苏北盆地黄桥气田

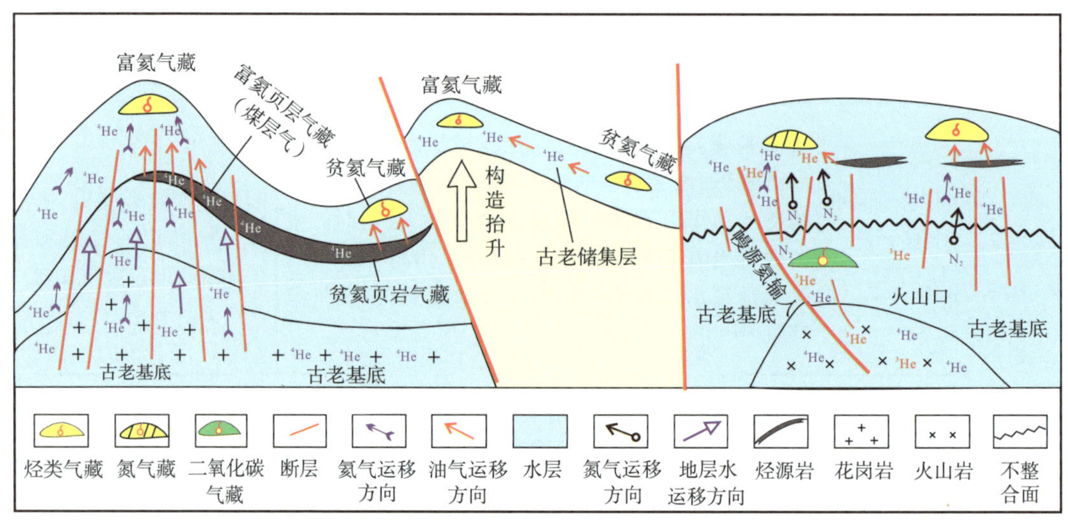

图2-2-6　各种富氦气藏氦气富集机理与模式（据秦胜飞，2024）

根据天然气中可利用的氦气含量，李玉宏等（2023）将天然气分为少见的特富氦天然气（氦气含量≥1.00%）、提氦效益良好的富氦天然气（氦气含量为0.30%～1.00%）、可直接提氦的中氦天然气（氦气含量为0.10%～0.30%）、可联产提氦利用的低氦天然气（氦气含量为0.03%～0.10%），以及难以利用的贫氦天然气（氦气含量＜0.03%）。

关于富氦天然气藏划分的标准，我国一般将天然气中氦气体积分数大于0.1%的天然气藏称为富氦气藏，而将氦气体积分数小于0.05%的天然气藏称为贫氦气藏。目前氦气资源主要从具有商业开采价值的富氦气藏中提取，即氦气体积分数大于0.1%的天然气藏。由一个或一个以上具有地质成因联系的含氦气藏构成含氦气田；由相同或相似的若干富氦气田构成富氦气区；在一个盆地中，有一个或者一个以上的富氦气区存在，则称该盆地为“富氦盆地”（Dai et al.，2017；陈悦等，2023）。根据氦气探明地质储量和氦气体积分数划分含氦气田规模及贫富的划分标准参见表2-2-11。

表2-2-11　含氦气田规模和品质分类（Dai et al.，2017；陈悦等，2023）

储量分类	**氦气探明地质储量/10^8 m^3**	**氦气聚集程度分类**	φ(He)/%
特大型	≥1.00	特富氦气	≥0.50
大型	[0.50,1.00)	富氦气	[0.10,0.50)
中型	[0.25,0.50)	含氦气	[0.05,0.10)
小型	[0.05,0.25)	贫氦气	[0.01,0.05)
特小型	<0.05	特贫氦气	<0.01

吴义平等（2024）根据氦气含量、氦气资源规模、氦气藏埋深、载体气藏类型、氦气资源丰度等指标建立了氦气资源评价规范。如根据含量划分为高含氦（≥0.1%）、中含氦（0.05%～<0.1%）、低含氦（0.03%～<0.05%）、贫氦（0.01%～<0.03%）、非资源（<0.01%）等5个等级，根据氦气资源量规模划分为特大型（$\geq 10\times 10^8$ m^3）、大型（1×10^8～$<10\times 10^8$ m^3）、中型（0.1×10^8～$<1\times 10^8$ m^3）、小型（0.01×10^8～$<0.1\times 10^8$ m^3）、特小型（$<0.01\times 10^8$ m^3）等5个等级。

（二）富氦气藏划分类型

根据国外目前已发现的富氦天然气田的天然气组分特征及相关地质背景，刘凯旋等（2022）将富氦天然气藏划分为3种类型，富氦烃类气藏、富氦二氧化碳气藏和富氦氮气藏，详见表2-2-12。

根据幔源氦和壳源氦的份额占比，目前国内把发现的天然气中的氦简单分成2类，即壳幔混合型和壳源型。陈新军等（2023）在壳幔混合型和壳源型分类的基础上，以氦气的成因为基础，考虑氦气资源丰度禀赋，铀、钍放射性元素所处空间层位，载体气藏类型，以及成藏主控因素，将含氦气藏分为2类，即壳幔混合型（细分为烃类伴生型、水溶气型）和壳源型［细分为壳源远源型、壳源近源型（页岩气型）］。不同类型的氦气资源特征有显著差别。壳幔混合型多与非烃气藏相伴生，氦气资源品位较高，但资源潜力较小；与烃类气藏伴生的壳源远源型氦气，资源品位相对较低，分布不均，但资源潜力较大；水溶气型壳源远源型氦气，资源品位高，资源潜力大，但产气量较小；壳源近源型氦气含量相对较低，但分布较均匀，资源潜力较大。与烃类气藏共同成藏的壳源氦才有工业利用价值，而与非烃类气藏伴生的幔源氦气和水溶氦气，资源规模限制了它的工业价值。

朱东亚等（2024）根据氦气来源是储集层之内还是储集层之外，将富氦气藏在源储配置关系上分为内源型氦气藏（氦源为页岩、泥岩、煤等）、外源型氦气藏（氦源为幔源，基底花岗岩、变质岩等，壳源）和混合型氦气藏（氦源为基底花岗岩、变质岩、铝土岩、白云岩等）。

李朋朋等（2024）将已发现的氦气藏分为壳源型和壳幔复合型，壳源型又分为壳源同源型氦气藏和壳源异源型氦气藏。

根据储层类型和载体气的差异，李剑等（2024）将国内外典型富（含）氦气田（藏）分为4个大类10个小类，详见表2-2-13。

陶士振等（2024）根据氦气母质来源、氦源多样性、赋存载体类型、载体气资源经济性、载体气成因类型、载体气主要组分、氦气源储组合、原型盆地构造背景和氦气含量等9种分类方案，将氦气划分为不同的类型，详见表2-2-14。按以上标准，塔里木盆地和田河气田和鄂尔多斯盆地东胜气田即为特大型富氦气田。

表2-2-12　国外已发现的主要氦气田类型（刘凯旋等，2022）

气田类型	天然气组分特征	气田名称	国家	构造位置
富氦烃类气藏	以烃类气体为主	Panhandle West Huguton Keyes Cliffside Panoma	美国	克拉通内部隆起带
		Yurubcheno–Tokhomskoye Sobinsko–Paiginskoye Kovyktinskoye Chayandinskoye	俄罗斯	
		Hassi R'Mel	阿尔及利亚	
		Bogdaj–Uciechów Grochowice	波兰	克拉通边缘活动带
富氦二氧化碳气藏	以二氧化碳为主	La Barge Doe Canyou St. Johns Dome McElmo Dome McCallum Dome	美国	克拉通边缘活动带
富氦氮气藏	以氮气为主	Harley Dome Pinta Dome Rudyard Hogback Chupadera Mesa	美国	克拉通边缘活动带
		Rukwa Lake Eyasi Lake Balangida Lake	坦桑尼亚	克拉通边缘活动带

表2-2-13　富（含）氦气田分类（李剑等，2024）

富(含)氦气田分类		部分典型富氦或含氦气田(藏)
常规气田	碳酸盐岩气田	潘汉德·胡果顿(美国)、和田河、威远、黄龙、罗斯2、乌山、古城6
	碎屑岩气田	阿克莫木、哈西鲁迈勒(阿尔及利亚)
	基岩或变质岩气田	尖北、东坪
	火山岩气田	徐深、长深、克拉美丽
非常规气田	致密砂岩气田	庆阳、正宁、东胜、苏里格、宜川、青石卯、天府
	页岩气田	威远筇竹寺组W201-H3井、宜昌水井沱组宜页1井、长宁、太阳、泸州(五峰—龙马溪组)
	煤层气田	郑庄—樊庄
非烃气田	CO_2气田	黄桥、古龙2井
	N_2气田	溪桥
水溶气田(藏)		渭河盆地水溶气

表2-2-14　氦气资源类型划分方案与分类体系（陶士振等，2024）

序号	划分方案	类型	主要亚类及地质特征	实　例
1	氦气母质来源	壳源氦	富U、Th元素盆地基底及烃源岩中U、Th元素放射性衰变形成的氦气	国内多数含氦气田
		壳幔混源氦	地壳U、Th元素放射性衰变与地幔脱气释氦的复合来源	松辽盆地庆深气田
		幔源氦	沿超壳断裂或岩浆活动带地幔脱气过程中释放的氦气	长岭含氦高二氧化碳气藏
2	氦源多样性	单一氦源	盆地基底或盆地盖层单一来源，如金秋气田来源于中生界天然气成藏系统地层（砂泥岩），没有沟通下部断裂，无基底氦源贡献	金秋气田(张宝收等，2024)
		多重氦源	同时或先后存在盆地基底和盆地盖层(沉积层)2套或多套氦源	庆阳和东胜等多数气田

续表 2-2-14

序号	划分方案	类型	主要亚类及地质特征	实　例
3	赋存载体类型	天然气伴生氦	以天然气为载体的伴生氦气	和田河、威远、东坪等各类富氦天然气田
		水溶氦	地下水溶氦、水溶气中伴生氦	渭河盆地、三水盆地
4	载体气资源经济性	常规天然气赋存型	圈闭类型：构造型、岩性型、地层型、水动力型、复合型	威远构造型气田、普光岩性型气田
			岩性：碳酸盐岩气田、碎屑岩气田、火山岩气田、花岗岩气田等	和田河碳酸盐岩气田、克拉美丽火山岩气田、东坪基底花岗岩气田
		非常规天然气赋存型	烃源岩内非常规气：煤层气、页岩气	威远页岩气、三交北—紫金山煤层气
			紧邻烃源岩非常规气：致密砂岩气	东胜致密砂岩气田
5	载体气成因类型	有机成因天然气赋存型	烃类母质类型：腐泥型天然气（油型气）、腐殖型天然气（煤成气）	庆阳煤成气田
			热成熟度：生物气（未熟阶段）、热解气（成熟阶段）、裂解气（过熟阶段）	威远、大探1井区原油裂解气
		无机成因天然气赋存型	幔源型：源于超壳断裂及岩浆活动的地幔脱气	松辽芳深1井区
			壳源型：地壳岩石的各种岩石化学反应及水—岩作用形成的天然气，地壳接触作用及走滑断裂活动的热动力作用形成的天然气	大别—胶南造山带温泉气
6	载体气主要组分	富氦烃类气田	以烃类气为主的天然气田，含有少量非烃气组分	潘汉德·胡果顿气田、威远气田
		富氦二氧化碳气田	以二氧化碳为主的天然气田，含有少量烃类气组分	美国 Doe Canyon 气田、黄桥气田
		富氦氮气田	以氮气为主的天然气田，含有少量烃类气和二氧化碳组分	美国哈利圆顶气田、苏北溪桥气田、济阳坳陷花501井区

续表2-2-14

序号	划分方案	类型	主要亚类及地质特征	实 例
7	氦气源储组合	自生自储型	自生自储型氦气是氦气源储一体，即生氦和聚氦为同一地质体	东坪气田、潘汉德·胡果顿气田（部分自生自储）
		源储分离型	氦源与富氦气藏分离，绝大多富氦气藏是这种类型，如碳酸盐岩和砂岩富氦气藏，本身生氦能力极弱，主力氦源通常为基底花岗岩和/或变质岩，次要氦源为烃源岩或储集岩	和田河、东胜等大多数富氦气田
8	原型盆地构造背景	克拉通盆地活动变异型	①克拉通古隆起型：发育基底断裂，富铀钍基底供氦，古隆起区富集 ②海陆交互相断隆带：沟通基底氦源的断裂隆起带致密气中氦气富集 ③克拉通内部/边缘断隆带：保存条件好的高铀钍富有机质页岩可形成自生自储型富氦页岩气自封闭系统；在有基底断裂沟通、基底氦源有效供给情况下，更有利于氦气富集 ④海陆交互相盆缘断褶带：存在沟通基底氦源、煤层及围岩氦源情况下，有利于煤层气中氦气富集	①威远、和田河气田 ②东胜、庆阳气田 ③四川威远寒武系页岩气、涪陵奥陶系—志留系页岩气 ④鄂尔多斯东缘三交北—紫金山煤层气
		前陆盆地斜坡/隆起型	前陆盆地斜坡带断裂凸起、前缘隆起区、冲断带基底隆起，氦源来自基底和/或烃源岩及储气层及其围岩	阿克莫木、金秋、东坪气田
		断陷盆地断凸型	断陷盆地断裂岩浆活动带附近的凸起部位有利圈闭发育，天然气和氦气成因来源均具有多元性，天然气具有有机-无机复合成因，烃类和非烃类气均发育，氦气可来自基底、地幔、烃源岩	庆深气田、长岭气田、花沟气藏、万金塔气田
		陆相坳陷断隆型	存在2种情况：裂谷盆地的坳陷期断裂附近隆起区深部壳幔无机/非烃气中氦气聚集；克拉通后坳陷基底断裂附近隆起区油气田中氦气聚集	松辽盆地中浅层原油伴生气、济阳坳陷花501井区、鄂尔多斯中生界原油伴生气

续表 2-2-14

序号	划分方案	类型	主要亚类及地质特征	实　例
8	原型盆地构造背景	盆内/盆缘富铀钍基岩型	富铀钍基岩(花岗岩和变质岩等)气藏,氦气自生自储,氦源岩内铀钍元素衰变释放的氦气原位滞留或运移调整后聚集(东坪气田),同时也可能存在邻区或外围沉积地层氦源贡献(潘汉德·胡果顿气田)	东坪气田、潘汉德·胡果顿气田
9	天然气中氦气含量/%	高氦气田	≥0.3(氦气体积百分比,0 ℃和标准大气压条件下)	和田河及东胜气田部分井区
		富氦气田	0.1～0.3	庆阳气田、黄龙气田
		中氦气田	0.05～0.1(<0.1者可统称为含氦气田)	苏里格气田、广安致密气田
		低氦气田	0.03～0.05	庆深气田、长岭气田
		贫氦气田	≤0.03	千米桥气田

（三）氦气资源评价方法

国内外尚未建立有效的氦气资源评价方法体系。目前国内外提及的氦气资源评价方法有百分含量法、放射性矿物半衰期及衰变公式法、基于页岩/沉积岩伽马放射性的成因法和氦气生成速率法等（Ballentine et al.，2002；张福礼等，2012；何衍鑫等，2023；陶士振等，2024），这些方法都具有一定的局限性。

吴义平等（2024）、陶士振等（2024）基于载体气和氦气的源储共生关系，构建了4类10种氦气资源针对性评价方法体系（表2-2-15），其中，百分含量法通过容积法计算载体气的储量/资源量，乘以氦气含量即可得到氦气储量/资源量，其难点是氦气含量的准确测定，其中容积法、概率容积法、小面元法、圈闭加和法和地热流体容积法等5种方法属于常规方法，应用最为广泛。该方法体系在国内外49个盆地中获得应用，用于中国石油矿权内8大盆地后，新发现18个氦气富集气田（藏）（陶士振等，2024）。

表2-2-15　氦气资源评价方法体系及适用对象（吴义平等，2024；陶士振等，2024）

资源评价方法	算法	难点	关键参数	解决办法	应用范围
百分含量法	容积法、概率容积法、小面元法、圈闭加和法、地热流体容积法	氦气含量	氦气含量法、评价单元	评价单元采用平均氦气含量；细化评价单元；氦气含量概率	已知氦气含量的气藏和井区、水溶氦气
统计法	规模序列法（杜建国等，1991）	氦气含量及储量规模	氦气含量、相似系数、储量规模	统计氦气含量和储量规模	中高勘探程度探区
类比法	丰度类比法（Wang等，2016）、含量类比法（Wang等，2018）、最终可采储量EUR类比法	不同类型氦气藏关键成藏要素	氦源岩、埋深、离主断裂距离等8个影响因素	成藏条件解剖及类比分析	各类气藏及探区
成因法	生氦法（张明升等，2014）	氦气源岩体积及运聚系数	氦源岩体积、相似系数、运聚系数	断裂最大延伸深度或氦气释放深度	远景区预测

第三节　国内典型氦气藏特征

我国已在四川盆地、鄂尔多斯盆地、塔里木盆地、柴达木盆地、松辽盆地、苏北盆地等发现含氦天然气，此外渭河地区的地热井/温泉中也有一定的氦气发现。本节重点剖析富氦天然气藏。

一、四川盆地

四川盆地及周缘地区含氦天然气具有分布广泛、层位众多的特点，已发现的含氦天然气藏中氦以壳源为主。氦气富集有利的地质条件包括高放射性泥页岩、基底花岗岩与铀矿岩层发育，具备氦气源岩基础；深大断裂发育，为深源氦气上涌提供了通道，目前，已发现27个大中型气田，平面上具有成群分布特征（赵安坤等，2022）。富氦气主要分布在古老海相、石炭系—二叠系海陆过渡相、侏罗系致密砂岩地层中。四川盆地天然气藏中的平均氦气丰度平面上变化较大，川南地区整体氦气含量最高。常规富氦气藏主要分布在古老海相地层中，致密砂岩型富氦气藏位于侏罗系，寒武系页岩气相比于志留系具有更高的氦含量，火山岩气藏氦气含量普遍较低。不同含气层的平均氦气含量大致呈现出地层越老，平均氦气含量越高的特征（图2-3-1）。

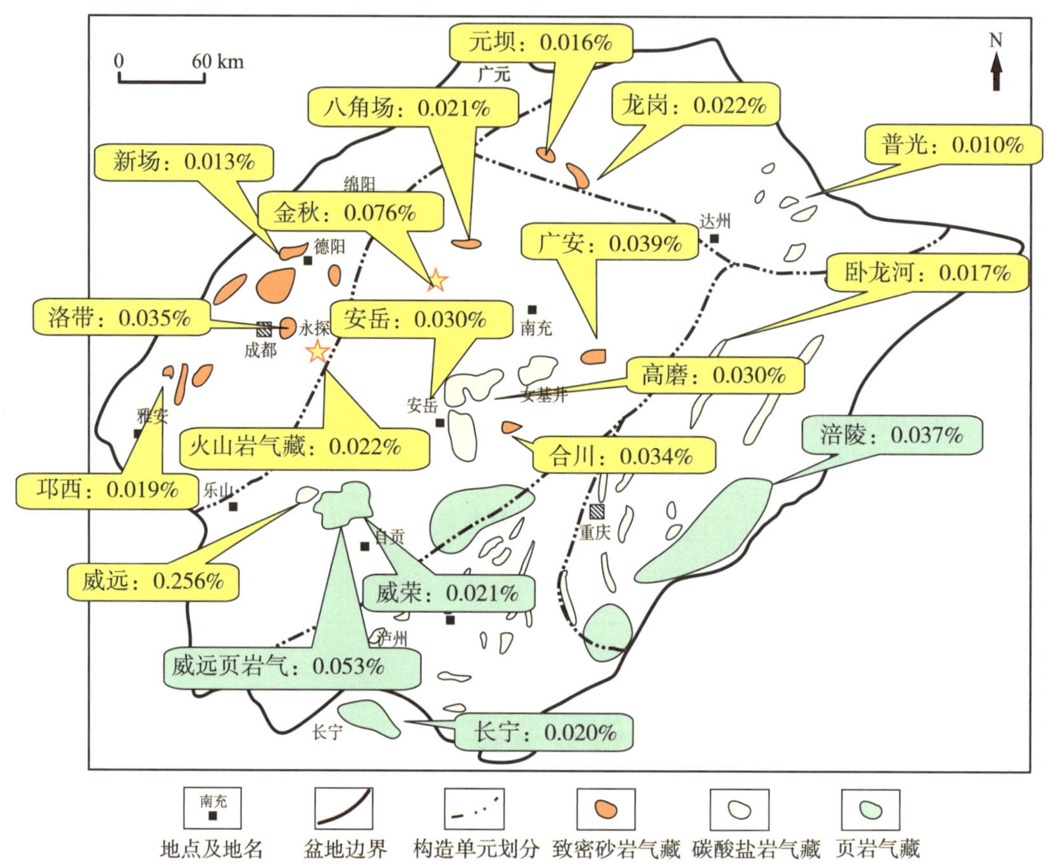

图2-3-1　四川盆地主要天然气藏氦含量分布

（一）威远气田

威远气田位于四川省内江市威远县、资中县和自贡市荣县境内，地处四川盆地乐山—龙女寺古隆起的核部。该区域是一个大型的穹窿背斜气藏，自1964年被发现以来，成为中国唯一开展工业制氦的天然气田。威远气田的地层结构复杂，自下而上包括前震旦系、下震旦统陡山沱组和上震旦统灯影组。特别是前震旦系花岗岩基底被认为是氦气的主要来源，而下震旦统陡山沱组和上震旦统灯影组的泥页岩也对氦气的生成起到了重要作用。灯影组主要由白云岩构成，分为4段，其中第二段和第四段以藻白云岩为主，裂缝发育丰富，是主要的产气层。

威远气田的含氦层位主要集中在震旦系和寒武系，其中震旦系灯影组是最主要的含氦层位。灯影组由厚层藻白云岩组成，储层物性条件良好，裂缝发育，具备良好的天然气储集能力。寒武系筇竹寺组也具有一定的含氦能力，但总体比震旦系稍差。氦气主要来源于前震旦系花岗岩基底以及震旦系灯影组和寒武系筇竹寺组的泥页岩，这些氦源岩通过裂缝和断层向上运移，聚集在震旦系和寒武系储层中。

含氦天然气的地球化学特征方面，威远气田表现出明显的地质规律。平面上，震旦系气藏的氦气含量随着靠近构造顶部而逐渐增加；纵向上，天然气中烃类气体（如甲烷、乙烷）的含量自下而上逐渐增大，而氮气、氦气和氩气的含量则逐渐减小。这些地球化学特征显示了天然气在不同层位中的成藏和保存情况。稀有气体同位素分析表明，威远气田内的氦气和氩气主要来源于地壳放射性元素的衰变，特别是A2型花岗岩中富含的放射性元素铀和钍的衰变提供了丰富的氦气来源。前震旦系的花岗岩基底是最主要的氦源，震旦系和寒武系的泥页岩也对氦气的生成和聚集起到了重要作用。

影响氦气成藏的主控因素包括地质构造、裂缝和断层的发育等。威远气田所在区域经历了多次构造运动，二叠纪以来的印支运动、燕山运动和喜马拉雅运动导致了构造形态的复杂化。这些地质运动形成了复杂的穹窿背斜构造，有利于氦气的聚集和保存。此外，裂缝和断层的广泛发育，不仅促进了氦气从源岩向储集层的运移，还对氦气在空间上的分布起到了控制作用（图2-3-2）。具体来说，裂缝和断层的存在加速了氦气的释放和运移，有利于形成富氦天然气藏（刘凯旋等，2022）。

威远气田的地质演化历史对氦气的成藏也有重要影响。地质历史中经历的多次构造运动导致了多期次的裂缝和断层的发育，这些构造作用不仅形成了良好的储集空间，还提供了氦气运移的通道，使得氦气能够在适宜的地质条件下聚集成藏。同时，威远气田的地温梯度和压力条件也对氦气的成藏产生了影响。较高的地温梯度有助于氦气从源岩中释放出来，而适宜的压力条件则有利于氦气的保存。

综合来看，威远气田的富氦天然气分布受多种地质因素的共同控制。前震旦系花岗岩基底和震旦系、寒武系的泥页岩为主要氦源，复杂的构造运动和广泛发育的裂缝、断层是影响氦气成藏的关键因素。这些因素的共同作用，让威远气田富氦天然气形成了独特的分布规律。

（二）金秋气田

金秋气田位于四川盆地西部的成都—广元气区，是一个典型的以中生界沉积岩为氦源岩的含氦—富氦气田。该气田所在区域的地层主要包括上三叠统须家河组和侏罗系。须家河组以厚层砂岩为主，夹有少量泥岩和煤层，侏罗系则主要由泥页岩、砂岩和煤系地层组成。上述地层中富含铀、钍等放射性元素，构成了氦气的主要来源。该区域受到了多次构造运动，特别是燕山运动和喜马拉雅运动的影响，形成了复杂的构造格局，包括多条断层和裂缝，这些构造为氦气的生成、运移和聚集提供了有利条件。

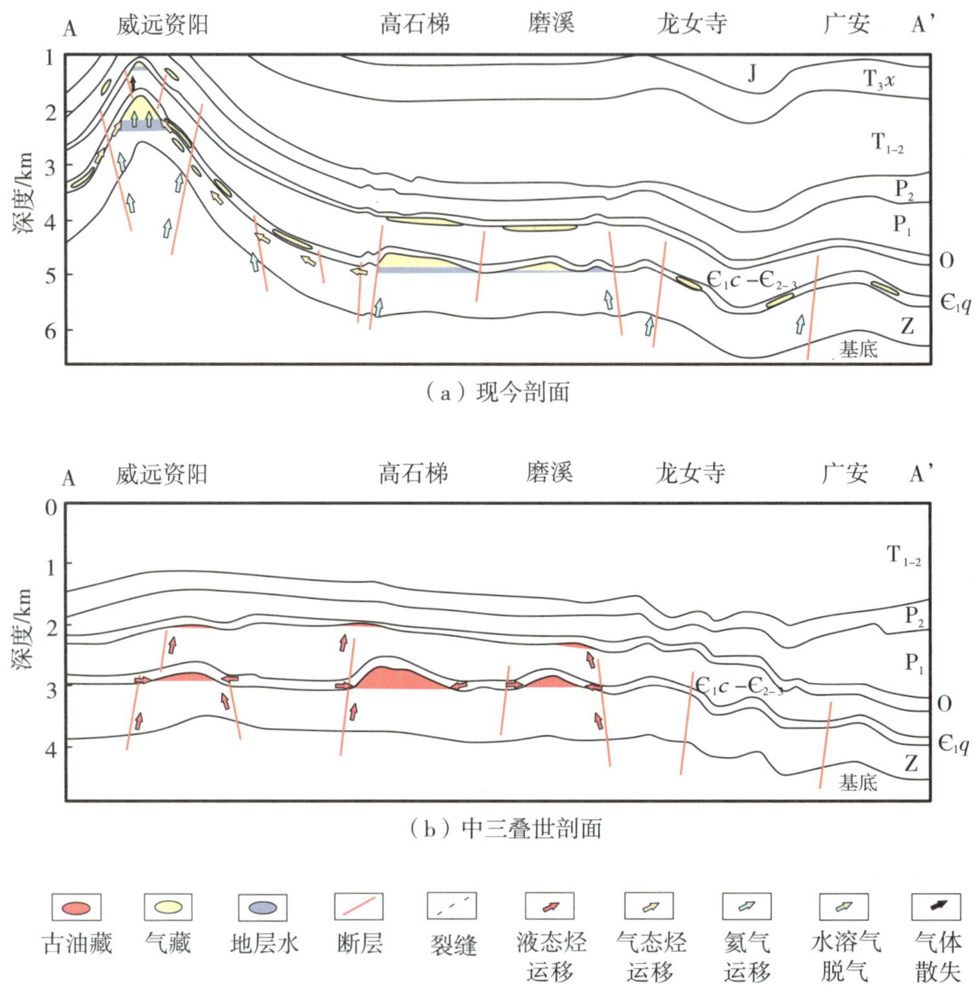

图2-3-2 四川盆地威远气田氦气成藏模式

金秋气田的含氦层位主要集中在上三叠统须家河组和侏罗系。须家河组的厚层砂岩和侏罗系的泥页岩、砂岩具有良好的储集性能，为氦气的储存提供了空间。地层中的放射性元素铀、钍通过衰变产生氦气，这些氦气通过断层和裂缝向上运移并在适当的地质条件下聚集。在不同层位中，氦气的含量表现出一定的规律性，通常在地层较高处氦气含量较高，这是氦气在运移过程中受重力和构造作用的影响而向上聚集的结果。

金秋气田中的氦气含量大多在0.05%～0.10%之间，平均为0.07%，部分井的含量超过0.10%，最高达到0.20%。气田中的氦气主要为壳源放射性成因，由放射性元素铀、钍的衰变产生，无幔源贡献。同位素分析表明，氦气的生成与地层中的放射性元素密切相关。金秋气田的氦气主要来自侏罗系储层，而非上三叠统须家河组的烃源岩层系。天然气中的氦气和其他稀有气体（如氩气、氖气）的比例和分布也显示出与地质构造和氦源岩分布的密切关系。

影响氦气成藏的主控因素主要有以下几方面：首先，高氦气生气强度的氦源岩是氦气成藏的基础。金秋气田中含铀、钍丰富的沉积岩提供了大量的氦气源，使得气田具有较高的氦气生成潜力。其次，适度的烃类气体充注强度对氦气的富集起到重要作用。烃类气体的充注不仅带来大量的烃类资源，还促进了氦气的迁移和聚集，使得氦气能够在储层中达到较高的浓度。最后，地层抬升和剥蚀导致的温度和压力变化也是氦气成藏的重要因素。地层的抬升和剥蚀使得地层中的温度和压力下降，溶解在地层水中的氦气脱溶并聚集，进一步增加了氦气的富集程度（图2-3-3）。

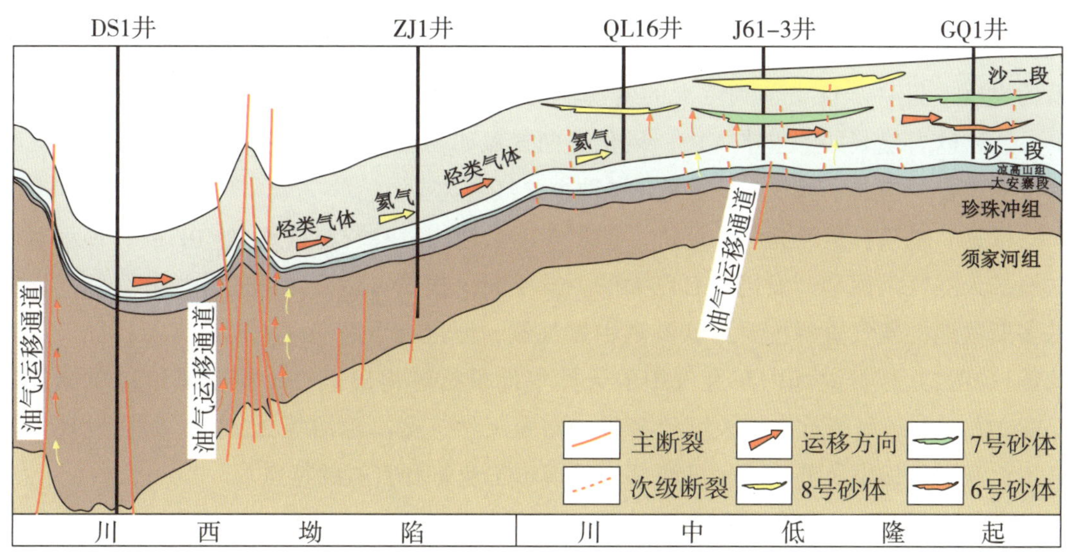

图2-3-3　四川盆地金秋气田沙溪庙组气藏自西向东运移模式

地质构造方面，断层和裂缝的发育为氦气的运移和聚集提供了通道。金秋气田经历了多次构造运动，形成了复杂的断层和裂缝系统，这些构造不仅促进了氦气的释放和运移，还在一定程度上控制了氦气的分布。特别是喜马拉雅期的构造挤压，形成了一系列有利于氦气成藏的构造圈闭，为氦气的聚集提供了空间。

总体而言，金秋气田的氦气成藏是多种地质因素共同作用的结果。上三叠统须家河组和侏罗系提供了丰富的氦源，复杂的构造活动和广泛发育的断层、裂缝为氦气的运移和聚集提供了有利条件，地层抬升和剥蚀导致的温度和压力变化进一步促进了氦气的富集。这些因素共同作用，形成了金秋气田富氦天然气的独特分布规律（张宝收等，2024）。

二、鄂尔多斯盆地

鄂尔多斯盆地地跨陕、甘、宁、晋、蒙五省（区），是我国最为重要的大型能源盆地之一，其构造位置特殊，形成演化与成因机制较为复杂，总体表现为多演化阶段、多构造体制、多沉积体系、多原型盆地叠加的复合克拉通盆地特点。构造位置上，鄂尔多斯地区位于华北板块西南部，南部隔新生代渭河盆地与秦岭造山带接壤；西隔新生代宁南盆地、银川盆地，从南至北分别与北祁连造山带东部、六盘山—河西走廊过渡带、贺兰山毗邻；北缘隔河套盆地与阴山造山带相邻；东缘以吕梁山为界，表现为相对稳定的盆地内部四周被活动的山体和地堑系所环绕的构造格局。

鄂尔多斯盆地在纵向上发育古生界和中生界的5个主要含油气层系，展现出“满盆气、半盆油”的分布特征。特别是盆地下古生界碳酸盐岩和上古生界碎屑岩2套含气层系的发现，进一步证实了其巨大的资源潜力。其中，低渗透砂岩气藏如榆林、子洲气田，致密砂岩气藏如苏里格气田，风化壳型气藏如靖边气田，以及白云岩型气藏如奥陶系中的组合，构成了鄂尔多斯盆地的4种主要气藏类型。

根据“氦气含量计算法”评价，鄂尔多斯盆地的氦气资源量超50×10^{8} m^{3}，预示着该盆地的天然气勘探和开发仍具有巨大的上升空间。根据自然资源部的分类分级标准，鄂尔多斯盆地的氦气资源主要为低氦到中氦气藏，但也有个别气区表现出富氦特征。彭威龙等（2022）根据盆地内东胜气田的天然气储量折算得出该气田探明氦气地质储量为1.96×10^{8} m^{3}，是我国首个特大型致密砂岩富氦天然气藏。惠洁等（2024）研究发现庆阳气田、宜川气田以及苏里格气田西部均呈现出工业氦和富氦的特点。

鄂尔多斯盆地富氦天然气主要分布在下古生界马家沟组碳酸盐岩储层和石炭系—二叠系海陆过渡相储层中，天然气藏中的平均氦气丰度平面上变化较大，盆地西南部陇东地区和盆地北部杭锦旗地区的整体氦气含量最高。整体上看，鄂尔多斯盆地的氦气丰度有“边缘高、中央低”的平面分布特征（图2-3-4）。其中，东胜气田的氦气含量分布在0.024%～0.487%之间，平均值为0.130%；庆阳气田的氦气含量分布在0.121%～0.204%之间，平均值为0.144%；宜川气田的氦气含量分布在0.060%～0.177%之间，平均值为0.086%；苏里格气田的氦气含量分布在0.018%～0.168%之间，平均值为0.053%；靖边—高桥气田的氦气含量分布在0.016%～0.080%之间，平均值为0.039%；子洲—米脂气田的氦气含量分布在0.027%～0.039%之间，平均值为0.033%；神木气田的氦气含量分布在0.016%～0.270%之间，平均值为0.032%；榆林气田的氦气含量分布在0.001%～0.036%之间，平均值为0.030%（图2-3-5）。这表明鄂尔多斯盆地天然气具有较高的氦气含量。这些发现不仅为国内的氦气供应提供了重要保障，也为氦气资源的进一步勘探和开发指明了方向。

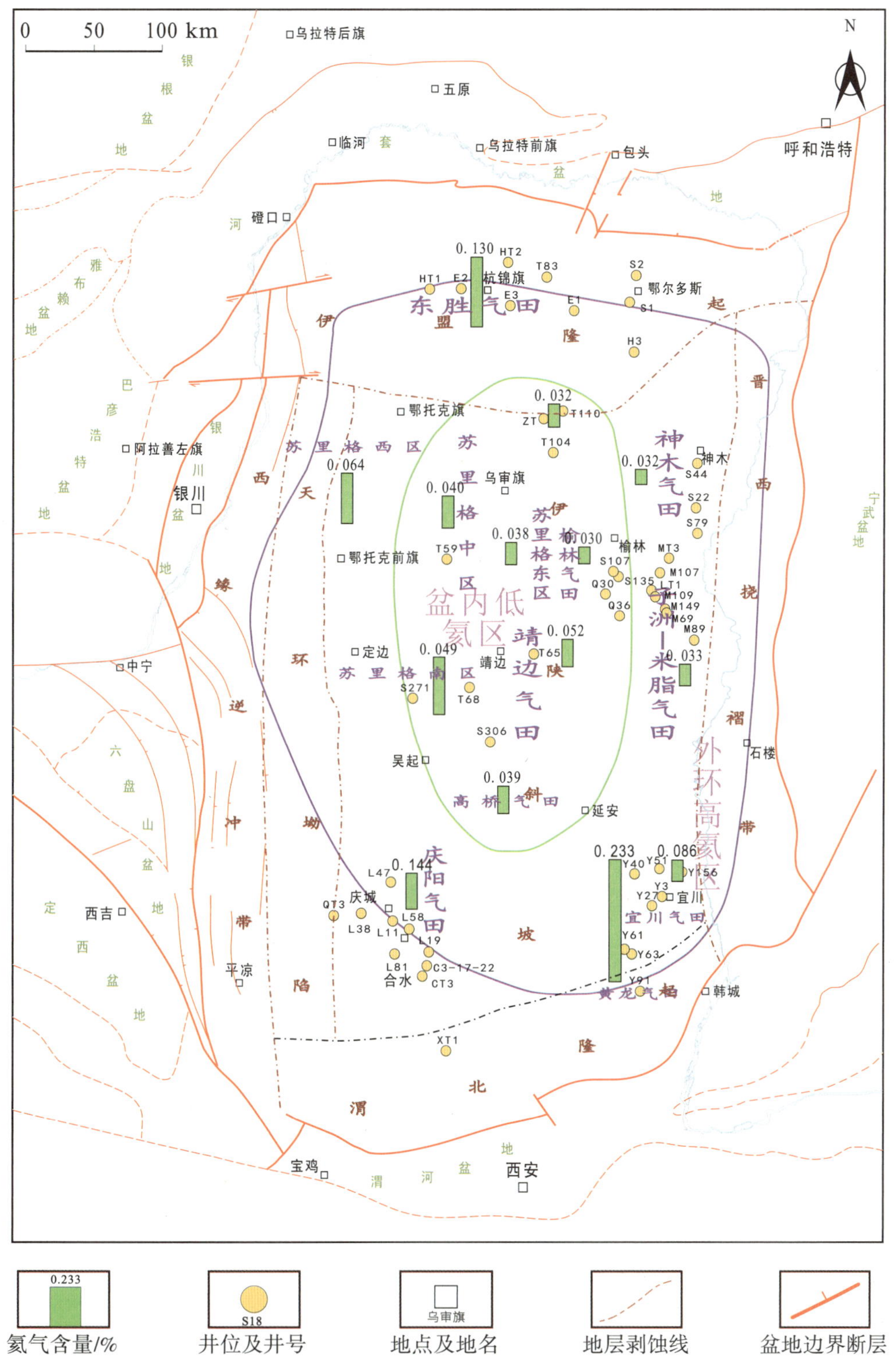

图2-3-4　鄂尔多斯盆地已发现含氦气田氦气丰度与样品采集点分布

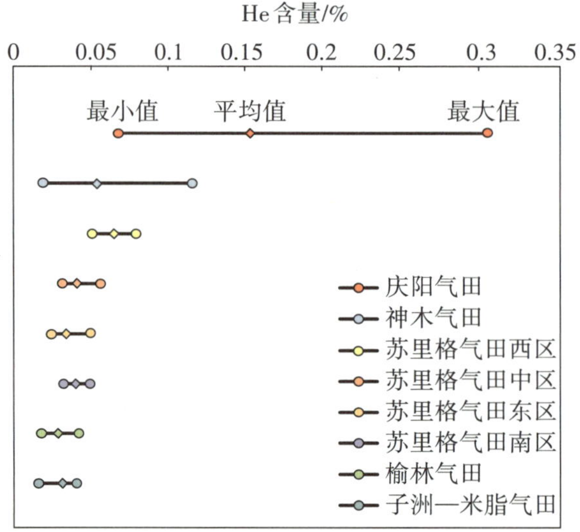

图2-3-5 鄂尔多斯盆地二叠系致密砂岩气藏氦气含量对比

鄂尔多斯盆地杭锦旗地区东胜气田氦气含量介于0.045%～0.487%之间，平均含量达到0.130%，氦气探明储量为$2.444\times10^8\,m^3$，是目前我国最大的特大型富氦气田（何发岐等，2022）。氦气的富集主要发生在上古生界石炭系—二叠系中，特别是东胜气田的北部地区。东胜气田氦气为典型的壳源成因，主要来源于基底的太古宇—元古宇变质岩—花岗岩系的放射性元素衰变，氦气的分布与该区域的地质构造条件紧密相关，石千峰组泥岩有良好的盖层作用，为氦气提供了有效的封存条件（图2-3-6）。此外，基底断裂带的发育为氦气由深部源岩向上迁移提供了通道，而现今构造位置和古构造位置的相互作用也影响了氦气的迁移和聚集（李子颖等，2010；何发岐等，2022；王杰等，2023）。总的来说，东胜气田氦气富集主要受基底变质岩—花岗岩系岩相发育和深大断裂展布等双重因素控制，油气及其伴生氦气藏的空间分布受断裂带的展布控制（王杰等，2023）。

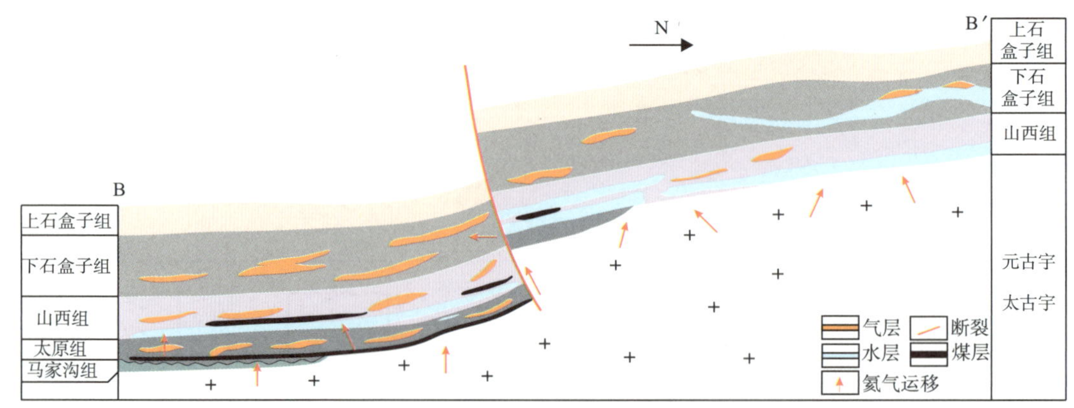

图2-3-6 鄂尔多斯盆地东胜气田氦气成藏模式（高宇等，2023）

三、塔里木盆地

塔里木盆地位于中国新疆维吾尔自治区，是中国最大的内陆沉积盆地之一，面积约为56×10^4 km²。该盆地被昆仑山、阿尔金山和天山所环绕，地质构造复杂。塔里木盆地的地质背景主要由前寒武纪结晶基底、古生代和中生代的沉积岩系，以及中新生代的沉积覆盖层组成。该盆地具有多期次的构造运动和火山活动，这为氦气的生成和聚集提供了丰富的地质条件。塔里木盆地作为我国重要的能源富集盆地，已经发现数十个大型油气田。塔里木盆地是发育大火山岩省的大型克拉通盆地，富U、Th岩体和基底，生氦潜力大（陶成等，2015），有利于富氦天然气藏的形成（Brown，2019）。近年，塔里木盆地数个气田中发现了具有工业利用价值的氦气（图2-3-7，表2-3-1），其壳源氦占绝对优势，占比超过了98.8%（彭威龙等，2023）。这些发现证明，塔里木盆地具有发现富氦天然气藏的可能（刘全有等，2009；余琪祥等，2013；吴小奇等，2014；张朝鲲等，2023）。

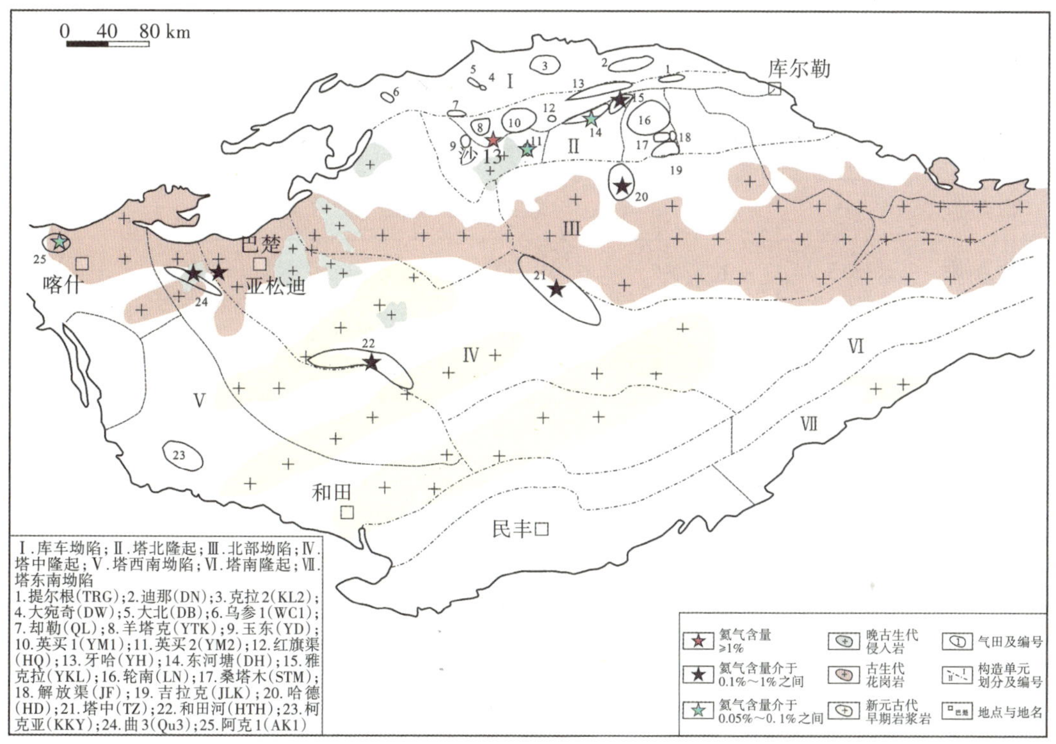

图2-3-7　塔里木盆地富氦天然气藏分布（杨鑫等，2014；李玉宏等，2022）

表2-3-1 塔里木盆地富氦层位数据表

油气田	井号	储集层	盖层	He/%
和田河	MA4	O	C_1b巴楚组泥岩	0.213
和田河	MA4-H1		—	0.249
巴什托	M3	C_2x	P_1n南闸组致密泥晶灰岩、泥灰岩	0.73
巴什托	M4	C_2x	P_1n南闸组致密泥晶灰岩、泥灰岩	0.68
亚松迪	BT2	C_2x	P_1n南闸组致密泥晶灰岩、泥灰岩	0.22
塔中	TZ4-18-7	C	C_1b巴楚组泥岩	0.071
塔中	TZ16-6	O_1	C_1b巴楚组泥岩	0.168
哈德	HD113	D_3d	C_2下部（石炭系中泥岩段的巨厚泥岩层）	0.29
哈德	HD2-7	D_3d	C_2下部（石炭系中泥岩段的巨厚泥岩层）	0.153
东河塘	DH12	D_3d	C_2下部（石炭系中泥岩段的巨厚泥岩层）	0.065
雅克拉	SC2	O_1y	C_1b（石炭系巴楚组双峰灰岩）	0.07
雅克拉	S6	K_1	K_1kp（卡普沙良群中上部泥岩）	0.19
雅克拉	S5	O_1	C_1b（石炭系巴楚组双峰灰岩）	0.22
雅克拉	S15	K_1	K_1kp（卡普沙良群中上部泥岩）	0.05
雅克拉	S15	O_1	C_1b（石炭系巴楚组双峰灰岩）	0.09
雅克拉	S15	O_1	C_1b（石炭系巴楚组双峰灰岩）	0.32
沙西2	S13	O_1	—	2.19
英买2	YM2-11	O_1	K_1kp（卡普沙良群中上部泥岩）	0.08
英买2	YM2-14	O_1	K_1kp（卡普沙良群中上部泥岩）	0.08
阿克1	AK1	K_1kz	K_2k（上白垩统库克拜组泥岩、膏泥岩）	0.093

彭威龙等（2023）研究认为塔里木盆地在沙雅隆起、麦盖提斜坡、巴楚隆起和卡塔克隆起等构造单元中均发育有良好的氦源以及有利的油气成藏组合。闫博等（2023）系统总结了塔里木盆地共计27个气田中236个氦气含量资料，认为塔里木盆地巴楚隆起和西南坳陷可成为今后氦气勘探的主要场所，库车坳陷、塔北隆起和塔中隆起也具备成为氦气勘探重点区域的潜力，氦气勘探主要层系应为奥陶系、白垩系和寒武系。

2019年，和田河气田——我国首个特大型富氦气田被发现，氦气体积含量为0.30%～0.37%（平均为0.32%），为壳源成因，折算氦气探明储量为1.959 1×10^8 m^3（陶小晚等，2019）。阿克莫木气田埋深3 311～3 708 m，层位为白垩系，氦气含量为0.110%～0.125%，平均为0.120%，含有一定比例的幔源氦，被认为有很好的氦资源潜力（秦胜飞等，2022；秦胜飞等，2024）。

（一）和田河气田

和田河气田位于中国塔里木盆地巴楚隆起南缘的玛扎塔格构造带，发现于1997年，是塔里木盆地迄今为止发现的最大气田之一，是目前唯一整装海相大气田，也是于2019年报道的我国首个特大型富氦气田（陶小晚等，2019）。该气田的地质背景复杂，其形成与区域构造演化紧密相关。和田河气田由多个背斜型小气藏组成，包括玛2、玛4、玛8这3个断背斜圈闭（图2-3-8），这些圈闭主要在喜马拉雅时期定型（彭威龙等，2023）。这些圈闭位于玛扎塔格构造带的东西两侧，显示出不同的地质和地球化学特征。和田河气田储层既有碎屑岩，又有碳酸盐岩，主力储层是石炭系生屑灰岩和奥陶系碳酸盐岩，溶蚀孔洞非常发育，储集空间主要为裂缝和孔洞。石炭系含膏泥岩是和田河气藏的直接盖层。和田河气藏中的天然气可能来源于寒武系过成熟烃源岩（秦胜飞等，2006），而从寒武系断穿至石炭系的断裂可能是和田河气田的主要输导体系之一（彭威龙等，2023）。

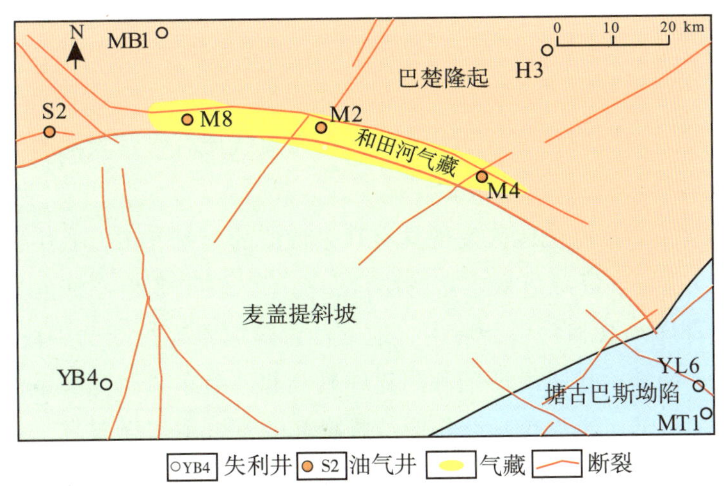

图2-3-8　塔里木盆地和田河气田平面分布（彭威龙等，2023）

在和田河气田中，含氦层位主要位于石炭系巴楚组的生屑灰岩段以及奥陶系的碳酸盐岩潜山中。这些地层不仅提供了优越的储集条件，而且石炭系巴楚组的生屑灰岩段、砂砾岩段以及奥陶系的碳酸盐岩潜山构成了主要的产气层。这些储层展现出多样的孔隙结构和渗透性能，对天然气的储集和运移起到了至关重要的作用（图2-3-9）。

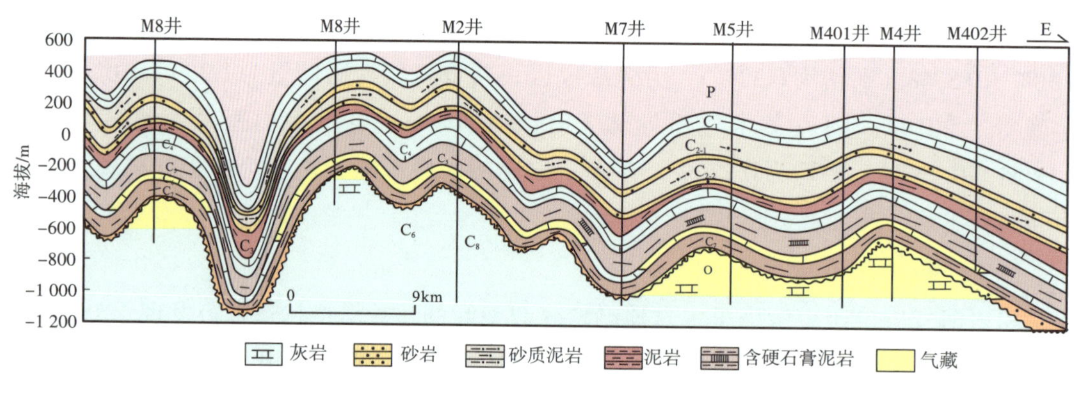

图2-3-9　和田河气田气藏剖面（据陶小晚等，2019，修改）

进一步的地球化学分析揭示，和田河气田中的含氦天然气主要源自原油裂解，具有高甲烷含量和特定的非烃气体，尤其是氮气和二氧化碳的含量较高。此外，该气田的氦气体积含量介于0.30%～0.37%，平均约为0.32%。天然气中的氦气特征显示为壳源成因，其$^3He/^4He$值进一步指示了氦气的地质来源。

影响和田河气田氦气成藏的主控因素是多方面的。首先，区域地质构造背景，尤其是玛扎塔格构造带的构造活动，为氦气的运移和聚集提供了必要的通道和圈闭条件。其次，烃源岩的特征，尤其是寒武系烃源岩的成熟度和质量，对天然气及氦气的生成起到了决定性作用。再次，储集层的岩石学特征，包括孔隙度、渗透率等，这些因素决定了天然气在其中的储集效率。最后，地层水的地球化学特征、地层水的流动可能对氦气的运移和富集起到了关键作用。根据和田河气田天然气储量折算其氦气探明储量为$1.959\ 1\times10^8\ m^3$，说明和田河气田作为特大型富氦气田有着巨大潜力。

（二）雅克拉地区含氦气田

塔里木盆地北部雅克拉地区发现具有开采价值的含氦气田，其中古生界氦气的平均含量为0.31%，是氦气资源量最丰富的层位，高于氦气工业生产标准。雅克拉地区位于塔里木盆地北部库车县和轮台县境内，地处沙雅隆起雅克拉断凸中段，北邻库车坳陷，西邻沙溪凸起，南邻哈拉哈塘凹陷和阿克库勒凸起，呈东窄西宽长条状展布，面积约为600 km^2（图2-3-10）。雅克拉断凸作为沙雅隆起的一个主要隆起带，长期受边界断裂沙雅—轮台大断裂及亚南断裂南北夹持控制，先后经历了加里东期缓慢隆升、海西期强烈抬升、印支—燕山期继承性发育以及喜马拉雅期前缘隆起4个阶段，形成了继承性的断块隆起。多期构造运动导致了该区古生界地层被大幅度剥蚀，中上奥陶统、志留系—泥盆系、中石炭统—三叠系几乎被剥蚀殆尽，派生断裂极为发育。雅克拉断凸及周缘在古生界自下至上发育寒武系玉尔吐斯组、肖尔布拉克组、吾松格尔组、沙依力克组、阿瓦塔格组、下丘里塔格组，奥陶系蓬莱坝组、鹰山组和石炭系巴楚组（张朝鲲等，2023）。

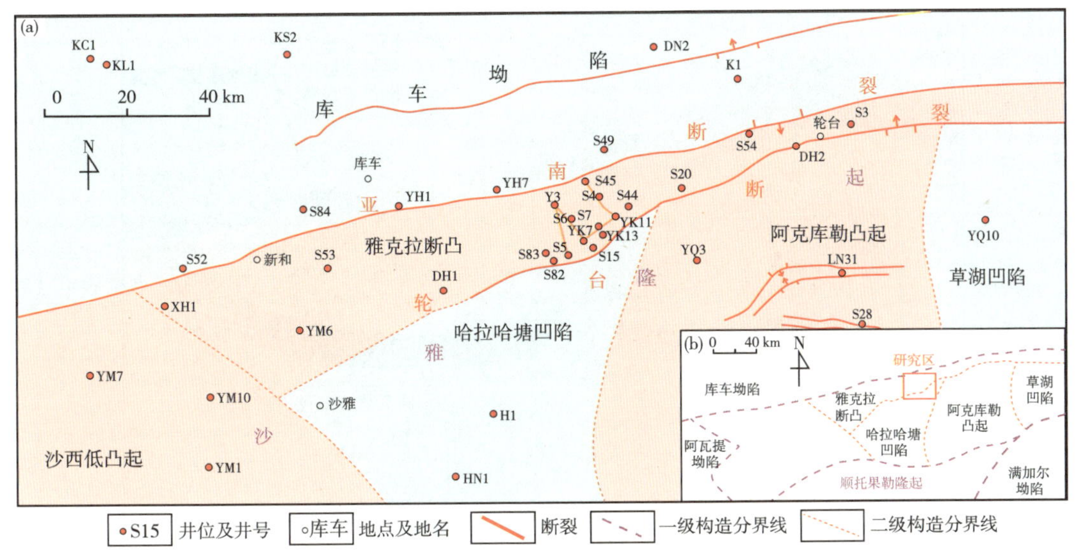

图2-3-10　雅克拉断凸与周缘地区主要井位分布（a）及沙雅隆起构造示意（b）

（据张朝鲲等，2023，修改）

雅克拉地区的油气勘探工作始于1984年，是塔里木盆地中最先实现海相油气勘探突破的区域。前人于雅克拉地区已报道了多个含氦气田，其中天然气中氦气含量为0.000 1%～2.19%，平均值为0.19%，同时还含有较高的氮气（0.01%～33.76%）和二氧化碳（0.04%～19.43%）。雅克拉地区古生界层位氦气资源量最为丰富，高于0.1%的工业标准及0.05%的边界品位（张驰等，2023；谢菁等，2023）。

雅克拉地区地层中主力氦源岩的类型主要有基底和沉积岩2种观点。雅克拉地区所在的沙雅隆起受近南北向挤压应力的强烈作用，发育大量近东西向的断裂与裂缝，研究区古生界中大量氦气运移通道也于此时期形成，其中位于雅克拉断凸北部的轮台断裂及南部的亚南断裂最为典型，其均向下切穿古生界及元古宇层系，与深部冲断层相连接，成为氦气运移的良好通道。雅克拉地区古生界气藏中氮气与氦正相关性良好，证明氦的运移与地下水关系十分密切，氦气成藏前可溶于地下水中持续发生运移。雅克拉地区古生界含氦天然气藏储层之上主要发育了3套厚度较大的盖层，即河流沼泽相黑色含煤岩系泥岩层、古近系苏维依组（E_3s）中部红色含膏泥质岩层、新近系吉迪克组（N_1j）中下部红色含膏泥质岩层，3套盖层构成了一套严密的封闭屏障，排驱压力较高，不但对油气有良好的封闭作用，对于氦气也可进行有效的封闭保存。

总体来说，雅克拉地区发育有效的氦源岩，深大断裂发育，具有高质量的盖层及良好的保存条件，氦气在以地下水及天然气为主的载体的协助下持续运移，主要按照2种模式进行成藏聚集，即古老地层水运移聚氦模式、天然气沿古老储层运移聚氦模式（图2-3-11）。

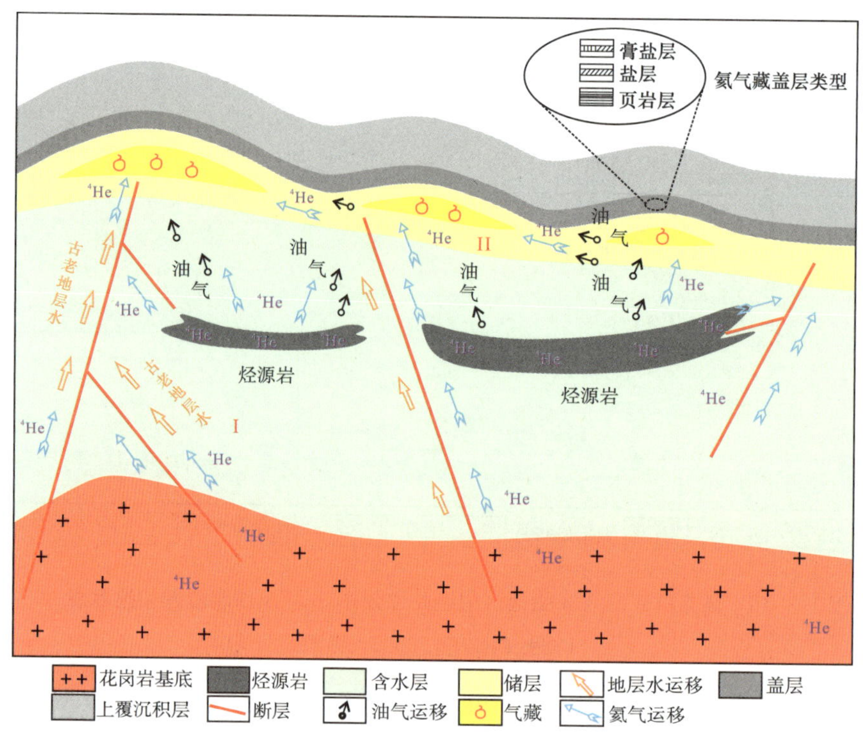

图2-3-11　雅克拉地区氦气藏运移成藏模式（张朝鲲等，2023）

四、柴达木盆地

柴达木盆地位于中国青海省西北部，是一个大型内陆沉积盆地，也是我国西部大型的中生代断坳型含油气盆地，断裂活动极其发育，面积约为 12×10^4 km²。该盆地自古生代至新生代经历了多次构造运动，形成了复杂的地质构造。盆地内主要的沉积岩层包括砂岩、泥岩和碳酸盐岩，具有丰富的油气资源。盆地的地质背景复杂，包含多个隆起和坳陷，构造活动频繁，断裂发育明显（图2-3-12），为油气及氦气的聚集提供了有利条件。2016年以来，相继在柴达木盆地北缘（简称“柴北缘”）团鱼山和全吉山煤田钻孔岩心解析发现氦气显示后，又在青海油田马北、牛东和东坪区块内的天然气钻井中发现了氦气显示，氦气含量为0.013%～1.140%，平均含量为0.330%，其中89.36%的样品氦含量达到工业标准（谢菁等，2023）。在横向上，柴北缘地区全吉山煤田平均氦气含量最高（1.074%），其次是团鱼山煤田（0.678%），之后依次是东坪（0.280%）、马北（0.261%）、尖北（0.240%）、牛东（0.015%）气田；在纵向上，古近系路乐河组（E_{1+2}）和侏罗系（J）2套层位平均氦含量最高，分别为0.610%和0.430%，可作为主要的氦气勘探开发层系（谢菁等，2023）。高富氦天然气主要分布在埋深3 000 m以浅的中浅层。

柴北缘地区氦气成因主要为壳源，氦气源岩为元古宇—奥陶系基底的花岗岩、变质岩系及铀矿等放射性矿物，运移通道为各级断裂，载体为地下水和天然气，盖层为富含饱和盐水的膏岩盖层叠加大厚度泥岩盖层（谢菁等，2023）。

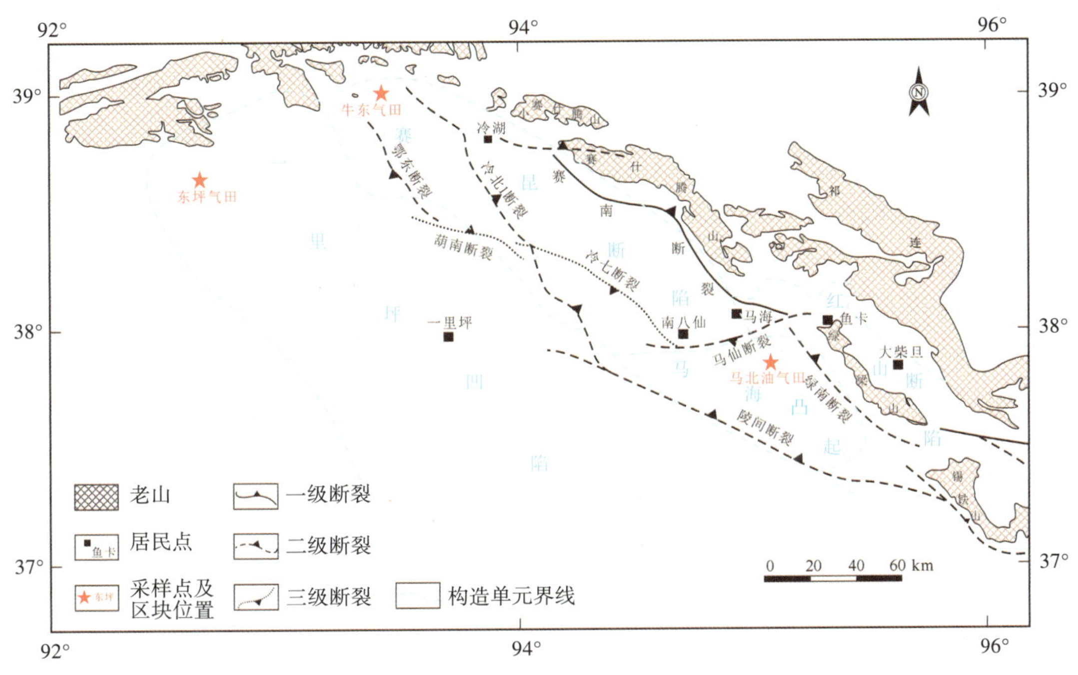

图2-3-12 柴达木盆地构造简图（张云鹏等，2016；韩伟等，2020）

（一）东坪气田

东坪气田位于柴达木盆地东部（图2-3-12），是该地区的重要油气田之一，也是富氦气田。东坪气田属基岩型自生自储气藏，天然气主要储集于古近系下伏基底结晶岩系的岩浆岩或变质岩中。东坪气田的地质背景复杂，属于多期次、多阶段的构造沉积演化体系。盆地的基底主要由前震旦纪变质岩系及部分震旦纪—古生代褶皱盖层和加里东期花岗岩组成（李生福等，2012）。地层序列自下而上依次为古生代至新生代沉积地层，主要包括中生代和新生代的砂岩、泥岩和碳酸盐岩等。

东坪气田的构造格局受南北向和东西向的断裂带控制，区域内断裂发育明显，这些断裂构造不仅是油气的运移通道，也是氦气运聚的重要通道。地质构造活动频繁，为油气和氦气的形成提供了良好的构造环境。主要的构造类型包括背斜构造、断裂构造和裂缝构造，这些构造类型为气田的成藏和储集创造了有利条件。

2017年，中国科学院西北生态环境资源研究院油气资源研究中心和中国石油青海油田的科研人员在对柴达木盆地天然气组分进行测试时，发现天然气控制储量上千亿立方米的东坪等气田的21个天然气样品中氦含量超过了工业标准（0.05%），从而发现了东坪氦工业气田（张晓宝等，2020）。东坪气田是目前我国发现的最大的基岩气藏，探明天然气地质储量为519.41×10⁸ m³（付锁堂等，2015）。东坪气田的氦气含量介于0.012%～1.070%之间，平均为0.240%。通过壳-幔二元混合模式计算，幔源氦的比例介于0.010%～0.840%之间，平均为0.300%。R/Ra值介于0.003 5～0.059 2之间，平均为0.022 6，表明该区氦气主要来源为壳源。此外，氦气含量与甲烷含量呈明显负相关关系，与氮气含量呈正相关关系。异常高温扰动是促进东坪气田基岩中氦气初次运移的关键因素。氦气富集成藏是一个动态平衡过程，需要增加供给、减缓散失。东坪气田的氦气主要来源于基底富U、Th的岩石，有2类花岗岩。东坪及其邻区尖北、牛东气田中氦气的成因及含量与基底花岗岩密切相关，具体表现为：氦气主要是由基底花岗岩及花岗片麻岩中的U、Th等放射性元素衰变产生；基底花岗岩类岩体形成时代越久远，气田中的氦气含量越高；在碰撞造山构造背景下，由纯地壳物质部分熔融形成的花岗岩具有更高的U、Th含量，生氦潜力更强（刘军等，2023）。而深大断裂和不整合面提供了有利的运移通道（图2-3-13）。盖层的存在对氦气的保存至关重要，东坪气田的盖层主要包括基岩上覆的含膏泥岩和泥岩的区域盖层以及咸水下渗形成的基岩顶封式局部盖层（马明，2023）。

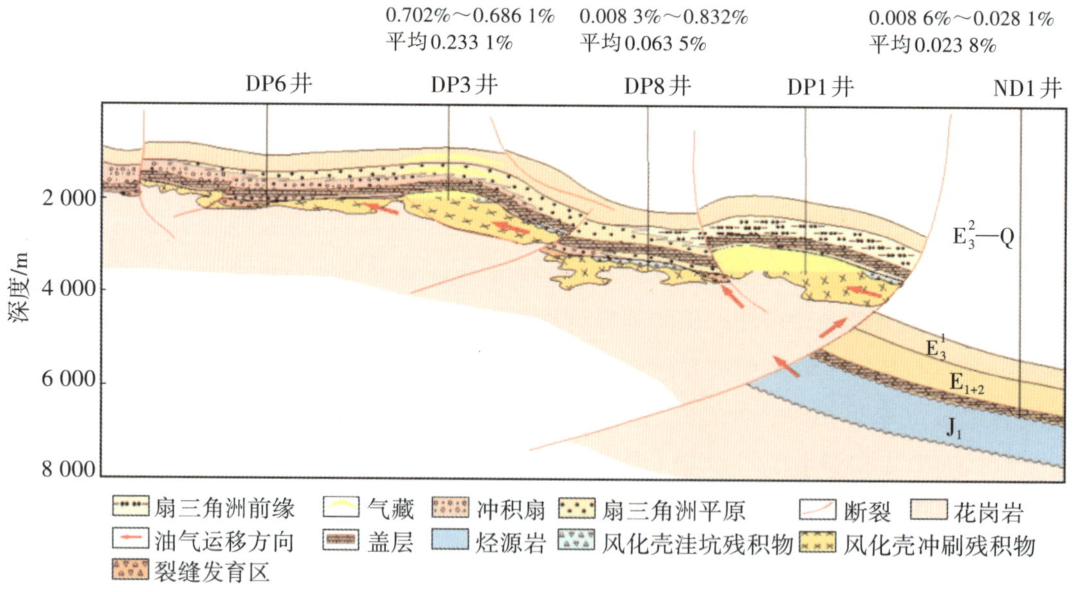

图2-3-13　东坪气田气藏剖面氦气含量分布特征及成藏示意（据李剑等，2024，修改）

根据体积法计算，东坪气田的氦气资源量约为27×10⁸ m³（马明等，2023）。基底每克岩石平均每年产生的^{4}He量约为（12.61～121.95）×10^{-20} m³，平均为48.81×10^{-20} m³。这一预测基于地质调查、地球化学分析和现有的氦气含量数据。

（二）马北油气田

马北油气田位于柴达木盆地祁连山山前马海大红沟隆起东段（图2-3-12），是一个前中生界的基岩古隆起，中生代一直处于隆起状态，沿着北西—南东走向分布（王信国等，2006；马新民等，2014）。基岩主要为下元古界达肯大坂群深变质岩系和古生代浅变质岩系，其间侵入加里东期、华力西期和印支期花岗岩及花岗闪长岩。沉积盖层与东坪地区相似，仅在隆起顶部中新统（N_1）以上地层被剥蚀，隆起带之上中、下侏罗统缺失，自身不具备生烃能力，油气主要来源于周边生烃凹陷。天然气主要储集于古近系路乐河组（E_{1+2}）和下干柴沟组（E_3），气藏类型主要为背斜、断块和构造岩性复合油气藏（马新民等，2014）。

2019年，中国地质调查局西安地质调查中心在柴达木盆地马北油气田中检测到16个样品的平均氦气体积分数为0.28%，氦气体积分数普遍大于0.15%，属于富氦气藏，预测马北油气田有望达到大型—特大型氦气气藏（韩伟等，2019）。马北油气田甲烷含量介于76.64%～87.63%之间，平均为81.03%；氦气含量介于0.06%～0.81%之间，平均为0.27%；氮气含量介于4.69%～33.28%之间，平均为8.27%；二氧化碳含量介于0.1%～0.53%之间，平均为0.31%。马北油气田天然气样品的R/Ra值介于0.003 5～0.059 2之间，平均为0.022 6，属于典型的壳源氦，幔源氦比例为0.27%～0.67%（平均为0.52%），小于1%（马明等，2023）。

马北油气田和东坪气田的产气层一样，均为基岩和古近系，由于马北油气田位于柴达木板块边缘，经历了多期构造活动，有大面积的酸性岩体侵入，这些岩体为氦气形成和富集提供了良好的氦源岩基础，且基底岩石类型控制了氦气含量的变化，以花岗岩或花岗闪长岩为基底的气藏，其氦气含量普遍较高。马北油气田$^3He/^4He$值为（3.38～5.21）×10^{-8}，均表明氦气主要为壳源成因（韩伟等，2020）。马北油气田发育在柴达木板块边缘隆起带之上，位于马海—大红沟隆起，这些隆起自晚侏罗世以来经历了多期构造活动，特别是喜马拉雅期以来受青藏高原隆升与周围古地块的持续陆内造山作用，导致古板块边缘活化调整，形成了一系列基底卷入的逆冲断层和不整合面，这些隆起带之上缺失中下侏罗统烃源岩，天然气主要来源于隆起之间的深凹陷区（高长海等，2007；周飞等，2019）。油气运移通道有断层、不整合面和储层连通孔隙，不整合面和连通孔隙是油气侧向运移的主要通道，而断层则是油气垂向运移的主要通道（高长海等，2007），它们共同构成了高效的运移通道。基底断层不仅沟通了凹陷深部的烃源岩与浅部圈闭，同时也为氦气的运移提供了重要通道（贺政阳等，2022）。马北油气田气体样品中^4He含量与^{20}Ne含量存在很好的线性正相关关系，相关系数为0.98，说明马北油气田氦气富集离不开地层水作为有效载体（马明等，2023）。马北油气田区域盖层为下干柴沟组上部泥岩，厚度为8～240 m，具有西厚东薄、分布稳定的特点。

五、松辽盆地

松辽盆地位于中国东北部，地处伊兰—伊通断裂以西、大兴安岭以东地区，是大型的中—新生代陆相沉积盆地，断裂纵横交错发育，可划分为中央坳陷区、东北隆起区、西南隆起区、东南隆起区、西部斜坡区和北部倾没区6个构造单元，中央坳陷区是松辽盆地主要的油气生产区。盆地内部和周缘发育了大量酸性火山岩和花岗岩体（图2-3-14），氦气来源具有壳幔混合特征。由于太平洋板块向大陆下俯冲，松辽盆地形成大型断陷—坳陷盆地，具有典型的“下断上坳”双层构造格局（图2-3-15），松辽盆地深大断裂将直接沟通地幔源区，作为良好的幔源气体运移通道（赵欢欢等，2023）。

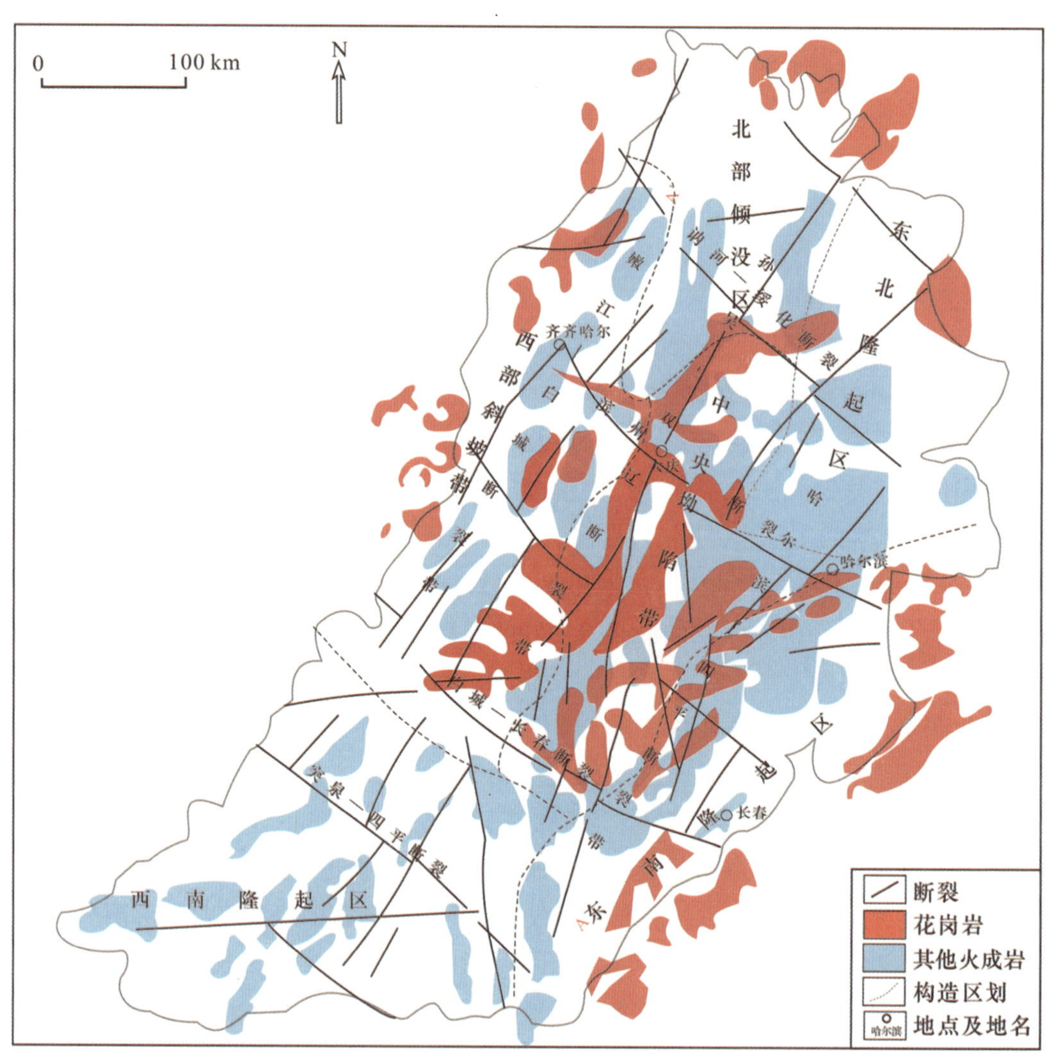

图2-3-14　松辽盆地构造区划分及花岗岩、其他火成岩分布（赵欢欢等，2023）

松辽盆地的氦气分布特征显示出明显的区域性和层位性差异。作为中国东北的重要含油气盆地，松辽盆地拥有丰富的氦气资源，其氦气主要来源于壳源和幔源2种途径，且松辽盆地南部幔源氦的贡献比北部高（赵欢欢等，2023）。壳源氦主要与周缘地区的花岗岩和富铀沉积岩相关，而幔源氦则与深大断裂和地幔活动密切相关。氦气含量在盆地中南部较高，表明这里是幔源氦聚集的有利区域；而东南部则被认为是壳源氦的有利富集区。此外，中央坳陷和东南隆起带是壳幔混合源氦气聚集的有利区域。氦气含量的垂直分布表明，富氦天然气主要赋存于中浅层，且氦气含量高于0.1%的样品多位于埋深2 000 m以内的浅层。松辽盆地氦气的这种分布特征，为氦气的勘探和开发提供了重要的地质依据，同时也指示了未来勘探的潜在目标区域（赵欢欢等，2023）。

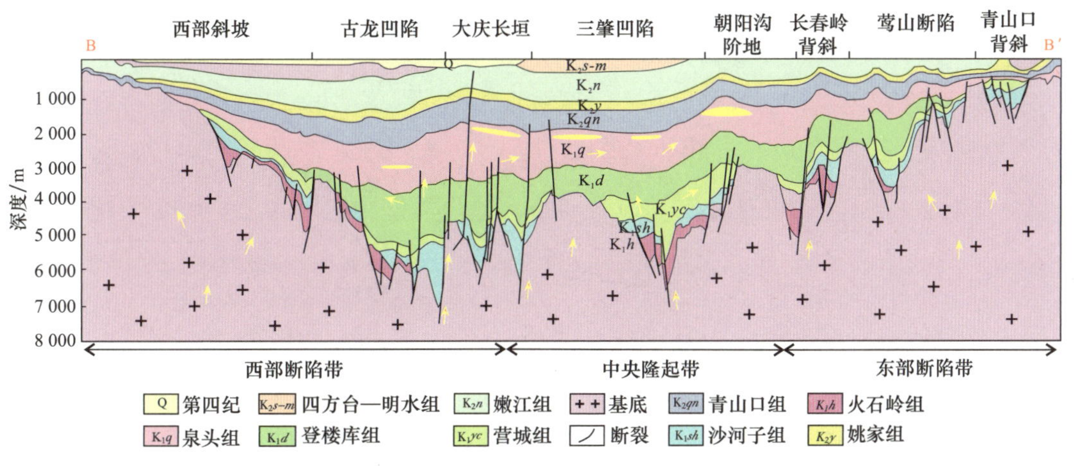

图2-3-15　松辽盆地下断上坳的双层结构特征（赵欢欢等，2023）

六、苏北盆地

苏北盆地位于江苏省中北部，为扭张性的断陷盆地，是我国东部的一个重要的小型含油气盆地。苏北盆地内部由南向北可划分为东台坳陷、建湖隆起、盐阜坳陷和滨海隆起4个呈近东西向展布的二级构造单元，盆地基底包括3层，从下到上依次为中元古界发育的变质岩基底、上元古界至下三叠统发育的海相碳酸盐岩、上三叠统到下白垩统发育的中酸性火山岩与陆相碎屑岩。苏北盆地现已发现主要CO_2气藏有黄桥、小纪、富44、天4、苏东203等（图2-3-16），主要分布于盆地南侧的苏南隆起区、苏南隆起与东台坳陷交接处的断裂带以及断裂带外延断层发育区（刘金华等，2023），大部分气藏中都检测到了氦含量。

黄桥CO_2气田海相层系中的气藏为深层气藏，气藏埋深为1 800～2 300 m，共发现

CO_2气层24层，累计厚度约为268 m，主要产层为泥盆系五通组、石炭系船山组和黄龙组、二叠系栖霞组、白垩系浦口组（表2-3-2），深层气藏以CO_2为主，含量达90%以上（王杰等，2008）。陆相层系中的气藏为浅层新近系盐城组气藏，气藏埋深为371～378 m，以N_2为主，其含量达56%以上，伴有少量原油及CO_2、烃类气及高品位He。黄桥气田He含量多分布在0.2%～1.3%之间，He含量达到工业品位的标准（He> 0.05%～0.10%），远远高于四川盆地威远气田天然气中He含量，为苏北盆地首次发现的浅层He工业气藏，为壳幔复合型氦气资源（王杰等，2008；姚红生等，2024）

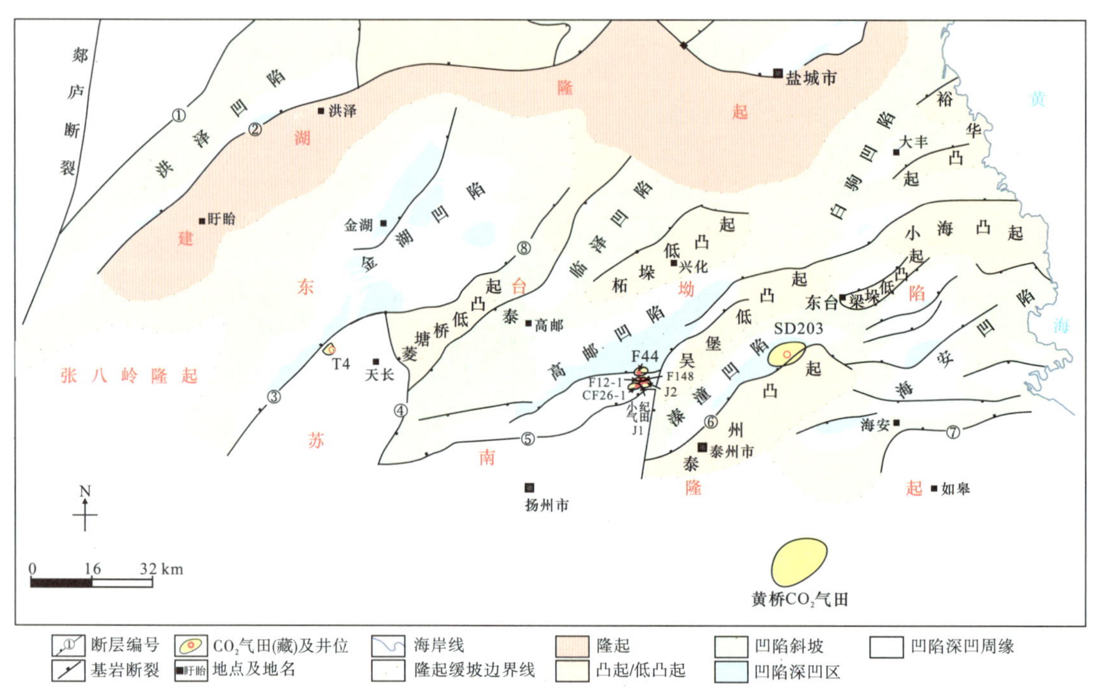

图2-3-16 苏北盆地构造分区及含氦CO_2气藏分布（刘金华等，2023）

表2-3-2 黄桥CO_2气田地层简表（郭念发等，2000）

地层时代			地层视厚度/m	主要岩性及气层
系(统)	组	代号		
第四系	—	Q	168.0	杂色黏土、砂砾层互层
新近系	—	N	226.4	灰绿、棕色黏土层、灰白色砂砾层互层，底部含气
上白垩统	浦口组	K_2p	845.6	棕—暗棕—咖啡色泥岩、砂质泥岩夹砂岩，底为砾岩，含石膏，含气

续表2-3-2

地层时代			地层视厚度/m	主要岩性及气层
系(统)	组	代号		
下三叠统	青龙群	T_1g	369.0	深灰色灰岩，夹泥岩、含云质泥岩，含油及气
上二叠统	大隆组	P_2d	47.5	灰黑色云质泥岩
	龙潭组	P_2l	142.5	黑色泥岩、砂岩互层夹煤线
下二叠统	孤峰组	P_1g	35.0	灰黑色云质泥岩夹砂岩
	栖霞组	P_1q	190.5	灰黑色灰岩夹硅质岩(气层)
上石炭统	船山组	C_3c	71.5	灰色灰岩夹薄层泥岩
中石炭统	黄龙组	C_2h	62.5	浅灰色灰岩，含气
下石炭统	高骊山组	C_1g	89.0	杂色砂泥岩互层，底部深灰色砂泥岩
上泥盆统	五通组	D_3w	51.0	灰白色石英砂岩(气层)
上志留统	茅山组	S_3m	95.0	紫红色砂泥岩(气层)
中志留统	坟头组	S_2f	539.0	灰色—深灰色砂泥岩互层(气层)
下志留统	高家边组	S_1g	307.1	灰黑色泥岩

黄桥地区盐城组整体为由南西至北东方向倾斜的单斜结构，直接覆盖于中、古生界之上，以河流相沉积为主，砂砾岩、砂岩较为发育，纵向上主要目的层由下向上可以划分为3个小层，控制盐城组富氦气藏富集的圈闭类型为地层型圈闭。发育3组走向断裂，以北东向为主，均为正断层。苏北盆地发育的郯庐、沿江岩石圈断裂，是地幔物质向上运移的主要通道，目前发现的CO_2气藏（无机成因）都紧靠着这2条岩石圈断裂分布，并且断裂的规模以及活动强度控制着气藏的分布及规模，即断裂规模越大，发现的气藏规模也越大。黄桥地区盐城组富氦气藏的富集模式及南新街深大断裂在盐城组沉积时期的持续活动导致幔源物质上涌，CO_2、N_2以及氦气沿断裂运移至浅层；盐城组砂岩物性条件好，上部泥岩具有较好的封盖性能，幔源气体顺着地层抬升的方向往黄桥地区地层—岩性圈闭的高部位聚集成藏（姚红生等，2024），成藏模式见图2-3-17。

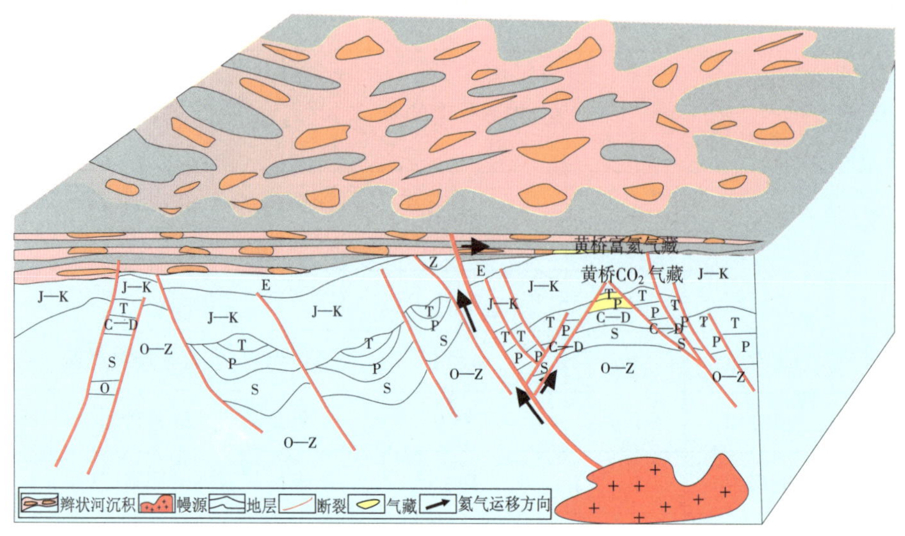

图2-3-17　苏北盆地黄桥地区富氦气藏富集模式（姚红生等，2024）

第四节　国外典型氦气藏特征

全球氦气资源主要集中在美国、卡塔尔、阿尔及利亚和俄罗斯，美国占绝对优势，波兰和加拿大也有一定氦气资源，坦桑尼亚大裂谷非伴生氦气资源具备可观的储量，并逐渐形成以美国、卡塔尔、俄罗斯为主的供应格局。

一、美国

美国是全球氦气资源最为丰富的国家之一，其氦气储量和产量在全球占据领先地位。美国的氦气资源主要分布在怀俄明州、犹他州、亚利桑那州、科罗拉多州、新墨西哥州、堪萨斯州、俄克拉何马州和得克萨斯州的潘汉德·胡果顿、莱利瑞吉、格林伍德、凯斯等天然气田（藏）（图2-4-1）中。这些气田主要是以烃类为主的天然气田，部分气藏中可能含有较高比例的氮气和二氧化碳。特别值得注意的是，美国的潘汉德富氦烃类气田位于北美克拉通内部的阿马里洛（Amarillo）隆起之上，其下伏前寒武系基底主要由中元古代形成的花岗岩组成。此外，该气田东侧紧邻伍德福德（Woodford）页岩沉积中心，部分层段的铀、钍含量高，为气田提供了良好的烃类与氦气供给条件（陈践发等，2021）。

美国含氦天然气矿床的形成具备3个条件：（1）花岗岩基底岩石富含铀和钍，或存在原始氦源；（2）基底岩石断裂，或发生脱气作用，为氦提供了逃逸通道或释放途径；（3）多孔沉积岩被不透水的岩盐或硬石膏封盖。

根据地质条件与氦气运聚过程，美国氦气可分为以下3种聚集模式（刘成林等，2024）。（1）克拉通古隆起基底花岗岩供氦气—烃类伴生型。该模式氦气含量较高，储量大，典型气田如潘汉德·胡果顿气田、凯斯气田、巴拿马气田及克里夫赛德气田。（2）克拉通边缘活动带前基底花岗岩供氦气—二氧化碳伴生型。该模式氦气含量高、储量较大，典型气田如莱利山脊气田、圣约翰圆顶（St John's Dome）气田。（3）克拉通边缘活动带基底花岗岩供氦气—氮气伴生型。该模式氦气含量高、储量较大，典型气田如兰德巴特（Rands Butte）气田、哈利圆顶气田。

美国不仅在氦气资源的赋存上具有优势，还在氦气的生产和供应方面发挥着重要作用。2016年，美国氦气产量约占全球的65%，是世界上最大的氦气生产和供应国。到了2020年，美国依然是全球最大的氦气生产国，其产量在全球6个主要氦气生产国中位列第一。

图2-4-1　美国主要含氦天然气田分布（刘成林等，2024）

美国氦气资源的勘探和开发历史悠久，技术成熟，对全球氦气市场有着深远的影响。美国氦气资源的丰富和生产能力的强劲，使其在全球氦气供应中扮演着关键角色，同时也支撑了美国国内高科技产业的发展。

（一）潘汉德·胡果顿气田

潘汉德·胡果顿气田面积巨大、形状独特，是世界上面积最大的气田之一。该气田位于美国中部，地跨堪萨斯、得克萨斯、俄克拉何马3个州的19个县，长442.6 km、宽12.9～91.7 km，面积约为2.15×10^4 km^2（图2-4-1），探明天然气储量$3.144\,2\times10^{12}$ m^3。潘汉德·胡果顿气田由两部分组成：北部为北北东向的胡果顿气田，南部为南东东向的潘汉德油气田，整体平面形状似长筒皮靴。南、北两部分构造特征及气藏类型均有显著差别。潘汉德区属于北翼存在油环的背斜型气藏；胡果顿区属于平缓向东倾斜的单斜型地层岩性复合气藏。两部分之间以低渗透岩层分界，但仍是一个连通的整体，有不活跃的边、底水衬托（曹敏道，1994）。

潘汉德·胡果顿气田位于中美洲克拉通的阿马里洛隆起—胡果顿隆起上。基底为中元古代增生型造山带，在古元古代末至中元古代（1.8～1.3 Ga）时期，北美大陆的南缘发育增生型造山带。该造山带主要由拼贴的岛弧和同碰撞期花岗岩等岩石组合构成，代表类似现代的岛弧和活动大陆边缘的特征，堪萨斯隆起主要以前寒武纪花岗岩为结晶基底（图2-4-2），是天然气藏中氦气的最主要氦源岩（张宇轩等，2022）。

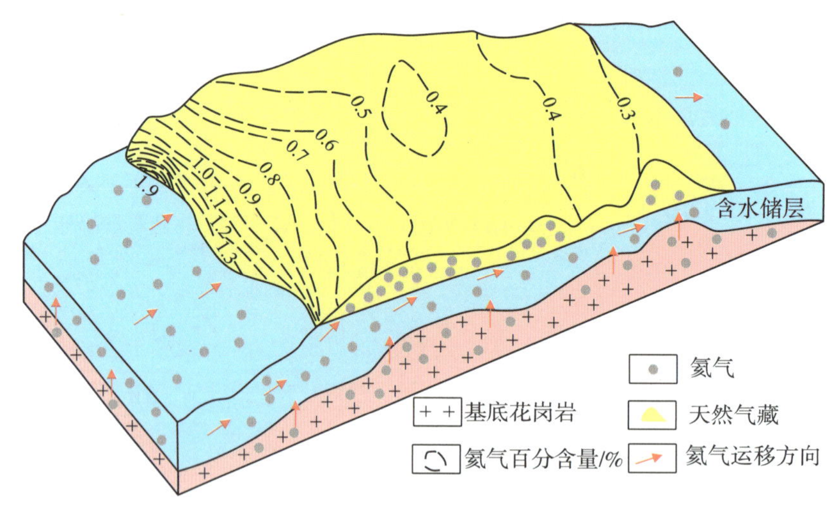

图2-4-2　美国潘汉德·胡果顿气田富氦天然气藏成藏模式简图

潘汉德气田的圈闭为构造圈闭，胡果顿气田的圈闭为地层圈闭，但二者的圈闭成因都有水动力因素（Pippin，1970）。在泥盆纪末，中美洲克拉通盆地在新墨西哥州东北—科罗拉多州东南一带形成区域隆起，导致得克萨斯州—俄克拉何马州潘汉德一带的亨顿组及早期沉积岩削蚀尖灭，此后密西西比系（C_1）基本稳定发育。密西西比纪后的构造运动，形成了达尔哈尔盆地、谢马龙—斯特福德隆起、凯瑟林隆起、阿马里洛山及其北侧的2组主要断裂。此时，阿纳达科盆地的南界北移至阿马里洛山北侧，谢马龙—斯特福德隆起和阿马里洛山前宾夕法尼亚纪地层被剥蚀（何登发等，2008）。

阿托坎期是阿马里洛山的主要隆升期。其时，阿马里洛山上的所有沉积物被剥蚀，基底花岗岩出露，形成了阿托坎期不整合面之上，向阿纳达科盆地内部延伸的广泛分布的花岗岩冲积沉积，花岗岩冲洗砂与海相泥岩和碳酸盐岩交互，阿马里洛山最终被狼营晚期沉积掩覆。在阿托坎期，阿纳达科盆地西北部的区域隆升导致堪萨斯州西南区域倾向自西倾变为东南倾，这使得宾夕法尼亚纪—二叠纪碳酸盐岩向西呈楔形上倾尖灭，从而构成胡果顿气田圈闭的西部边界。韦契塔组沉积构成了狼营期沉积储集层的封盖层（何登发等，2008）。

阿马里洛隆起在宾夕法尼亚纪遭受严重剥蚀，两翼发育的扇三角洲沉积体系构成气田主要的储集体。随着隆起顶部逐渐被夷平，扇三角洲规模逐渐减小；至晚狼营期，隆起再次被整体覆盖。生油岩为盆地宾夕法尼亚系海相页岩，油气生成后经“花岗岩冲洗砂”输导至潘汉德油气田（何登发等，2008）。

潘汉德—胡果顿地区烃源岩分布于奥陶系到宾夕法尼亚系的各层系，其中，上泥盆统—下密西西比统的伍特福德组页岩是最重要的烃源岩，*TOC*值为2.7%～5.5%。伍特福德组页岩的烃源岩类型主要是Ⅱ型干酪根。伍特福德组页岩在阿纳达科盆地南部和俄克拉何马州东南部具有很高的成熟度，局部地区镜质体反射率可达4.0%，为气藏提供了丰富的气源条件（张宇轩等，2022）。

潘汉德·胡果顿气田的主要产气层为二叠系狼营（Wolfcamp）统的Chase组和Council Grove组，这是一套沉积在高位体系域浅海大陆架之上的碳酸盐岩储集体（表2-4-1）。Chase组与Council Grove组储集层岩性以颗粒支撑的碳酸盐岩及硅质碎屑砂岩为主，北部胡果顿地区大量岩心资料显示，该段岩性包括粗粉砂岩、泥粒灰岩、粒泥状灰岩、泥质粉砂岩、粒状与叶枝状海藻障结灰岩等，其中碳酸盐岩是主要的储集岩性，而且碳酸盐岩储集层孔隙度随着其泥质含量的减少而逐渐增大（Dubois et al.，2012）。南、北两区稍有差别，胡果顿地区以含泥质灰岩、白云质灰岩及多孔白云岩为主；潘汉德地区以白云岩及花岗质碎屑岩为主。全气田气层最多达7层，总厚达70～160 m，埋深在700～1 550 m之间。储层物性相差较大，孔隙度为10%～30%，渗透率为（5～300）$\times10^{-3}\,\mu m^2$（张宇轩等，2022）。

表2-4-1　潘汉德·胡果顿气田地层发育简况（据Pippin，1970，修改）

<table>
<tr><th>系</th><th>统</th><th>组</th><th>岩性</th><th>生储盖</th></tr>
<tr><td rowspan="3">二叠系</td><td>Leonard</td><td>Summer</td><td>碎屑岩</td><td>上覆岩层</td></tr>
<tr><td rowspan="2">Wolfcamp</td><td>Chase</td><td>蒸发岩</td><td>封盖层</td></tr>
<tr><td>Council Grove</td><td>碳酸盐岩、砂岩</td><td>主要产气层</td></tr>
<tr><td rowspan="7">宾夕法尼亚系</td><td rowspan="3">Virgil</td><td>Admire</td><td rowspan="3">碳酸盐岩、砂岩、页岩</td><td rowspan="3">储集层、烃源岩</td></tr>
<tr><td>Wabaunsee</td></tr>
<tr><td>Shawnee</td></tr>
<tr><td>Missour</td><td>—</td><td>灰岩、砂岩</td><td>储集层</td></tr>
<tr><td>Atoka</td><td>—</td><td>灰岩、砂岩</td><td>储集层、烃源岩</td></tr>
<tr><td>Morrow</td><td>—</td><td>灰岩、砂岩</td><td>储集层、烃源岩</td></tr>
<tr><td>Springer</td><td>—</td><td>灰岩、砂岩</td><td>储集层、烃源岩</td></tr>
<tr><td rowspan="2">密西西比系</td><td>Meramec</td><td>—</td><td>灰岩、砂岩</td><td>储集层</td></tr>
<tr><td rowspan="2">Woodford</td><td rowspan="2">—</td><td rowspan="2">暗色泥岩</td><td rowspan="2">主力烃源岩</td></tr>
<tr><td>泥盆系</td></tr>
<tr><td>志留系</td><td>Hunton</td><td>—</td><td>灰岩、白云岩</td><td>储集层</td></tr>
<tr><td rowspan="3">奥陶系</td><td>Sylvan</td><td>—</td><td>碳酸盐岩、页岩</td><td>储集层、烃源岩</td></tr>
<tr><td>Viola</td><td>—</td><td>灰岩、白云岩</td><td>储集层</td></tr>
<tr><td>Simpson</td><td>—</td><td>砂岩、页岩</td><td>储集层、烃源岩</td></tr>
</table>

狼营统之上的韦契塔组石膏层构成了优质封盖层。这种短距离侧向运聚、下储上盖、生储盖层发育时间及空间都极为接近的特征，为形成该特大型油气田创造了最为有利的条件（何登发等，2008）。

潘汉德·胡果顿气田是世界上最著名的富氦天然气藏。天然气中氦气平均含量达0.49%。潘汉德·胡果顿气田富氮天然气与高浓度氦相伴生，其中$^{3}He/^{4}He$值为0.14～0.26 Ra，$^{4}He/N_2$值为0.02～0.049，$^{4}He/N_2$值整体从堪萨斯胡果顿地区的0.020变为得克萨斯潘汉德地区的0.077。根据$^{4}He/^{21}Ne$和$^{4}He/^{40}Ar$值显示出60%的^{4}He来源于地壳浅部（张宇轩等，2022）。结合使用稀有气体和稳定同位素查明潘汉德·胡果顿气田地壳2个氮组分来源，其中氮气成分所占比例由得克萨斯州的60%，下降到堪萨斯/俄克拉何马州的25%，氮气组成特点为$\delta^{15}N_2=-3‰$，$^4He/N_2=0.077$和$N_2/^{20}Ne=4.4\times10^5$（Ballentine et al.，2002）。这些“He伴生”N_2主要来源于低级变质岩的脱挥发份，后来运移聚集到得克萨斯州的潘汉德，部分溶解在区域地下水中。这时碳氢化合物及伴生气体都已具备，机制也存在，并且溶解气体定量分配进入气藏（Brown，2019；张宇轩等，2022）。

（二）哈利圆顶气田

哈利圆顶气田位于美国犹他州东部的Uncompahgre隆起，是一个重要的富氦气田。该气田的地质背景包括前寒武纪的基底岩石和侏罗纪的沉积岩，覆盖着一层厚厚的Mancos页岩盖层，其提供了良好的封盖条件。主要的含氦层位为侏罗纪的Entrada砂岩，储层深度约为236 m。气田的氦气浓度较高，生产井的氦含量平均为7%，最高可达7.31%。

哈利圆顶气田的氦气地球化学特征显示，氦主要来源于壳源放射性元素铀和钍的衰变。该地区的前寒武纪基底和覆盖其上的上三叠统Chinle组都含有丰富的放射性元素，为氦的生成提供了充足的来源。氦气通过断裂体系进行迁移，这些断裂为氦气提供了从源岩到储层的有效通道。在地下水的作用下，溶解在水中的氦气通过脱气过程进入气藏，形成高浓度的氦气聚集。

影响氦气成藏的主控因素包括区域的构造活动、断裂体系、地下水的脱气机制和有效的盖层条件。构造活动和断裂体系不仅为氦气的生成和迁移提供了动力，还确保了氦气能够聚集在适宜的储层中。Mancos页岩作为主要的盖层，具有良好的封盖性能，防止了氦气的逸散。地下水在氦气成藏过程中起到了重要作用，通过脱气和再溶解机制，增强了氦气在储层中的聚集效应。

（三）圣约翰圆顶气田

圣约翰圆顶气田位于美国亚利桑那州的Holbrook盆地，是一个重要的富氦气田。该气田的地质背景复杂，由前寒武纪的结晶基底、古生代到新生代的沉积岩和新生代的火山岩组成。主要的含氦层位为二叠纪的Supai组砂岩，覆盖有厚厚的盐岩盖层，储层深度较浅，仅为200～700 m。气田中的氦主要来自幔源和壳源，沿基底断裂向上迁移，进入储层并富集成藏。地球化学特征显示该气田的氦气R/Ra值较高，表明有显著的幔源贡献，同时也受到壳源氦的稀释效应。氦气的生成和聚集受控于区域的岩浆活动、构造背景、断裂体系和盖层条件。特别是沿断裂充注的幔源二氧化碳对来源于地下水脱气的氦气有较强的稀释效应。地下水的脱气再溶解过程也是氦气成藏的重要机制之一，使得氦气在浅层储层中有效聚集（杨怡青等，2024）。

（四）大派尼-拉巴奇（Big Piney-La Barge）气田

大派尼-拉巴奇气田位于美国怀俄明州Sublette县和Lincoln县的西部，属于Green River盆地的一部分。该气田位于一个被称为La Barge Platform的大型构造高地上，在古近纪—新近纪沉积之前，这是一个大型的双重倾斜背斜构造。Green River盆地的沉降以及古近纪—新近纪沉积的重叠导致了总体上向东—东北方向的倾斜。La Barge Platform的西翼受逆冲断层的影响，且在平台上发现了许多伴有高角度逆断层和撕裂断层的背斜构造。

主要的含氦层位为密西西比系的Madison组石灰岩。这些储层具有高孔隙度和高渗透率，有利于天然气的积聚和保存。地球化学特征显示，气田内的氦气主要来自壳源，由放射性元素铀和钍的衰变产生。该气田中的氦气R/Ra值较低，表明壳源氦贡献较大。地质和地球化学分析表明，La Barge气田的二氧化碳主要来自壳源，这与地球化学、矿物学和流体包裹体分析结果一致，表明无机热化学硫酸盐还原是二氧化碳的主要来源。

影响氦气成藏的主控因素包括区域的构造活动、沉积环境、岩浆活动以及盖层条件。构造活动产生的断层和裂隙为氦气的迁移提供了通道，沉积环境中的高孔隙度和高渗透率岩层为氦气的聚集提供了空间。岩浆活动和沉积物中放射性元素的衰变为氦气提供了源源不断的供应。Mancos页岩等盖层的存在有效地封盖了储层，防止氦气的逸散，从而使氦气能够在储层中长期保存。

（五）凯斯气田

凯斯气田位于美国俄克拉何马州的潘汉德地区，是一个重要的含氦气田，具有复杂的地质背景。该气田的主要地质构造是一个形成于古生代至中生代的沉积岩层中的大型背斜构造。凯斯气田的含氦层位主要包括上三叠统和下侏罗统的砂岩和石灰岩，这些岩层具有良好的孔隙度和渗透率，能够有效地储存和迁移氦气。

凯斯气田的含氦天然气具有显著的地球化学特征，氦气的主要来源是壳源放射性元素铀和钍的衰变。氦气通过断裂和裂缝迁移到储层中，形成高浓度的氦气聚集区。研究表明，该气田的天然气中氦含量显著高于一般天然气田，氦气浓度达到商业开采的标准。地球化学分析显示，凯斯气田中的氦气与氮气密切相关，二者的浓度比值为氦气的主要地球化学特征之一。

影响凯斯气田氦气成藏的主控因素包括构造背景、沉积环境、断裂体系和盖层条件。构造活动产生的断裂和裂缝为氦气的初级和次级迁移提供了通道，沉积环境中的高孔隙度和高渗透率岩层为氦气的聚集提供了空间。盖层的存在有效地封盖了储层，防止氦气的逸散，从而保证了氦气的长期保存和高浓度聚集。此外，区域内的热事件和地热梯度的变化也对氦气的生成和迁移有重要影响。

综上所述，凯斯气田的地质背景复杂多样，含氦层位主要为上三叠统和下侏罗统的砂岩和石灰岩。氦气的地球化学特征显示其主要来源于壳源放射性元素的衰变，并通过断裂体系迁移到储层中。构造活动、断裂体系、盖层条件和区域热事件是影响氦气成藏的主要因素。

二、俄罗斯

俄罗斯作为世界上重要的氦气资源国之一，其氦气资源的分布具有显著的地质特征。俄罗斯的氦气资源主要集中在西伯利亚地台的天然气藏中，这些地区是俄罗斯氦气资源的主要赋存区域。

西伯利亚地台的富氦气田主要分布在地台内的拜基特隆起和涅帕—鲍图奥巴隆起上，其下伏前寒武系基底主要由太古代变质岩（片麻岩和结晶片岩）以及火成岩（花岗岩和流纹岩）组成（陈践发等，2021）。这些古老基底岩石含有较高比例的放射性元素如铀和钍，因此是优质的氦源岩，为地台内富氦气田的形成提供了充足的氦源。此外，俄罗斯在北里海（Northern Caspian）地区的奥伦堡（Orenburg）气田，雅库特（Yakutia）地区的Chayanda气田，以及伊尔库斯克（Irkutsk）地区和科米共和国地区也有部分富氦天然气藏分布（表2-4-2，图2-4-3）。西伯利亚地台内坳陷广泛发育的里菲系泥页岩和文德系泥灰岩为烃类气体提供了良好的烃源岩，进而形成西伯利亚地台富氦烃类气田。

表2-4-2 俄罗斯十大氦气田统计表（Yakutseni，2014）

序号	氦气田	所在地(州)	氦气含量/%	储量/10^8 m^3	
1	科维克塔(Kovykta)	伊尔库茨克	0.28	38.8	12
2	恰扬达(Chayanda)	萨哈共和国(雅库特)	0.43～0.63	18.5	53
3	索宾(Sob)	鄂温克民族自治区	0.58～0.67	7.95	1
4	中博托宾(Srednebotuobin)	萨哈共和国(雅库特)	0.19～0.26(气顶气)；0.58～0.67(游离气)	7.5	0.4
5	阿斯特拉罕(Astrakhan)	阿斯特拉罕	0.020～0.023	6.25	-
6	奥伦堡(Orenburg)	奥伦堡	0.045	4.61	-
7	塔斯-尤里亚赫(Tas-Yuryakh)	萨哈共和国(雅库特)	0.38	4.09	0.5
8	尤鲁布切诺-托霍姆(Yiinibcheno-Tokhom)	鄂温克民族自治区	0.18	3	5
9	杜利斯明(Dulismin)	伊尔库茨克	0.26	1.8	0.4
10	上维柳尚(Verkhnevilyuchan)	萨哈共和国(雅库特)	0.13	1.8	1
合计				94.3	73.3

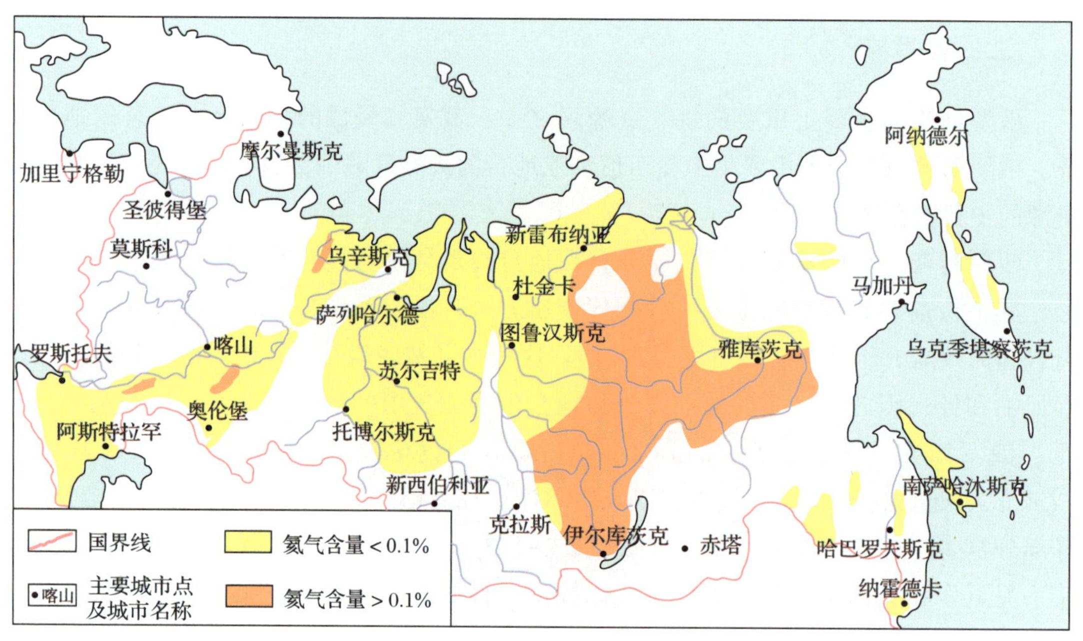

图 2-4-3 俄罗斯主要富氦天然气藏（陈践发等，2021）

西伯利亚地台是世界上的古老地台之一，东西位于叶尼塞河和勒拿河之间（图 2-4-4），北邻泰梅尔半岛，南部以贝加尔湖和斯塔诺夫山脉为界，面积约为 4×10^6 km^2。西伯利亚地台油气资源丰富，总资源量约为 1 000$\times10^8$ t油当量。

西伯利亚地台是由隆起的基底岩石形成的，该基底岩石由太古代（2 500 Ma或更古老）变质岩（片麻岩和结晶片岩）和火成岩组成。由于片麻岩主要是由花岗岩经变质作用形成的，即使考虑到在变质作用过程中铀、钍元素的部分散失，无论从岩石体积、形成时间还是放射性元素含量来看，西伯利亚地台的古老基底仍可视为优质氦源岩，为地台内富氦油气田的形成提供充足的氦源（陈践发等，2021）。

在里菲纪（Riphean）早期（主要为元古代晚期，即 1 650～650 Ma），西伯利亚克拉通基底裂开，裂谷中被巨厚的碎屑岩和碳酸盐岩所充填（USGS，2001）。基底被里菲纪（晚元古代，1 650～650 Ma）和早古生代地层所覆盖，年轻的地层相对较薄（USGS，2001）。文德系（Vendian）—下古生界岩层构成了整个西伯利亚克拉通的地台沉积盖层。文德系（650～570 Ma）岩层下部为石英质砂岩、石英岩和页岩，上部为白云岩和膏盐岩互层。古生界岩层则主要为白云岩、膏盐岩和碎屑岩。纵向上发育的良好储盖组合为西伯利亚地台富氦油气田的形成和保存提供了优良的地质条件。

据王四海等（2013）统计，西伯利亚地台油气田主要分布在地台内的拜基特隆起和涅帕—鲍图奥巴隆起上（图 2-4-4），包括 Yurubcheno-Tokhomskoye 油气田（He：0.18%）、Kovyktinstoye 气田（He：0.26%～0.28%）、Chayandinskoye 油气田（He：

0.43%～0.65%）、Verkhnechonskoye油气田（He：0.13%～0.17%）、Srednebotuobinskoye油气田（He：0.20%～0.67%）和Talakanskoye油气田等，以上油气田储量几乎占整个西伯利亚地台油气储量的85%。该地区油气资源极为丰富，即使按氦气平均含量0.2%计，该地区的氦气资源前景也十分可观（张宇轩等，2022）。

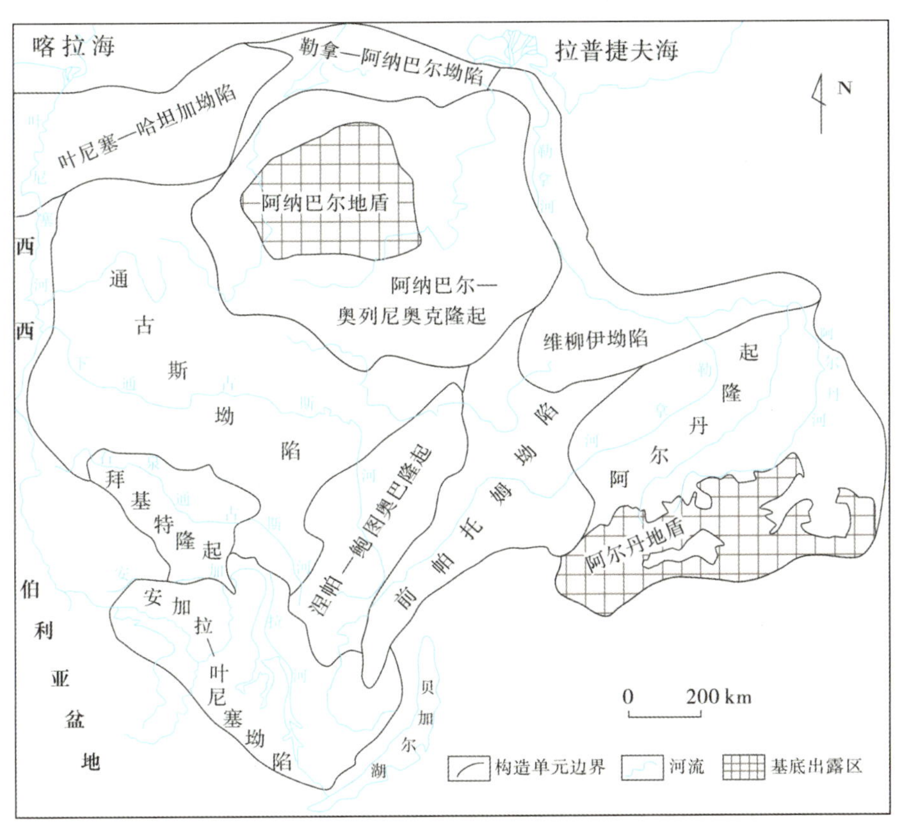

图2-4-4　西伯利亚地台构造分区（陶高强，2012）

俄罗斯的氦气资源潜力巨大，但由于氦气含量相对较低，通常需要在液化天然气的生产过程中，将烃类气体液化后，使液化天然气尾气中氦富集程度大幅增加，才能达到氦气的商业利用价值（陈践发等，2021）。尽管如此，俄罗斯的氦气资源对于国家的能源战略和全球氦气市场都具有重要意义。随着勘探技术的不断进步和市场需求的增长，俄罗斯在氦气资源的开发和利用方面有望取得更多的进展。

三、阿尔及利亚

哈西鲁迈勒气田是阿尔及利亚最大的天然气田，也是世界著名的大气田之一。该气田位于阿尔及尔市南部550 km的撒哈拉沙漠中，处于北纬32°、东经30°，占地面积约为3 500 km²，2019年天然气可采储量为3.48×10^{12} m³，按氦气平均含量0.18%计，其氦气可采储量为$6.26\times10^9\,m^3$，氦气资源十分丰富。阿尔及利亚的氦气来自哈西鲁迈勒气田生产液化天然气的副产品，该气田占阿尔及利亚天然气出口量的60%（贾凌霄等，2022）。

哈西鲁迈勒氦气田位于撒哈拉地台蒂尔赫姆特隆起之上（图2-4-5），是自寒武纪以来构造稳定区域的一部分。前寒武系基底上方是被志留系地层所覆盖的寒武系和奥陶系地层，而三叠系砂岩是覆盖在古生界不整合之上的最古老的中生代岩石，构成了该气田最重要的储层。储层上方厚达1 000多米的三叠纪和侏罗纪盐岩作为良好的区域性盖层，为天然气聚集成藏提供了良好的封盖条件（李争，2009）。

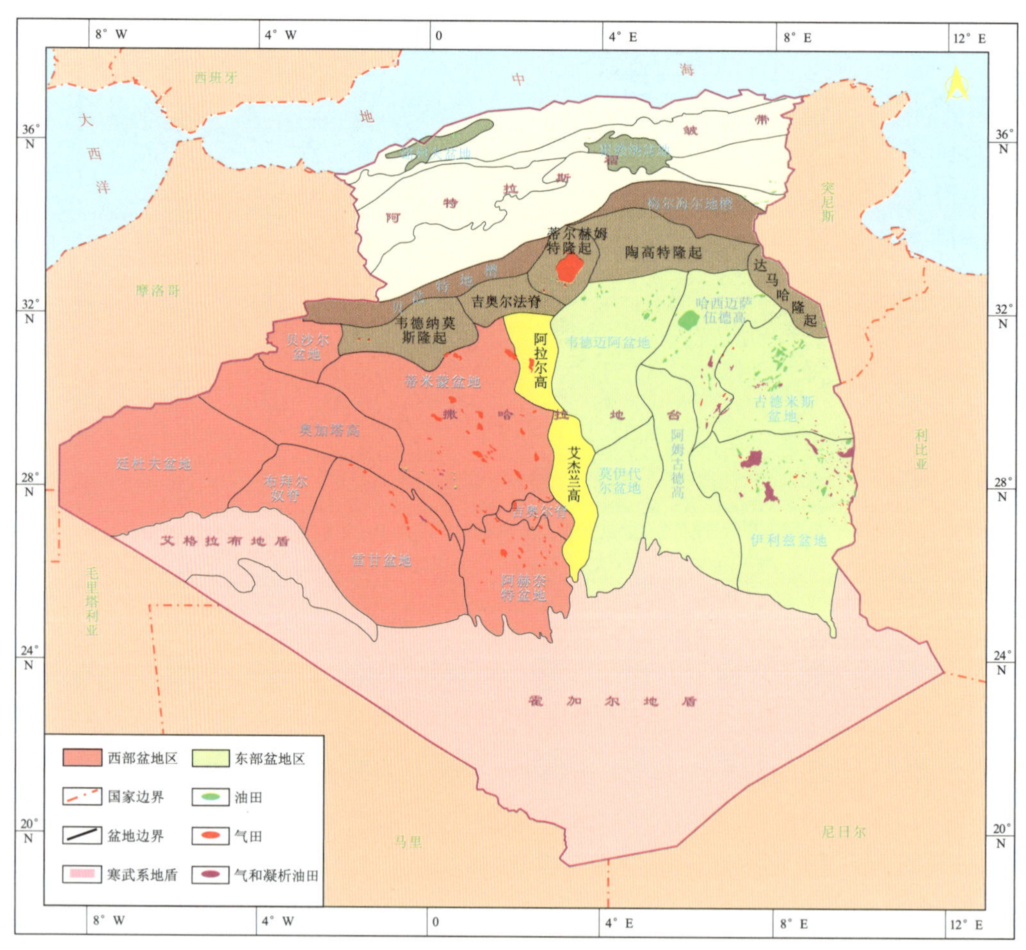

图2-4-5 阿尔及利亚构造单元及油气田分布（刘琼等，2013）

刘凯旋等（2022）通过研究霍加尔地盾的形成过程表明，北非克拉通（撒哈拉地台）前寒武系基底主要分为上、下两部分，下部为太古宙和古元古代麻粒岩相变质岩（2 700 Ma），上部主要为在泛非造山活动（625～580 Ma）时期形成的新元古代花岗岩（552 Ma）和花岗闪长岩（624 Ma）（Liégeois et al.，2003）。同时还测定了前寒武系基底上部花岗岩、花岗闪长岩和片麻岩的微量元素，结果表明岩石中的放射性元素含量较为丰富，其中铀含量为（0.98～5.75）$\times10^{-6}$，平均为2.39$\times10^{-6}$，钍含量为（5.73～32.6）$\times10^{-6}$，平均为20.03$\times10^{-6}$。此外，研究发现北非地区在早志留世由于冰川消融出现海侵，沉积了一套世界级的烃源岩，即志留系底部的富有机质热页岩（*TOC*值最高可达17%），北非地区古生代80%～90%的烃类都来源于这套烃源岩（Lvning et al.，2000；刘凯旋等，2022）。该套富有机质热页岩主要分布在蒂米蒙盆地、韦德迈阿盆地、莫伊代尔盆地、古德米尔斯盆地和伊利兹盆地，在韦德迈阿盆地单层最大厚度可达37 m。蒂尔赫姆隆起周边及基底可提供源源不断的氦气，使得哈西鲁迈勒气田成为富氦气田（图2-4-6）。

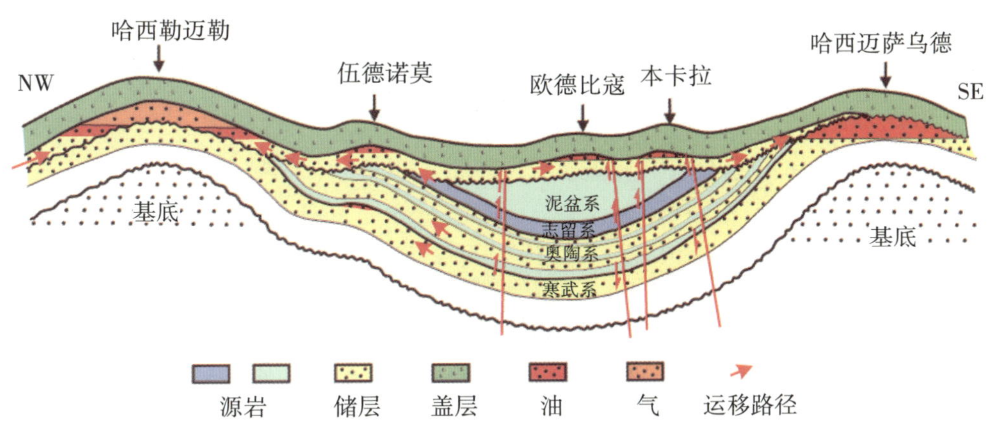

图2-4-6 哈西鲁迈勒气田三叠盆地油气成藏模式示意（李争等，2009）

四、坦桑尼亚

2016年6月28日，英国杜伦大学博士生Danabalan在日本横滨第26届国际地球化学年会报告中称，牛津大学、杜伦大学和挪威氦气勘探公司在坦桑尼亚发现高品质氦气田。会议摘要中提出有5个坦桑尼亚富氦气苗，分别位于3个裂谷中：鲁夸（Rukwa）、埃西亚（Eyasi）及巴兰吉达（Balangida）。这3个裂谷都是稳定克拉通上发育的小型裂谷盆地，裂谷带基底由多个相对稳定的太古代克拉通及周边的活动带组成（Macheyeki et al.，2008；张宇轩等，2022）。其中2个重要的太古代克拉通是赞比亚克拉通和坦桑尼亚克拉通，两者都由副片麻岩和正片麻岩组成，伴有基性和超基性岩。坦桑尼亚克拉通基底主要由片麻岩和不同数量的花岗岩和石英岩组成。花岗岩主要位于克拉通的西北翼，而东南翼以花岗片麻岩和石英岩为主。这3个裂谷的氦气含量在2.7%～10.6%之间；$^{3}He/^{4}He$值在0.039～0.053 Ra之间，主要为壳源；$^{40}Ar/^{36}Ar$值在409.9～548.7之间，高于大气值（295.5）；$^{4}He/^{20}Ne$值在（2.4～8.9）$\times10^{3}$之间，比北美井中水的参与程度高2个数量级，说明地热系统对挥发份运移起重要作用（张宇轩等，2022）。

Ballentine et al.（2017）通过调查，在坦桑尼亚西南部鲁夸地区，发现了氦浓度在2.5%～4.2%之间的天然气。氦气体被储集在砂岩储层中，埋深在0.5～2.5 km的范围内。另外在坦桑尼亚中东部2个地区，Balangida和Eyasi裂谷盆地的温泉气体中包含了更高浓度的氦，高达10.6%（图2-4-7），尽管它们的氦资源量还没有被充分探明。坦桑尼亚克拉通具备古老的花岗岩等氦源、年轻的构造运移、有利的沉积圈闭等富氦条件。断裂带附近发育有很多热泉，气体以氮气（含量达78%～95%）为主，氦气含量及地球化学特征南北有差异：北部显示出典型壳源氦气特征，南部Mbeya三角联合带在靠近火山的区域内地幔流体贡献高，在远离火山的区域内壳源贡献率高（图2-4-8）。总体来说，坦桑尼亚地区壳源氦气贡献越大，氦气含量越高。

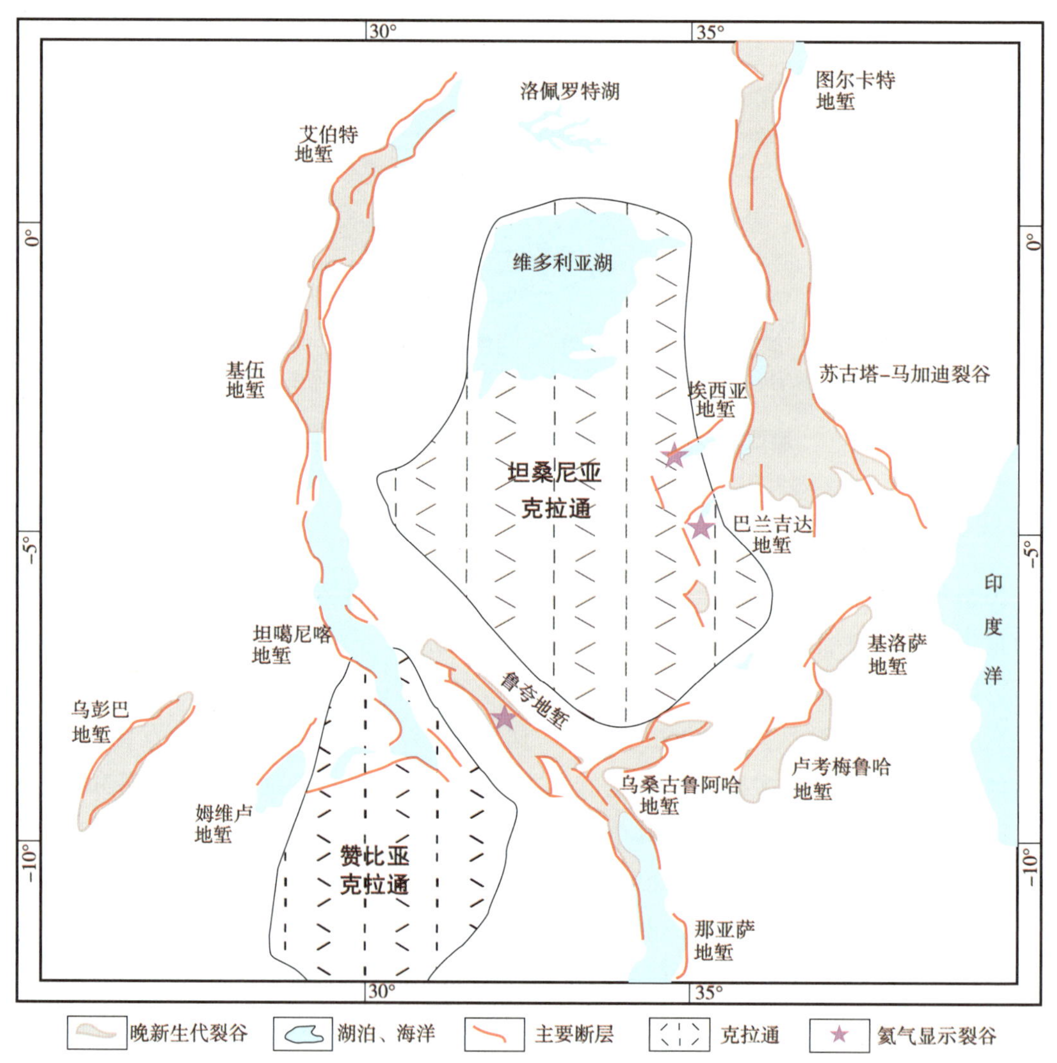

图2-4-7　坦桑尼亚克拉通及裂谷盆地分布（据Macheyeki et al.，2008，修改）

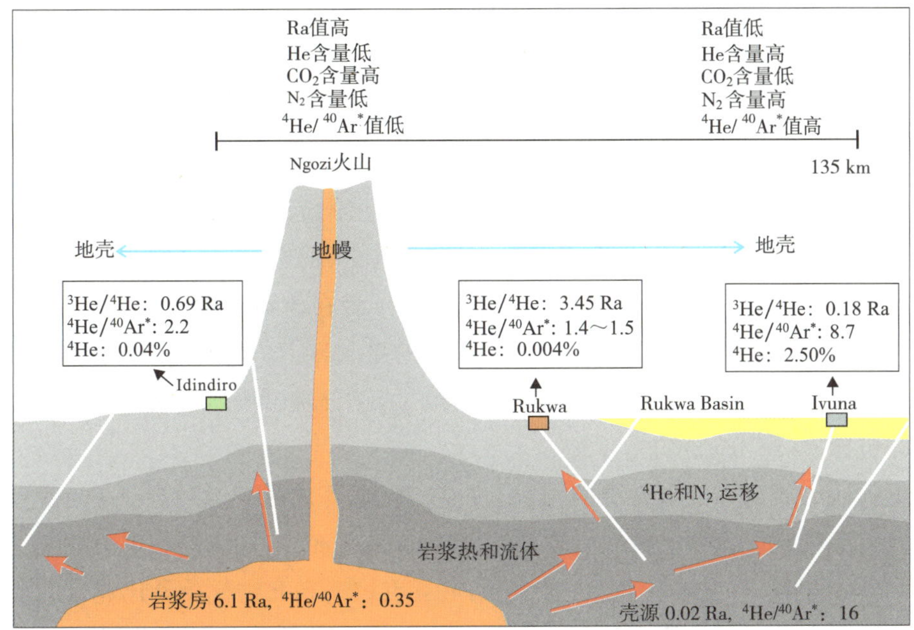

图2-4-8 坦桑尼亚南部 Mbeya 区域壳幔混合特征（张文等，2024）

鲁夸盆地是目前勘探程度最高的盆地之一。鲁夸盆地的潜在烃源岩位于莱克层系（上新统—更新统）和卡鲁超群（二叠系—下三叠统）。在鲁夸盆地，莱克层形成了鲁夸地堑中与现代东非裂谷系新近纪—全新世裂谷作用有关的第三个重要的沉积旋回，鲁夸盆地地堑西北端的样品干酪根类型为Ⅰ型和Ⅱ型，*TOC*含量达4.9%。卡鲁超群中的煤和炭质页岩主要出现在二叠系，地球化学分析表明煤层含5%～7%的镜质体、1%～83%的惰质体和1%～17%的类脂质；全部样品的镜质体反射率R_0的值在0.46%～0.66%之间，*TOC*含量在泥灰岩和砂岩中小于1%，在页岩、泥岩/煤中为1.38%～60%；生烃潜力较差，I_H值一般小于200 mg_{HC}/g_{TOC}，含Ⅲ型干酪根。鲁夸盆地的成熟模拟表明，生油层顶部的埋藏深度在2 000～2 500 m之间，已进入生油门限，但生气潜力较小（Mtili et al.，2021）。

潜在的储集层包括莱克层（上中新统—更新统）中分选良好的交错层理砂岩，其孔隙度达49.6%，渗透率为$25.2×10^{-3}$ μm^2。通常以分选良好的细—中粒砂岩为主，为滨岸带河流沉积，可形成良好的储集层。沿边界断层带分布的沉积扇中的粗粒碎屑岩往往能形成储集层。红色砂岩群（可能属于中侏罗统—古近系）露头和钻井中存在浅黄到白色的石英砂岩，孔隙度和渗透率变化较大，孔隙度为13%～26%，渗透率在（170～390）$×10^{-3}$ μm^{2}之间。孔隙类型属粒间孔（占0%～16%）和粒内孔（占2%～15%）复合型。卡鲁超群（二叠系—下三叠统）露头的卡鲁超群砂岩具有良好的储集层潜力，孔隙度有时大于12%，渗透率最大达1 $320×10^{-3}$ μm^2，平均为$143×10^{-3}$ μm^2（Mulaya et al.，2022）。

潜在的盖层为莱克组，但是由于资料有限，其有效性尚未可知。其中最有可能的是碳酸盐岩和泥岩沉积。另外，由于鲁夸湖在20世纪曾经干涸，因此可能形成现代的薄层蒸发岩，为莱克组较新的储层提供封闭条件。

鲁夸盆地古老的大陆地壳提供了^{4}He的来源。裂谷和相关联的岩浆作用提供了构造和热机制来驱动深层流体循环，驱动主要的基底断层附近的地下水流向近地表，氦在运移的过程中被构造圈闭捕获（张宇轩等，2022）。Ballentine et al.（2017）通过土壤气体地球化学调查（深度1 m，n=1 486），发现超过6个潜在的圈闭构造，其中的5个圈闭的气体化探特点类似一个已知的在1 200 m深度的氦气藏（7% He-Harley Dome，Utah）。在一个地点收集了2天（n=17）的微渗漏气体，能够分辨出浅层气体的贡献，并显示出深层气体包含8%～10%的氦。

北美的研究表明，放射性成因^{4}He是在造山时期释放的，通过对^{20}Ne的研究，表明地下水在氦运移到气藏中发挥了重要作用（Ballentine et al.，2002）。坦桑尼亚的氦含量可能与东非大裂谷（<5 Ma）对太古代坦桑尼亚克拉通和元古代莫桑比克带的加热和破碎有关。高氦气苗的分布说明浅部地壳和深部地壳的联系（贺俊琪等，2023）。由于该地区存在气藏，所以可能有重要的氦气资源。

牛津大学声明他们与杜伦大学和挪威氦气勘探公司共同发现了一种新的氦气勘探方法，结果发现了坦桑尼亚氦气田。Danabalan（2017）认为火山活动为古老岩石中气体的释放提供了热量。如果气藏与火山太近，氦气会被火山气（比如CO_2）稀释，他根据刚从地下冒出的气泡（He和N_2）的成分测定，结合气藏结构的地震图像和氦地球化学性质，计算出裂谷一部分区域的氦气资源量为540亿立方英尺（15.29×10^8 m^3）。

五、卡塔尔

卡塔尔的北方气田（North Field）是全球最大的非伴生天然气田（Qatargas，2021），该气田东北部位于伊朗境内海域，被称为南帕尔斯（South Pars）气田。北方-南帕尔斯（North-South Pars）气田位于亚洲西部波斯湾，地处伊朗和卡塔尔两国之间，横跨卡塔尔海域和伊朗海域，为已知的世界最大的天然气田，也是全球最大的高纯度烃类气田（Konert et al.，2001）。北方-南帕尔斯气田总面积约为9 700 km^2，其中南部6 000 km^{2}位于卡塔尔水域内，被称为北方气田（1971年发现）；其余北部3 700 km^{2}位于伊朗海域内，被称为南帕尔斯气田（1992年发现）（图2-4-9）。该气田的主要产层是上二叠统—下三叠统胡夫组（Khuff）。北方气田和南帕尔斯气田的天然气储量分别为$28.316\,6\times10^{12}$ m^3、$14.203\,6\times10^{12}$ m^3。

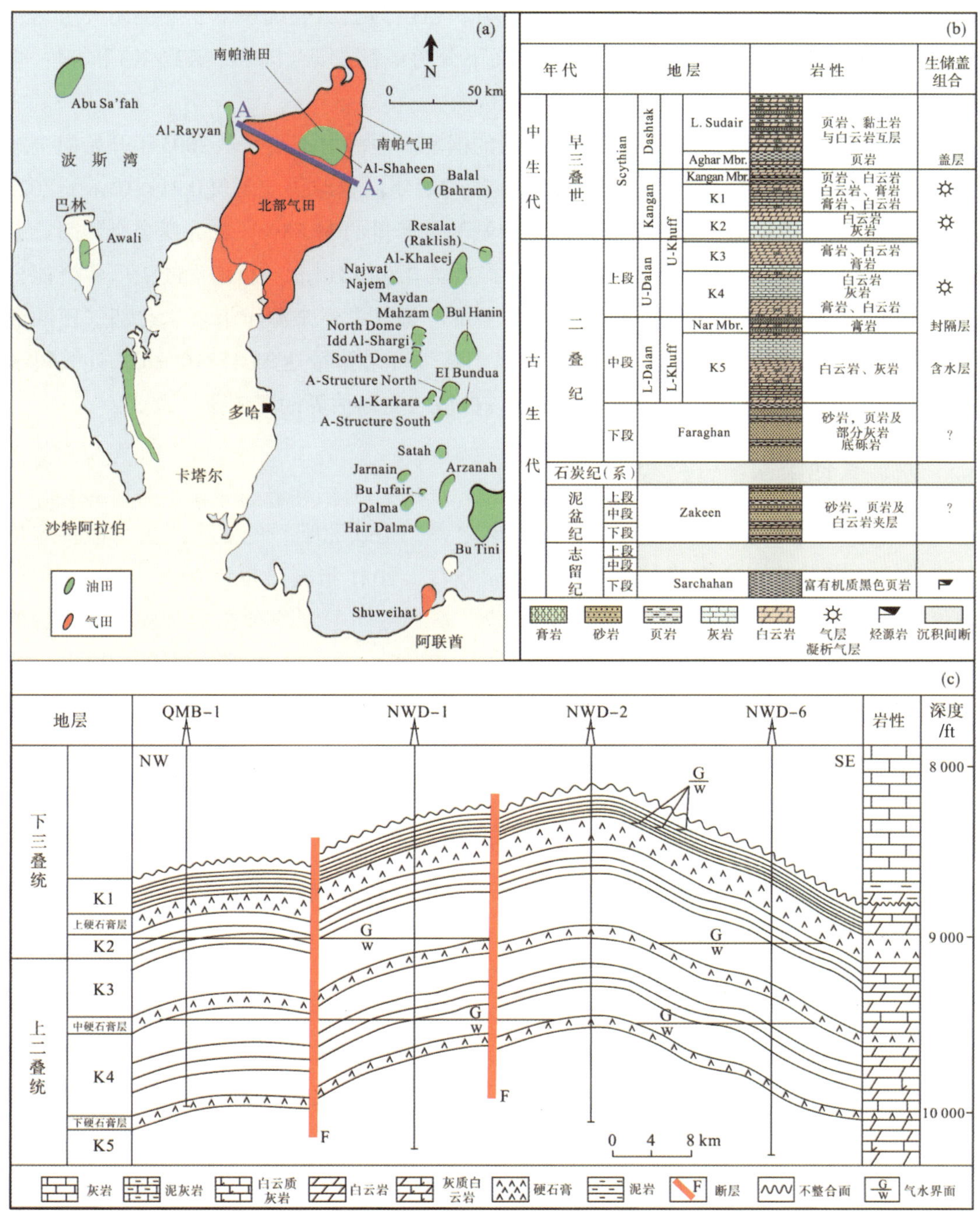

图2-4-9　卡塔尔北方-南帕尔斯气田地质简图及剖面图（张宇轩等，2022）

北方-南帕尔斯气田位于中阿拉伯盆地东部卡塔尔基底隆起之上的巨大低幅穹窿背斜，靠近扎格罗斯山前带。中阿拉伯盆地的基底岩石类型包括片岩、板岩、花岗闪长岩和花岗岩，主要出露在阿拉伯板块的西侧，基底之上发育了寒武纪—新近纪沉积层系

（图2-4-9）。烃源岩为晚志留世富有机质页岩，盖层为上二叠统—下三叠统胡夫组蒸发岩和下三叠统页岩，气田主要产气层自上而下分为4个层段，即Kl、K2、K3和K4（张宇轩等，2022）。

卡塔尔是“氦五国”中最晚开始供应氦的国家，但潜力不小。从2005年开始向全球供应氦气，2006年以后，其产量增长加快，平均每年向全球供应氦气0.21×10^8 m^3。2021年，卡塔尔氦气产量为0.51×10^8 m^3，占全球氦气总产量的31.88%，成为现今全球第二大氦供应国。卡塔尔目前有2个氦气工厂，年产能为0.566×10^8 m^3（新增设的工厂年产能为$0.367\,9\times10^8$ m^3），可以满足全球25%的氦需求量。氦气主要来源于卡塔尔北部气田的液化天然气。气田中氦气含量仅为0.04%，但天然气可采储量达25.47×10^{12} m^3，计算得卡塔尔北部气田中氦气资源量为101×10^8 m^3，该数值与美国估算的资源量一致。

六、其他国家

波兰也是一个较早开发氦气资源的国家之一，是欧洲唯一的氦生产国，但供应量一直较小，近几年氦产量维持在0.02×10^8 m^3左右，2021年氦产量为0.01×10^8 m^3，占全球氦气总产量的0.63%，主要供应欧洲市场。波兰氦气主要分布在东欧板块苏德台单斜外围的奥斯特鲁夫维尔科波尔斯基（Ostrow-Wielko-polski）奥多拉努夫（Odolanów）富氦气田。据波兰地质研究所（Polish Geological Institute）称，目前共发现18个氦气田（表2-4-3），主要位于ZielonaGóra-Rawicz-Odolanów地区的Fore-Sudetic Monocline南部，与Rotliegend、Zechstein石灰岩和Main Dolomite地层有关。仅Trzebusz气田是位于Pomorze扇区西北部，与石炭纪砂岩有关。氦气含量为0.22%～0.42%；氮气含量为30%～40%；氦气储量约为$2\,382\times10^4$ m^3，预测氦气资源量为$3\,468\times10^4$ m^3（张宇轩等，2022）。

加拿大不列颠哥伦比亚省西北部的Slave Point、Jean Marie和Wabamun组气藏中发现有氦气显示，含量为0.04%～0.24%，Horn River组 Evie段的页岩气中也有氦气显示，含量为0.04%。加拿大目前探明的氦气资源通常位于富含氮气的储层中，并伴随着少量的二氧化碳或其他气体，且位于深部圈闭中，提取和液化成本更低，加拿大可能具有非常好的氦气勘探前景（贾凌霄等，2022）。

澳大利亚自2010年以来，林德集团的成员比欧西（BOC）在达尔文一家液化天然气工厂投产，其氦年产量约为400×10^4 m^3，有几个液化天然气出口设施在建或拟建。2021年氦气产量为0.04×10^8 m^3，占全球氦气总产量的2.50%，主要满足澳大利亚、新西兰和亚太地区。此外，其天然气藏在氦提取方面的潜在未开发价值高于澳大利亚在达尔文的唯一商业陆上氦提取设施，因此，澳大利亚增加氦气产量的机会很大（张宇轩等，2022）。

表2-4-3　波兰主要氦气田统计表（张宇轩等，2022）

序号	氦气田	开发阶段	储量/10^4 m^3		产量/10^4 m^3
			A+B	C	
1	Bogdaj-Uciechów	在产	1 065	—	24
2	Brzostowo	废弃	0	—	—
3	Czeszów	在产	90	—	—
4	Dębina	详查	29	—	—
5	Góra	在产	14	—	5
6	GrabówkaE	废弃	8	—	—
7	GrabówkaE	在产	219	—	10
8	GrabówkaE	详查	11	36	—
9	Kulów	详查	5	—	—
10	Naratów	在产	20	—	3
11	Niechlów	在产	7	—	2
12	Pakosław	详查	100	—	—
13	'Slubów	在产	0	—	1
14	Tarchały(d.g.+cz.s.)	在产	421	—	8
15	Trzebusz	在产	—	146	2
16	Wilcze-czerwonyspą.g.	详查	80	72	—
17	Wilków	在产	47	—	14
18	WysockoMałeE	在产	12	—	0
合计			2 128	254	69

第三章　鄂尔多斯盆地区域地质概况

鄂尔多斯盆地又称陕甘宁盆地，位于我国中部，地跨陕、甘、宁、晋、蒙五省(区)，总面积为37万平方千米，为我国陆上第二大沉积盆地，是我国最为重要的大型能源盆地之一。其构造位置特殊，形成演化与成因机制较为复杂，总体表现为多演化阶段、多构造体制、多沉积体系、多原型盆地叠加的复合克拉通盆地特点。本章从区域构造背景、主要演化阶段、构造单元划分、基底结构—构造特征及形成演化4个方面进行阐述。

第一节　区域构造背景

构造位置上，鄂尔多斯地区位于华北板块西南部。盆地南部隔新生代渭河盆地与秦岭造山带相接；西隔新生代宁南盆地、银川盆地，从南至北分别与北祁连造山带东部、六盘山—河西走廊过渡带、贺兰山毗邻；北缘隔河套盆地与阴山造山带相邻，东缘以吕梁山为界（图3-1-1），呈现出相对稳定的盆地内部四周被活动的山体和地堑系所环绕的构造格局。

一、秦岭造山带

鄂尔多斯盆地的南部边界紧邻秦岭造山带，这是一个经历了长期且多次的构造活动而形成的复合型大陆造山带。秦岭造山带的形成与演化可以划分为3个主要的构造演化阶段（赵俊峰，2007）：第一阶段为晚太古代至古元古代，是造山带前寒武纪基底的形成与演化阶段；第二阶段为新元古代至中三叠世，这一时期是以现代板块构造体制为特征进行板块构造演化的；第三阶段为中新生代，是陆内造山作用与构造演化的阶段。在早古生代期间，华北克拉通的南部边缘以及秦岭造山带经历了数个重要的构造事件。特别是在寒武纪，商丹洋向北俯冲至北秦岭陆块之下，形成了位于华北克拉通与北秦岭之间的二郎坪弧后盆地。进入奥陶纪至志留纪，商丹洋的持续俯冲最终导致了其闭合，进而引发了二郎坪弧后盆地的消亡（图3-1-2）。

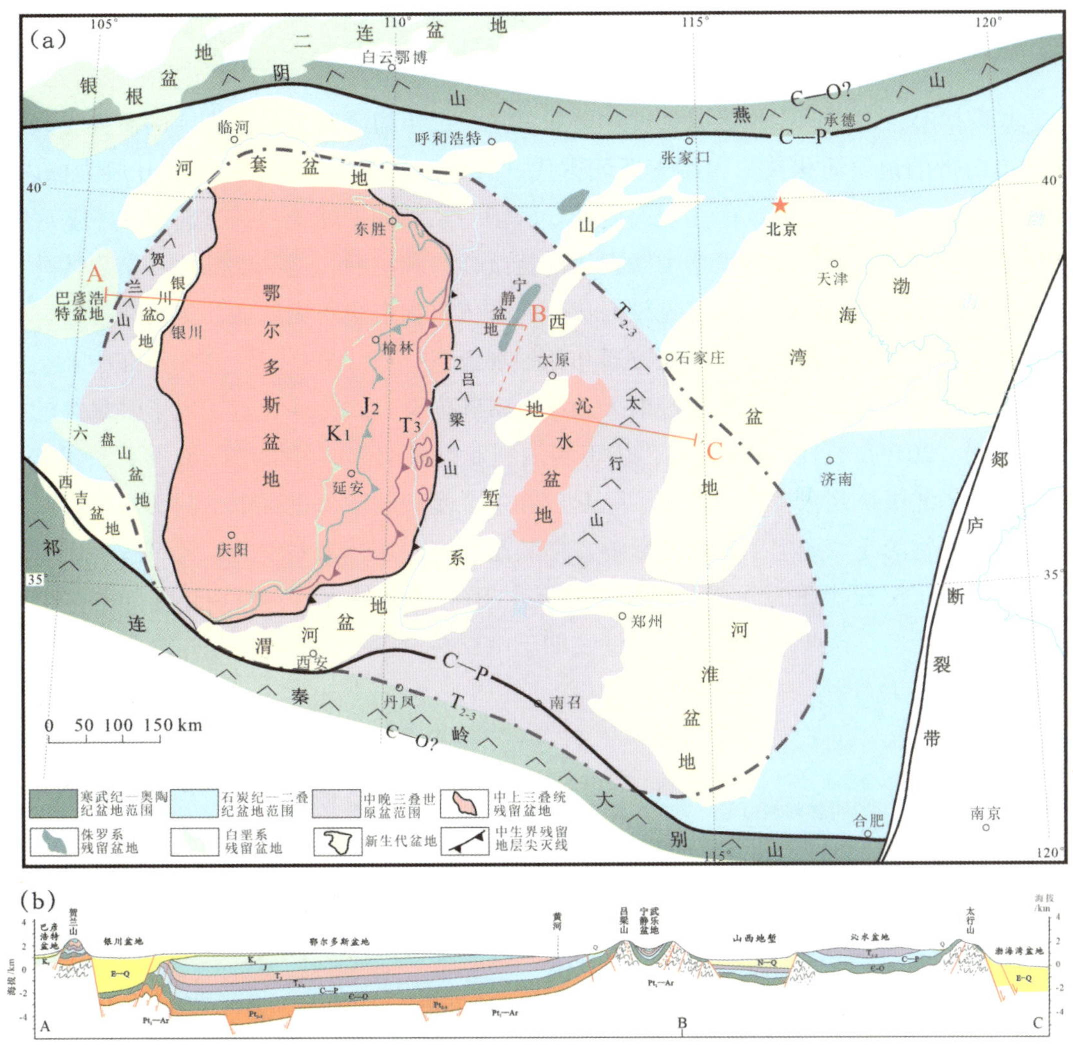

图3-1-1 鄂尔多斯叠合盆地与今残留盆地及不同世代盆地分布范围（a）和东西向区域剖面（b）（刘池洋等，2021）

二、北祁连造山带

自古生代以来，北祁连山地区的大地构造演化过程极为复杂。在中寒武世早期，统一的中国古陆因陆内裂谷作用而发生裂解，进而在中寒武世中晚期形成了北祁连洋。随后，在晚寒武世，该洋盆经历了转化，最终成为残留海盆。进入早奥陶世，北祁连地区经历了第二次拉张，遭受了第二次大洋化过程，并在中奥陶世形成了一个具有沟弧盆体系的成熟大洋（贾立民，2014）。到晚奥陶世，洋盆再次转化为残留海盆，并在晚奥陶世末期发生了碰撞造山作用（图3-1-3）。进入晚古生代，该地区转变为一个构造稳定的陆相沉积环境。从中生代开始，北祁连山地区经历了多期次的构造变动和剥蚀夷平过程。

三、兴蒙褶皱带南部

兴蒙褶皱带南部阴山地区紧邻鄂尔多斯盆地北部伊盟隆起。根据先前的研究，兴蒙褶皱造山带的地质演化被认为始于新元古代，大约1.0 Ga，以古亚洲洋的开放为标志。在古生代，古亚洲洋的持续南北双向俯冲导致了一系列的微陆块（拥有前寒武纪基底）、岛弧、部分洋壳以及大陆边缘增生杂岩体的持续碰撞和拼贴，这些微陆块和杂岩体分别在克拉通的南北两侧累积。南部克拉通从西向东依次为塔里木克拉通和华北克拉通，而北部克拉通从西向东依次为东欧克拉通和西伯利亚克拉通。最终，古亚洲洋在中亚造山带的南部边缘，自西向东依次通过南天山缝合带和内蒙古索伦缝合带完成了其最终的拼合（周海，2019）。自晚古生代起，位于西伯利亚板块南部的阴山造山带由于消减作用而逐渐与华北板块北缘拼接，形成了隆起。在这个漫长的造山过程中，阴山造山带对盆地北部沉积物的充填产生了持续的影响，尤其是在海西期，为盆地的碎屑沉积提供了物源，并决定了沉积物质的分布特征（王涛等，2014）。此外，这一时期还伴随着多期的岩浆和火山活动，这些活动在早石炭世晚期至中二叠世以及二叠纪末至三叠纪期间尤为显著（图3-1-4）。

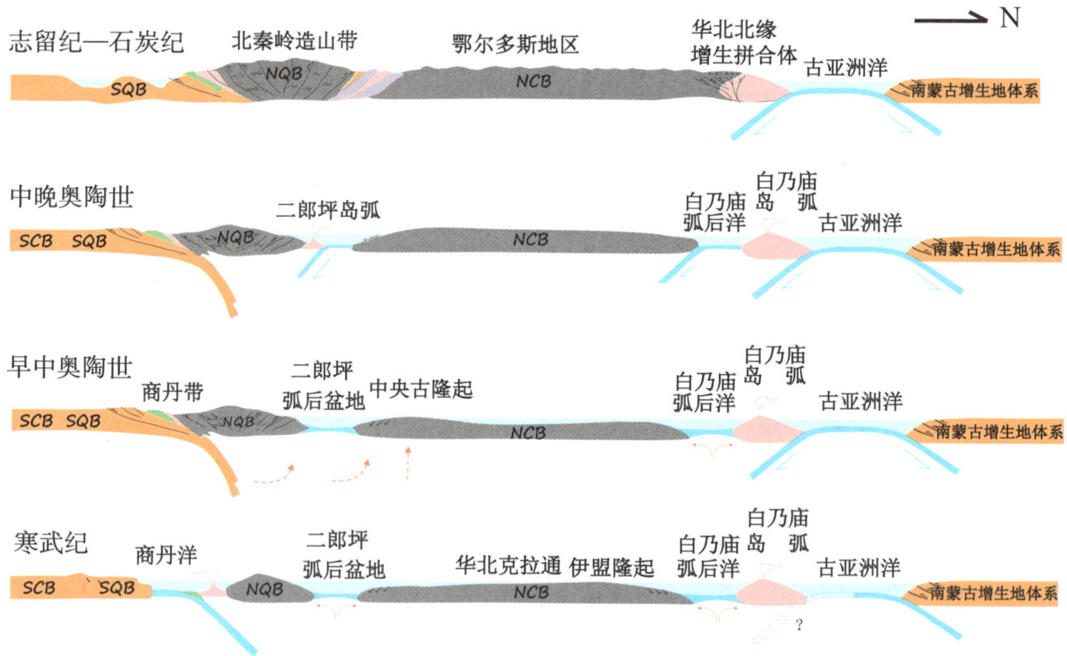

图3-1-2 秦岭造山带演化示意（Dong et al.，2011）

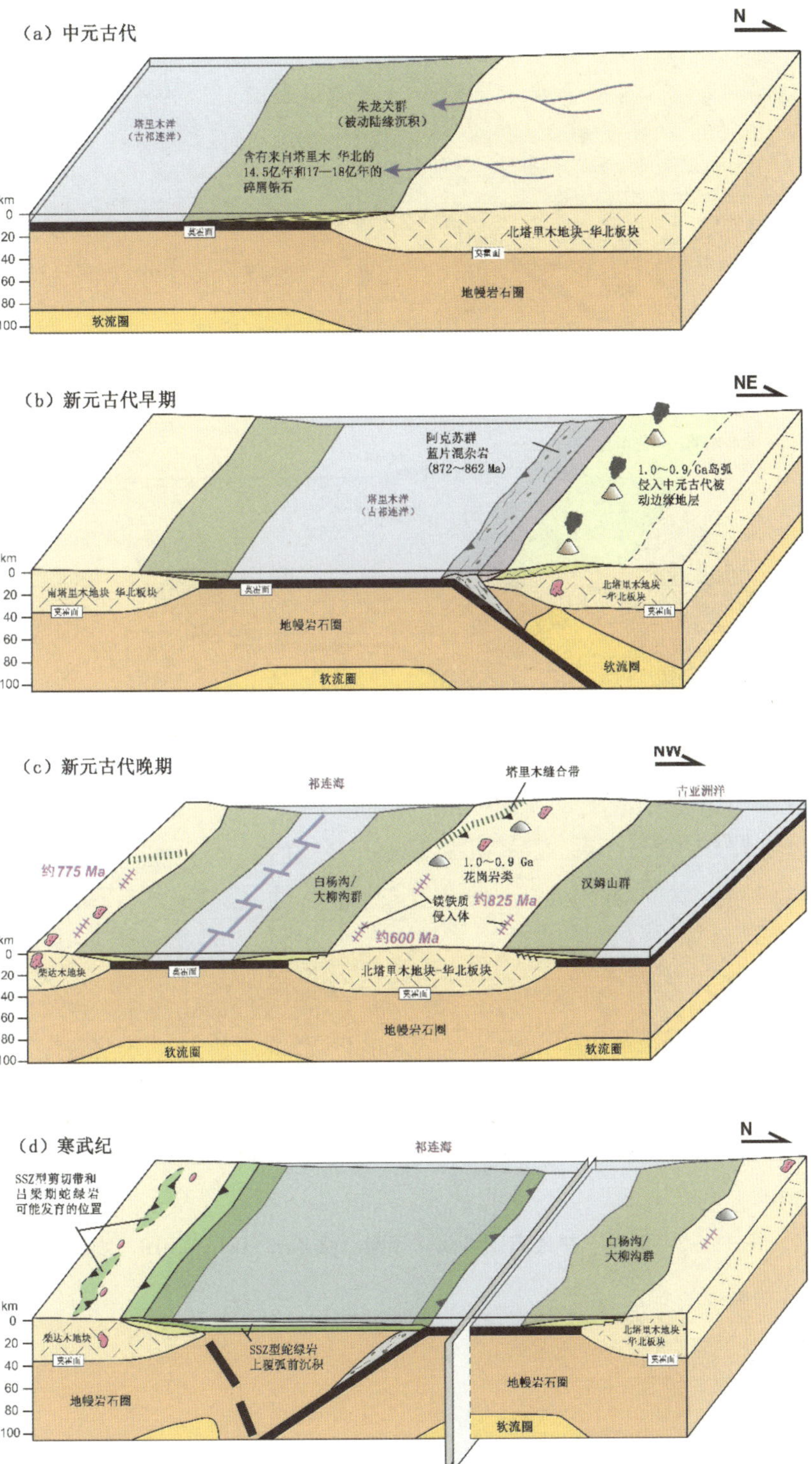

图3-1-3　祁连造山带演化示意（据Zuza et al.，2018，修改）

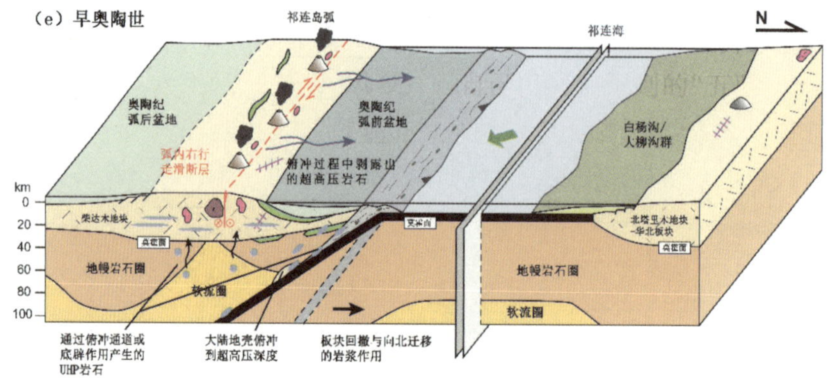

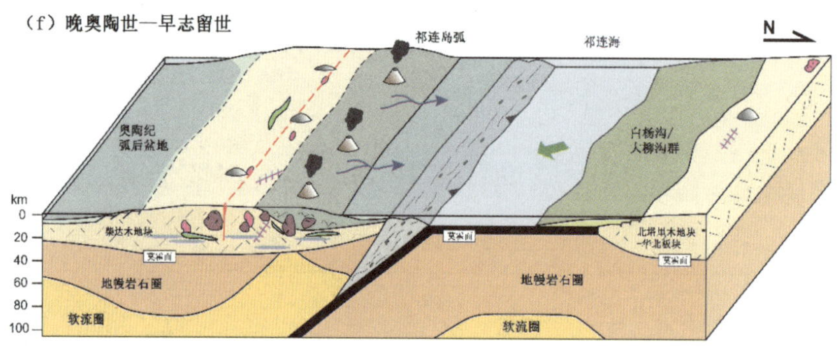

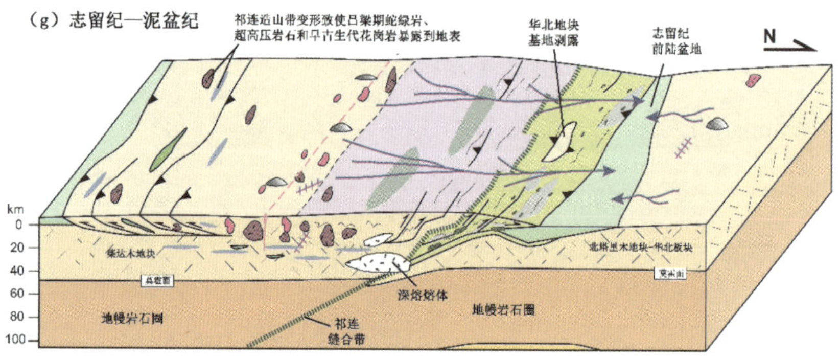

图3-1-3（续） 祁连造山带演化示意（据Zuza et al.，2018，修改）

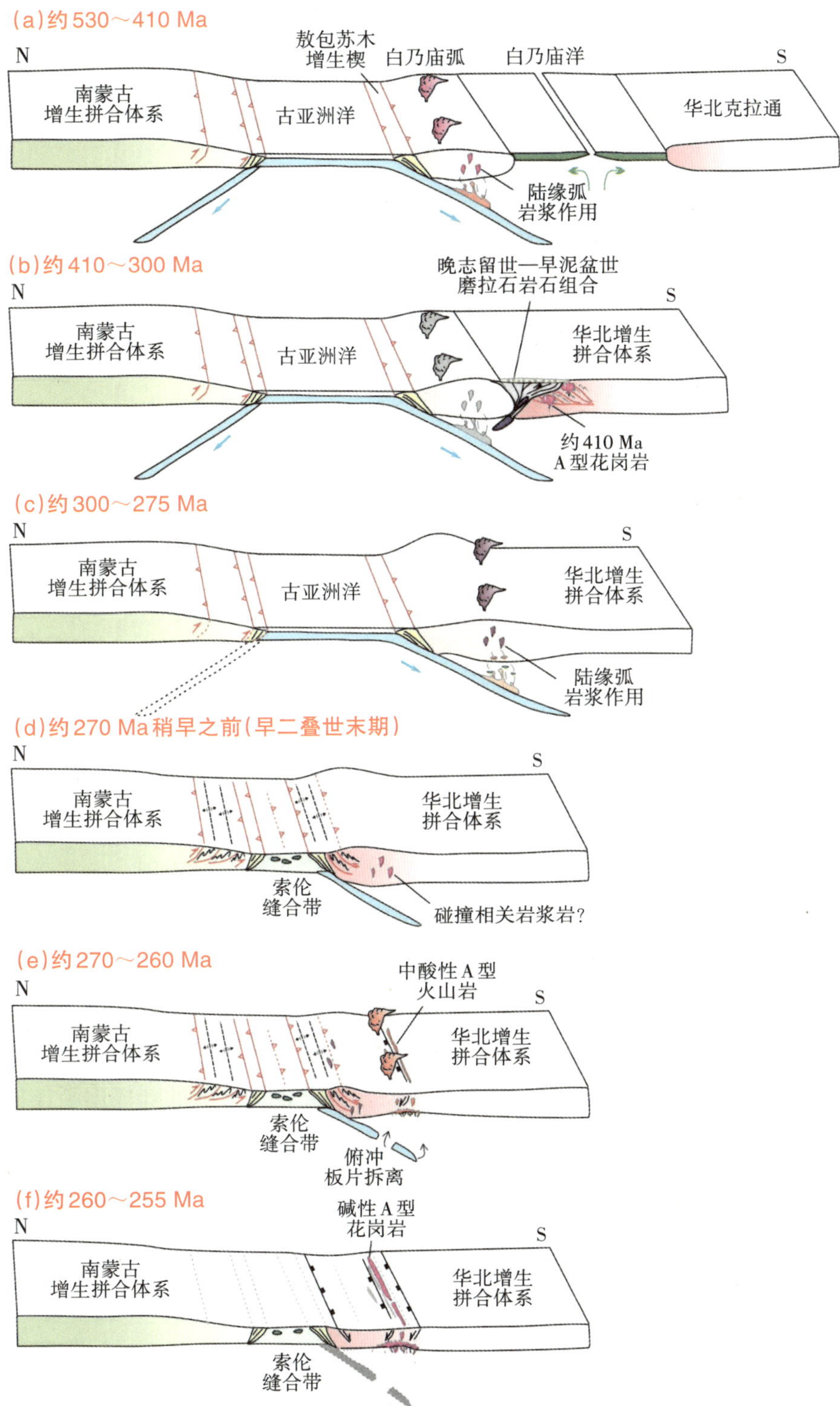

图3-1-4　兴蒙造山带演化示意（周海，2019）

第二节　鄂尔多斯盆地主要演化阶段

鄂尔多斯盆地是一个典型的多旋回克拉通盆地，其地质发展和构造演化过程具有明显的阶段性特征。自太古宙基底形成以来，该盆地的沉积—构造演化历程可以划分为以下5个主要阶段（杨俊杰，2002；王建强，2010）：中晚元古代坳拉谷、早古生代浅海台地、晚古生代克拉通坳陷、中生代内陆坳陷和新生代周缘断陷。

一、鄂尔多斯盆地太古宙基底演化

鄂尔多斯盆地的基底形成于太古宙至古元古代，与华北地块的基底年代一致，是经过多期构造运动的累积作用而最终形成的（Xu et al.，2013；吴素娟等，2015；包洪平等，2019）。在早—中太古代期间，北东向裂陷槽的发展对鄂尔多斯地区后期裂陷的演化以及鄂尔多斯古陆的最终形成起到了控制作用（邸领军，2004）。在晚太古代早期，北东—南西方向的长条形微陆核两侧，多期裂陷的形成受到微陆核的显著影响，其总体展布方向呈现北东向（马明，2020）。随着地壳运动的进一步发展，微陆核与新拼贴的部分共同构成了一个统一的运动体系。因此，在原始微陆核的两侧，多期的裂陷—火山喷溢—沉积固结—拼贴过程不断发生，导致原始古陆核持续扩大，并最终形成了一个相对稳定的陆块。北东向的古陆核是鄂尔多斯盆地北东向构造格局的内在成因，并对本区后期沉积盖层的发展演化以及构造格局的展布施加了显著的控制作用，尤其是在中新元古界的展布上表现得尤为明显，这反映了固化基底对沉积盖层的控制作用（马明，2020）。

鄂尔多斯地区主要由变质基底和沉积盖层构成。在中太古代末期，迁西运动的发生致使华北地区经历了强烈的变质作用，主要表现为角闪岩相的变质作用以及以钠质花岗岩为主的岩浆活动。到了晚太古代，阜平运动促使华北地区分散的陆核逐渐连接，华北地块的轮廓开始显现。同时，太古代地层遭受了强烈的褶皱变形，形成了以轴向北西西弯窿状为主的构造形态，形变主要表现为塑性，钠交代作用显著，地壳增厚，深部活动相对减弱，标志着古陆核的形成（张小龙，2015；田刚，2017）。

二、中晚元古代坳拉谷

自中元古代长城期起，鄂尔多斯盆地的沉积盖层开始形成。在早期，沉积盖层主要由海相沉积物组成，而到了晚期，沉积物类型逐渐转变为陆相沉积。在晚太古代，五台运动的发生标志着华北板块的解体，北东向断裂带的发育促成了陕、晋地槽的形成。到了早元古代末期，吕梁运动导致盆地基底的固结和外扩，鄂尔多斯地区开始进入一个稳定的结晶基底阶段，这标志着基底演化阶段的结束（田刚，2017）。

进入中元古代，鄂尔多斯地区迎来了稳定的沉积阶段。在吕梁运动所固结的变质结晶基底之上，形成了第一套沉积盖层。中元古界的岩石主要由火山碎屑岩、碎屑岩和碳酸盐岩组成（张小龙，2015）；而新元古界的岩石主要由炭质板岩、冰碛砾岩、泥岩和泥质板岩构成。在元古界的地层序列中，自下而上依次排列为：中元古界长城系、中元古界蓟县系、新元古界震旦系。

三、早古生代浅海台地

在早古生代时期，鄂尔多斯盆地的南侧以宝鸡—洛南断裂为界，与秦岭海槽相接；北部则以内蒙古陆块与兴蒙加里东海槽相隔；西侧以青铜峡—固原断裂为界，与祁连海槽相邻；而西北侧则存在继承性的活动性贺兰坳拉槽。在这一时期，鄂尔多斯盆地主体地区主要沉积了厚度在400～1 000 m之间的浅海台地相碳酸盐岩（赵俊峰，2007）。在其西南缘，由于秦岭、祁连海槽的倾斜陆架作用，沉积了厚度接近4 500 m的岩石序列，包括碳酸盐岩、海相碎屑岩、深水重力流沉积物以及深水盆地页岩等。

四、晚古生代克拉通坳陷

华北古陆块在震旦纪至早古生代期间，曾经拥有广阔的陆表海沉积环境。然而，随着加里东造山运动的影响，这一沉积环境最终消失。随后，该地区经历了长期的抬升和侵蚀夷平过程。从晚石炭世开始，华北克拉通地区又发生了沉降作用，标志着坳陷盆地的沉积演化过程的开始。因此，在鄂尔多斯盆地的晚石炭世—早三叠世期间，沉积物主要表现为海陆过渡相的特征。

在石炭系—二叠系的沉积时期，鄂尔多斯盆地整体上保持了相对稳定的状态，接受了一系列连续的沉积作用。在盆地的南北两端，由于构造抬升的影响，形成了局部的角度不整合面，这表明了构造活动对沉积作用的影响及其在地质历史中的记录。

五、中生代内陆坳陷

在中晚三叠世，由于古特提斯洋（勉略洋）的闭合作用，鄂尔多斯地区的海水完全退去，导致该地区由海相沉积环境转变为内陆坳陷的河湖相沉积环境。至中三叠世晚期，华北克拉通开始出现北北东向的大型构造格局，其中东部隆起和西部坳陷特征明显。东部隆起区域在上三叠统的沉积上出现了大面积的缺失；而西部坳陷区域，即鄂尔多斯盆地，则广泛接受了晚三叠世的沉积，标志着盆地进入了鼎盛的发育时期（刘池洋等，2006）。三叠纪末期，盆地整体经历了不均匀的抬升，导致了早侏罗世区域沉积的缺失，同时延长组顶部遭受了较为强烈的剥蚀作用，形成了高低起伏、交错有序的沟壑、洼地、坡地、台阶地、塬地和丘陵等侵蚀地貌。这种地貌的区域分布呈现出西南强、中北弱的特点，为上覆侏罗系古地貌油藏的形成提供了基础条件。

进入早侏罗世晚期，受古太平洋板块开始向新生的亚洲板块斜向俯冲的影响，盆地东部呈现向西掀斜隆升态势，鄂尔多斯盆地的沉积特征由南北分异转变为东西分异。到了晚侏罗世，由于特提斯、西伯利亚、阿拉善板块的汇聚导致的强烈挤压作用，盆地西缘发生了强烈的逆冲推覆构造活动，而东部则抬升并遭受剥蚀，地层厚度自西向东急剧减薄。进入早白垩世，盆地处于弱伸展构造环境，西部继续逆冲，东部持续抬升（图3-2-1）。直至晚白垩世，全区仍处于持续隆起状态，剥蚀作用增强，盆地开始进入大规模剥蚀阶段（刘池洋等，2006；田刚，2017）。

六、新生代周缘断陷

在喜马拉雅期，由于新特提斯板块向东的挤压作用以及太平洋板块向西的俯冲作用，鄂尔多斯盆地整体处于抬升阶段。这一抬升过程与中国东部强烈的伸展裂陷和断陷盆地的发育大致同步。从始新世早中期开始，鄂尔多斯盆地边缘的裂陷开始解体，河套、渭河、银川地堑内形成了次级断陷［图3-2-2（a)］。随着边缘裂陷的沉降，盆地的主体部分呈现出东隆西降式的快速差异抬升（刘池洋等，2006；田刚，2017）。在盆地的中东部，大范围出现沉积缺失并遭受强烈的剥蚀。

到了古近纪末期，区域的地球动力学环境转变为以挤压应力为主，导致鄂尔多斯地块及其周边的地堑和山系普遍抬升，并遭受剥蚀。中新世初期，各周缘地堑盆地再次沉降，先前分隔的断陷和断隆地区均发生沉陷，沉积范围显著扩展，广泛接受沉积［图3-2-2（b)］。中新世晚期，鄂尔多斯盆地持续了超过2亿年的东隆西降格局发生反转，地表的隆起和坳陷位置发生变化。盆地东部开始沉降，广泛接受沉积，以剥蚀为主的改造过程结束（刘池洋等，2006）。

进入上新世，构造活动强度逐渐增强，红土准高原开始发育。到了第四纪，基本继承了上新世的构造格局，鄂尔多斯地块持续发生幕式的差异抬升，黄土高原和黄河水系在这一阶段形成并发育。

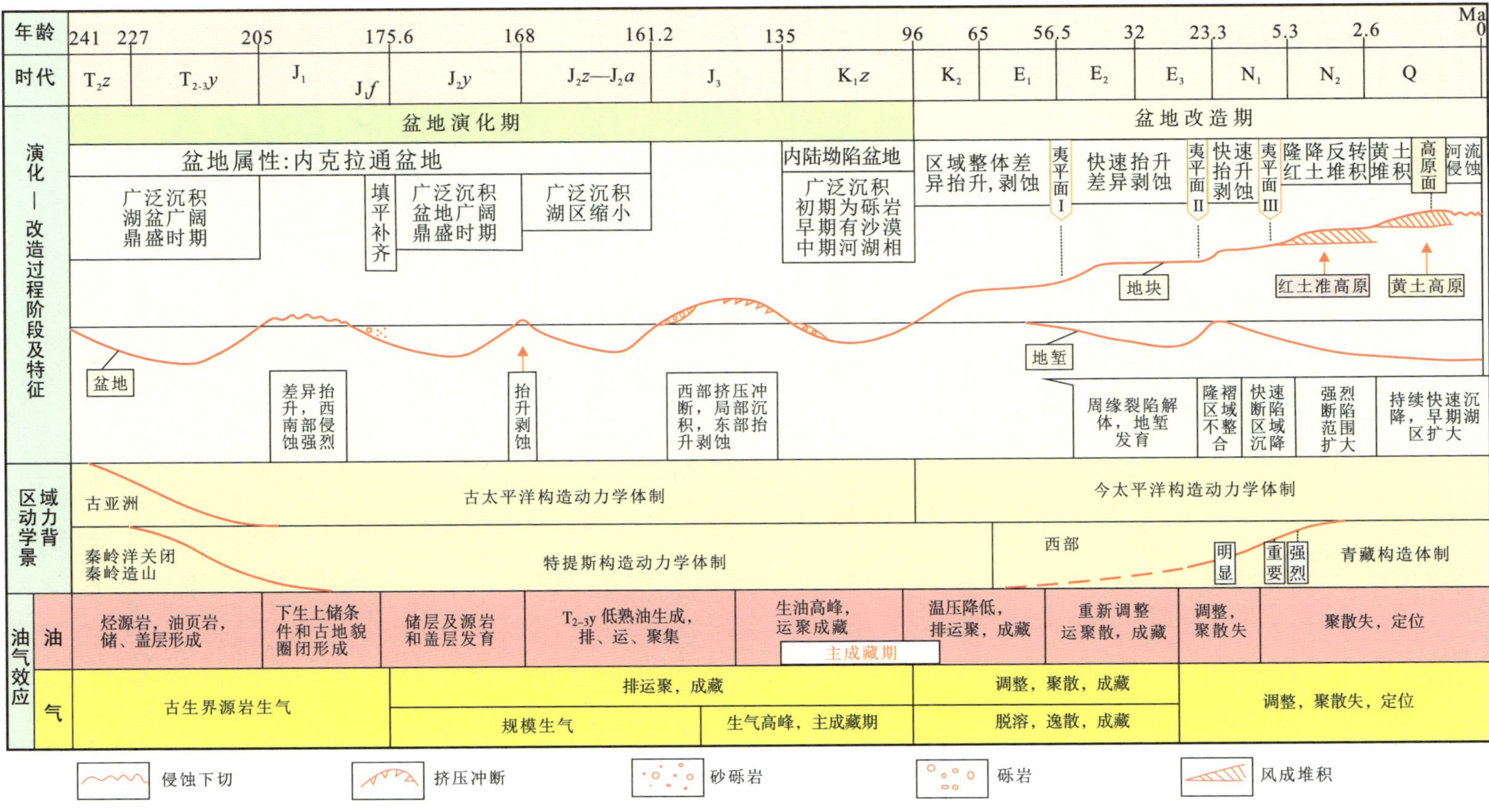

图 3-2-1　鄂尔多斯盆地中新生代演化—改造示意（刘池洋等，2006）

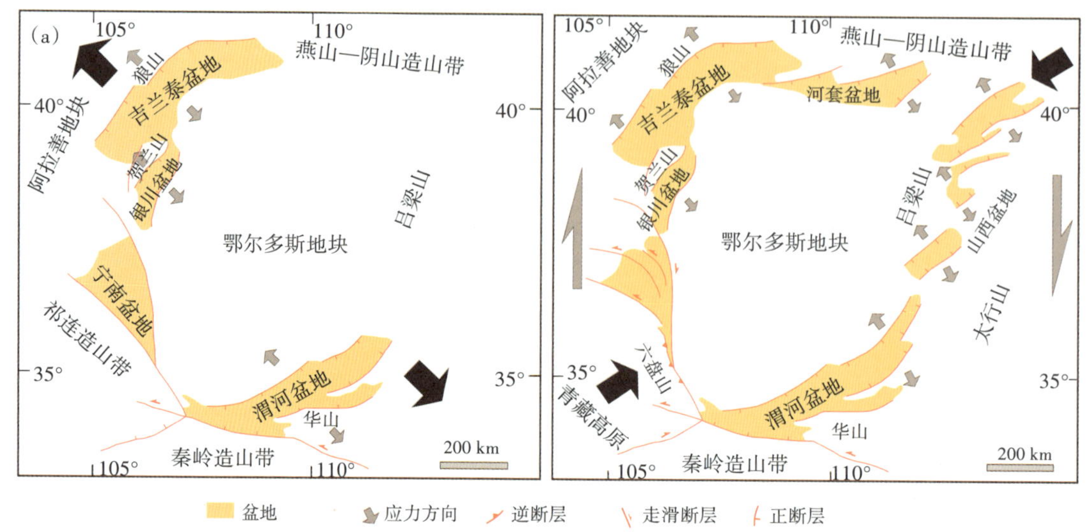

图3-2-2　鄂尔多斯盆地新生代周缘裂陷演化示意（据Shi et al.，2020）

第三节　鄂尔多斯盆地构造单元划分

构造单元的划分是理解区域构造演化的关键。在鄂尔多斯地区，经过广泛地研究，学者们已经对该地区的构造单元划分达成了较为统一的认识。目前，可以根据基底性质、盖层组合特征以及构造变形特征等标准，将鄂尔多斯地区划分为6个主要的构造单元：伊盟隆起、西缘逆冲带、天环坳陷、渭北隆起、晋西挠褶带和伊陕斜坡（图3-3-1）。

一、伊盟隆起

伊盟隆起位于盆地最北部，呈东西走向，北与河套盆地、阴山造山带相邻，南至鄂托克旗—鄂尔多斯一线，东西长为200～300 km，南北宽约为150 km（马明，2020）。该构造单元位于中国东部稳定区与西部活动区的过渡地带，与秦祁活动带和阴山造山带相邻。伊盟隆起的地质形态表现为北高南低、东高西低，构成一个向西南倾斜的单斜构造，其基底主要由太古宇和元古宇的岩石组成。在中—新生代期间，伊盟隆起经历了多期次的构造变动和热事件，这些地质活动对天然气的生成、运聚和成藏产生了重要影响。特别是，伊盟隆起的构造演化与区域动力学环境紧密相连，与其北侧的河套新生代断陷盆地及大青山相互作用，共同构成统一的区域构造演化环境和深部动力学背景（邓昆，2008；乔建新，2013）。

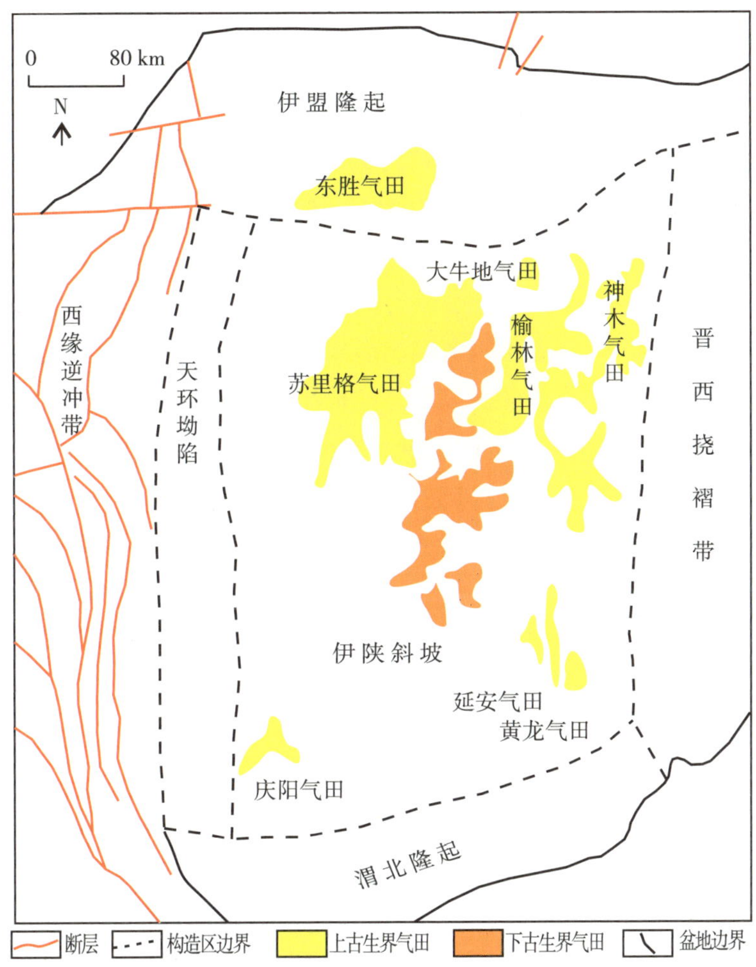

图 3-3-1　鄂尔多斯盆地构造单元划分及气田分布位置（高宇等，2023）

近年来，对伊盟隆起，特别是东胜气田的研究表明，该区域存在特大富氦气田（图3-3-1）。东胜气田的天然气样品中氦气平均含量为0.133%，部分样品氦气含量不小于0.1%，探明氦气地质储量约为1.96×10^{8} m^{3}，标志着我国首个特大致密砂岩型富氦天然气藏的发现（彭威龙等，2022）。氦气同位素组成分析表明，东胜气田中的氦气为壳源成因，源岩可能为基底富含铀、钍的花岗质岩石。此外，鄂尔多斯盆地北部的伊盟隆起构造单元上发育一定规模的铀矿床，这些铀矿主要赋存于侏罗系砂岩中，为沉积型铀矿。沉积型铀矿的发育指示了盆地北缘剥蚀区岩石中可能存在氦气生成的有利条件。

综合地质特征与氦气资源潜力，伊盟隆起不仅是鄂尔多斯盆地内天然气富集区的重要控制因素，也是我国氦气资源勘探的重要目标区域。其地质构造的复杂性、演化历程的多阶段性以及氦气资源的丰富性，为油气地质学、地球化学以及能源勘探领域提供了丰富的研究素材，展示了良好的勘探前景。

二、西缘逆冲带

西缘逆冲带（图3-3-1）作为鄂尔多斯盆地西部的一个关键地质构造，其地质特征主要表现为一系列逆冲推覆构造，这些构造由下古生界和中生界2套变形组成，构成了一个大型的双冲构造系统（张进等，2004）。该构造带在平面上呈现出凹凸展布，反映了构造带南北两部分之间的分化，其中北段活动时间短，主要形成于晚侏罗世，而南段活动时间长，从晚三叠世就已经开始活动。

逆冲推覆构造对含油气盆地有效圈闭形成、源储体系配置影响明显，且其形成时限及演化过程对油气勘探具有重要意义。逆冲推覆构造的发育，尤其是桌子山段、贺兰山中北部、银川地堑地区和横山堡段，以及贺兰山南部、马家滩段和沙井子段的构造活动，为氦气等流体矿产的迁移、聚集和保存提供了有利条件。

氦气资源的分布通常与地质构造活动密切相关，尤其是那些能够促进流体迁移的构造，如断层、裂缝系统等。西缘逆冲带的逆冲断层可能作为氦气迁移的通道，而推覆体可能作为氦气的源岩或封盖层。此外，逆冲带中的构造隆升剥露作用可能促进了氦气从深部向地表的迁移，增加了氦气资源的勘探潜力。

三、天环坳陷

天环坳陷位于伊盟隆起的北部，与西缘逆冲带相邻，东部与伊陕斜坡相接，北部边界为渭北隆起（图3-3-1）。该地质构造呈南北走向，南北延伸约为500 km，东西宽度约为60 km，形成一条带状分布的地质单元。由于其独特的构造位置，介于强烈变形的西缘逆冲带与相对稳定的伊陕斜坡之间，因此其构造位置在地质历史上经历了显著迁移。自古生代以来，构造位置向东迁移了约30 km（李相博等，2010），这一迁移过程可能与区域构造应力场的变化密切相关。地层水的地球化学特征，包括其pH值、总矿化度、阴阳离子组成等参数，为氦气在地层中的迁移路径和富集区域提供了重要信息（杨振等，2020）。此外，天环坳陷的烃源岩经历了复杂的成熟演化过程，其生烃强度和气水分布关系复杂，可能为氦气资源的勘探提供了重要线索。北部地区的上古生界地层发育了多组系、多规模、具有不同力学性质的构造裂缝系统，这些裂缝系统是控制天然气垂向运移的主要通道（刘新社等，2017），对气水分布具有重要影响，并且可能指示氦气资源的富集区域。目前，天环坳陷的构造形态总体上表现为西侧陡峭、东侧平缓的坳陷特征。

四、渭北隆起

渭北隆起位于盆地的南缘，与南部渭河地堑相邻接，其北部边界横跨天环坳陷和伊陕斜坡，向西延伸至西缘逆冲带，东界为晋西挠褶带（图3-3-1）。渭北隆起的地质特征表现为显著的新构造活动，包括但不限于断裂构造、岩浆活动以及与之相关的隆升剥蚀作用。特别是该区域的断裂系统，如秦岭北缘断裂、渭河断裂以及临潼—长安断裂，不仅控制了渭河盆地的沉积格局，而且对氦气等矿产资源的分布具有显著的控制作用（杨鹏等，2018）。此外，渭北隆起区域的岩浆岩体，尤其是多期次的二长花岗岩，为氦气资源的富集提供了可能的源岩和储集空间（张文等，2018，2020）。

关于氦气资源潜力，渭河盆地南部的氦气资源主要分布在宝鸡—周至—长安—渭南—潼关一带，其中咸阳、周至、长安、蓝田、华阴等地区表现出较高的氦气含量。这些地区的氦气资源分布与区域断裂系统和岩浆岩体的分布密切相关，表明渭北隆起及其周边区域的地质构造活动对氦气资源的富集起到了关键作用（张福礼等，2012；李玉宏等，2016；张阳等，2016）。氦气资源的勘探与开发，需综合考虑渭北隆起的地质构造演化、岩浆岩的分布特征以及断裂系统的控制作用。

五、晋西挠褶带

晋西挠褶带作为盆地东部的构造单元，其地理位置与伊陕斜坡相邻，东侧与吕梁造山带相接，北部边界为河套盆地，而南部则延伸至渭河盆地（图3-3-1）。该构造带在南北方向上延伸约530 km，东西方向宽度在30～60 km之间，呈南北向的带状分布。在形态上，晋西挠褶带表现为由东向西倾斜的单斜构造。从地质学角度来看，晋西挠褶带自中元古代起，直至早古生代，沉积作用相对较弱，大部分时期该区域处于隆起状态。自侏罗纪末期开始，随着与华北地台的分离，晋西挠褶带逐渐成为鄂尔多斯盆地东部边缘的一部分。进入燕山期，晋西挠褶带经历了显著的隆升，并在向西方向的挤压作用下，受到基底断裂的影响，晋西挠褶带南北向的构造形态逐步形成。

在氦气资源方面，晋西挠褶带的石西区块表现出可观的潜力（刘超等，2021）。基于石西区块25口井81个天然气样品的分析，氦气体积分数介于0.020%～0.230%之间，平均值为0.089%，表明该区天然气中氦气含量达到了具有潜在工业价值的水平。稳定同位素组成（$^{3}He/^{4}He$）的测定结果为（0.02～0.05）×10^{-6}，R/Ra值介于0.01～0.08之间，明确指向壳源氦气的成因。氦气的来源与区内地质背景密切相关。石西区块东部的柳林尖家沟地区发育有燕山期金伯利岩带，以及北侧百余公里处同源的燕山期紫金山碱性岩体，这些岩体深部放射性元素的衰变被认为是氦气的主要来源。此外，离石断裂带可能为氦气的运移提供了主要通道，而多套储盖层组合则为氦气提供了良好的保存条件（曹佰迪，2013）。

六、伊陕斜坡

伊陕斜坡，位于盆地的中心地带，其周边被伊盟隆起、天环坳陷、渭北隆起以及晋西挠褶带所环绕（图3-3-1）。该斜坡在平面上呈长方形，南北向的延伸长度为400～500 km，而东西向的宽度则介于250～300 km之间。目前，该斜坡的形态表现为一个向西倾斜的缓坡，其倾角小于1°，且以鼻状构造的发育为显著特征。在中元古代，该区域以北东向断裂的发育为主，这些断裂对沉积物的分布起到了明显的控制作用。然而，从晚元古代到早古生代，该区域在某些时期呈现古陆的形态，未形成地层。在中寒武世和中奥陶世，由于海平面的上升，该区域被海水覆盖，并发育了海相地层。进入晚古生代，受到加里东造山运动的影响，沉积建造逐渐由海相转变为陆相。目前所见的斜坡形态主要是在白垩纪形成的（马明，2020）。

伊陕斜坡的地质构造以低幅度构造为主，这些构造表现出区域性、规模化发育、定向性延伸、排列式褶合、继承性演化等特点。这些低幅度构造不仅为油气聚集提供了必要的地质条件，而且可能对氦气的分布也产生了显著影响（王建民等，2018）。伊陕斜坡的基底岩石主要包括富含U和Th元素的花岗岩和花岗片麻岩等变质岩，这些岩石是潜在的氦源岩。关于氦气资源潜力，伊陕斜坡的氦气资源主要与基底岩石的放射性元素丰度密切相关。基底岩石的U和Th平均丰度分别为1.29×10^{-6}和8.19×10^{-6}，生氦强度为0.391×10^{-12} cm^3/（$a\cdot g_{岩石}$）。综合地质构造特征和氦源岩的生氦潜力，伊陕斜坡不仅是鄂尔多斯盆地内一个具有重要油气勘探价值的区域，同时也是一个具有较大氦气资源潜力的地区。

第四节　鄂尔多斯盆地基底结构—构造特征及形成演化

U、Th等放射性元素在地壳中的分布与多种副矿物的形成密切相关，如锆石、独居石、铀钍石和磷灰石等。鄂尔多斯盆地基底型潜在氦源岩主要是太古界—古元古界富含U、Th元素的花岗岩和花岗片麻岩等变质岩，深度约在地下5 km处，本节研究盆地的基底结构—构造特征及形成演化，这对基底氦源岩的区分与评价有着重要意义。

一、基底构造单元划分

鄂尔多斯地区基底航磁异常主体表现为正、负相间展布的特征，由南到北可分为高—低—高—低—高5个异常区。其中，南边的4个磁异常区呈北东走向，北边的异常区整体呈现东西走向，中间微向南凸出（图3-4-1）。这些高低不同的磁异常应是不同基底构造单元及其岩性组成的综合反映。

向上延拓10 km磁力异常图（图3-4-1）可进一步反映出鄂尔多斯盆地基底的构造特征。鄂尔多斯地区基底断裂交错切割，构成以北东向断裂为主干，近东西向和北西向断裂斜交分布的网络状基底断裂构造格局；基底大约可划分为3级，一级断裂为基底构造单元的边界断裂（F_1—F_8），二级断裂为其内次级构造单元的边界断层，三级断裂对局部构造具有控制作用。

鄂尔多斯地区结晶基底埋深整体在0～6 km之间，现今盆地范围内基底埋深整体在2～5 km之间，盆地周缘结晶基底埋藏较浅（图3-4-2），多处出露结晶基底岩系（图3-4-3）。基底岩性可从周缘基底岩石露头分布、钻井岩心及其测年结果进行推测，航磁正异常带多为太古界陆块反映，航磁负异常带多为古元古界沉积变质岩反映（图3-4-3）。

根据鄂尔多斯地区基底航磁异常特征、基底断裂特征、基底岩性分区及重磁联合剖面（图3-4-4）反演结果，可进一步将鄂尔多斯及邻区基底划分为阴山陆块、伊盟隆起造山带、盐池—榆林低磁异常带、镇原—佳县陆块、彬县—延长低磁异常带、韩城—河津陆块、香山低磁异常带和秦岭—祁连高磁异常带等8个构造单元（图3-4-3）。

二、各单元结构—构造特征

（一）阴山陆块

该陆块位于F_1断裂以北地区，陆块内各地区不同程度出露太古宙基底岩石，其中固阳、武川等地区出露最为完整和具有代表性（简平等，2005）。

该陆块西北部磁力异常整体较弱，主要由阿拉善群组成（图3-4-3），磁化率低，平均为（7～875）$\times 10^{-5}$；东段高磁异常强烈，主要由新太古界乌拉山群下部和二道凹群组成（图3-4-3），乌拉山群下部辉斜麻粒岩、片麻岩类、条痕状混合岩、片麻状钾长花岗岩发育，其中辉斜麻粒岩和片麻岩类磁化率较高，该群磁化率平均为（4 537～5 877）$\times 10^{-5}$，磁性较强。重磁拟合剖面也支持这一认识，表明高磁化率岩石的存在（图3-4-4）。

该陆块存在2.7 Ga的最古老花岗质片麻岩，如武川西乌兰不浪地区，该处变质岩经历了约2.5 Ga构造—热事件的改造（董晓杰等，2012；马铭株等，2013）。此外，该陆块各类太古代岩浆活动主要发生在2.7～2.45 Ga之间，在2.54～2.45 Ga期间又经历了变质作用的改造（张成立等，2018），其中早期（约2.5 Ga）变质作用呈现大洋俯冲消减成因的逆时针P-T演化轨迹，晚期（2.48 Ga）变质作用呈现碰撞造山成因的顺时针P-T演化轨迹（马旭东等，2013）。

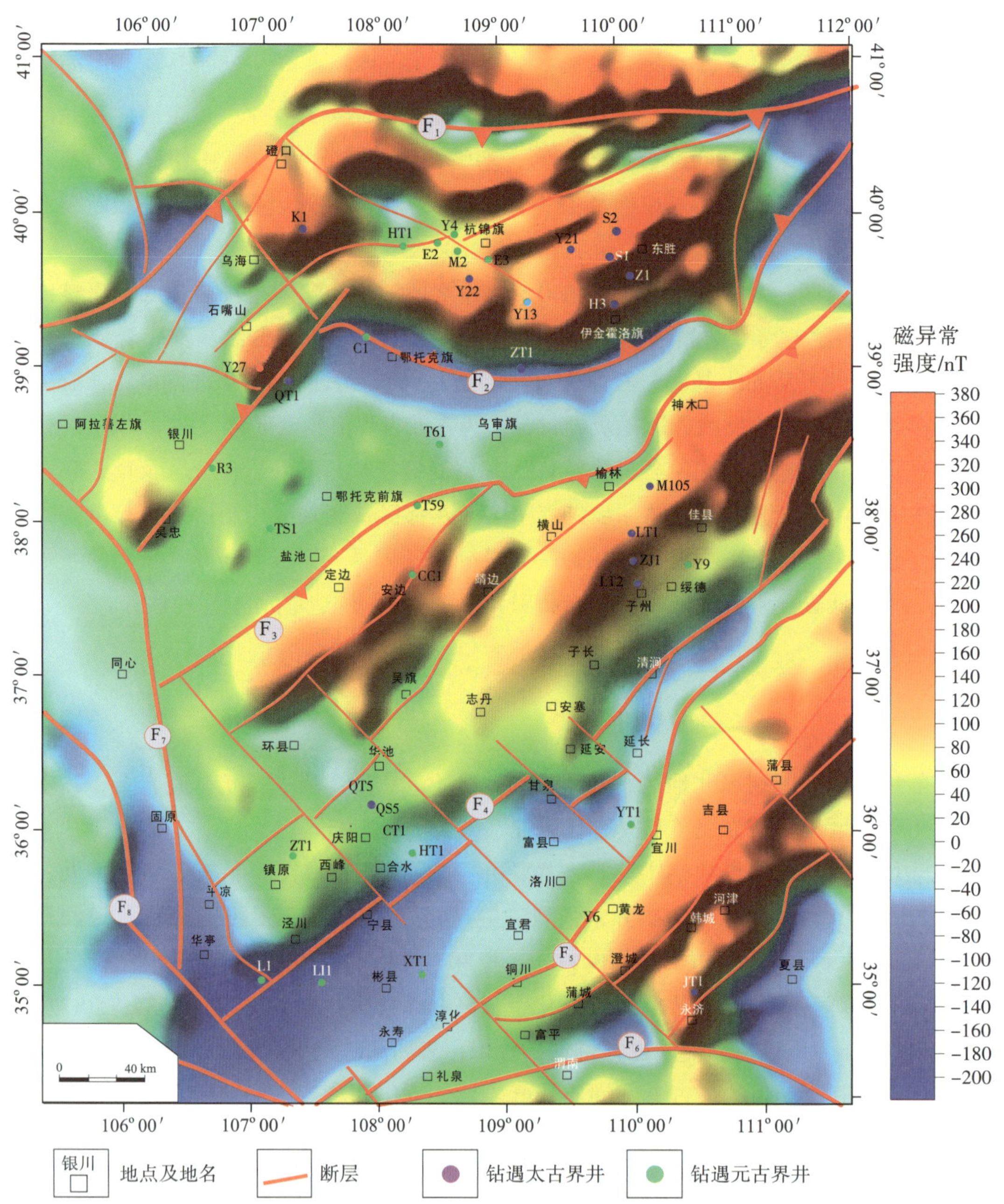

图3-4-1　鄂尔多斯地区航磁异常（上延10 km）及基底断裂分布

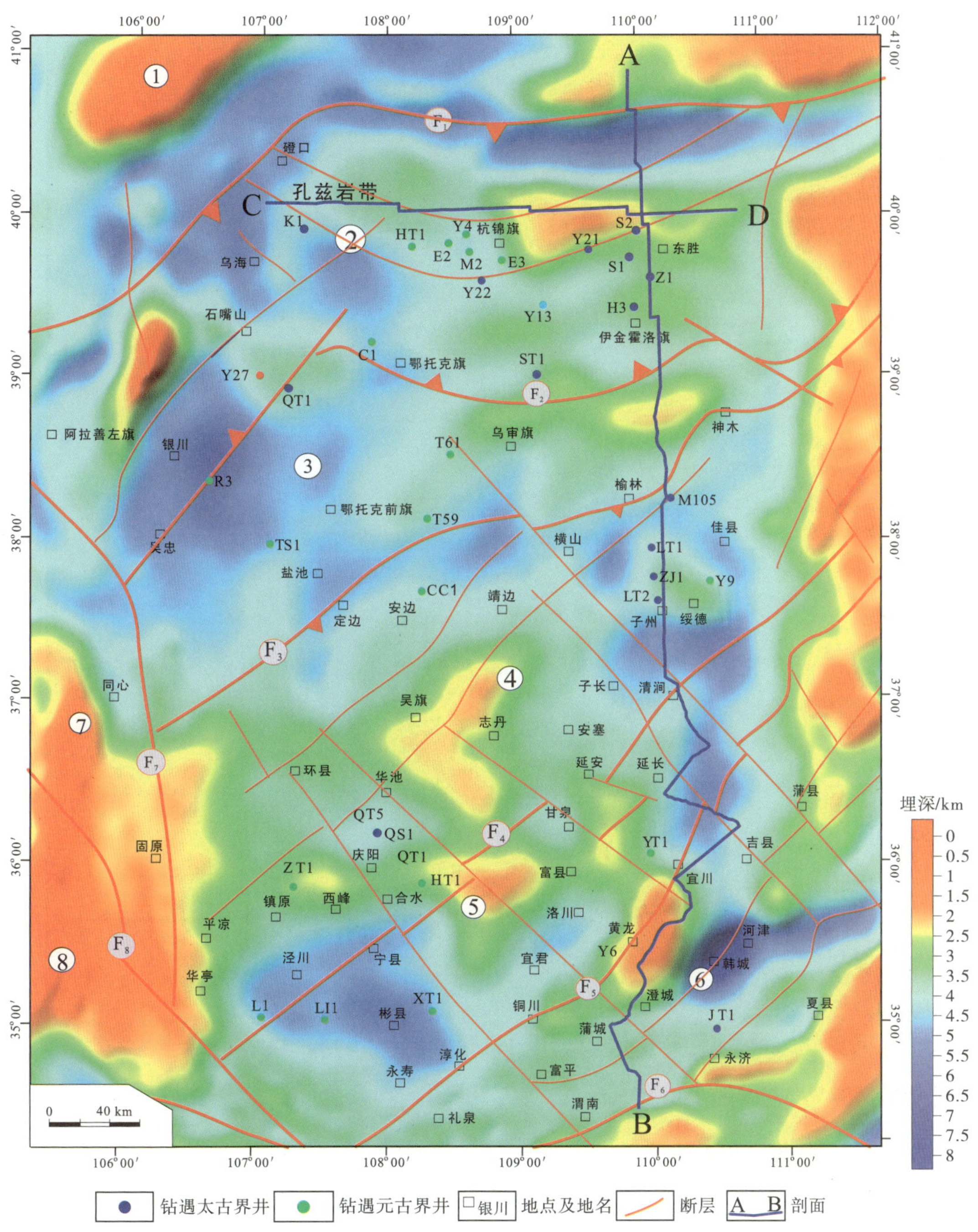

●钻遇太古界井　●钻遇元古界井　□银川 地点及地名　断层　A B 剖面

①阴山陆块；②伊盟隆起造山带；③盐池—榆林低磁异常带；④镇原—佳县陆块；
⑤彬县—延长低磁异常带；⑥韩城—河津陆块；⑦香山低磁异常带；⑧秦岭—祁连高磁异常带

图3-4-2　鄂尔多斯地区结晶基底埋深等值线

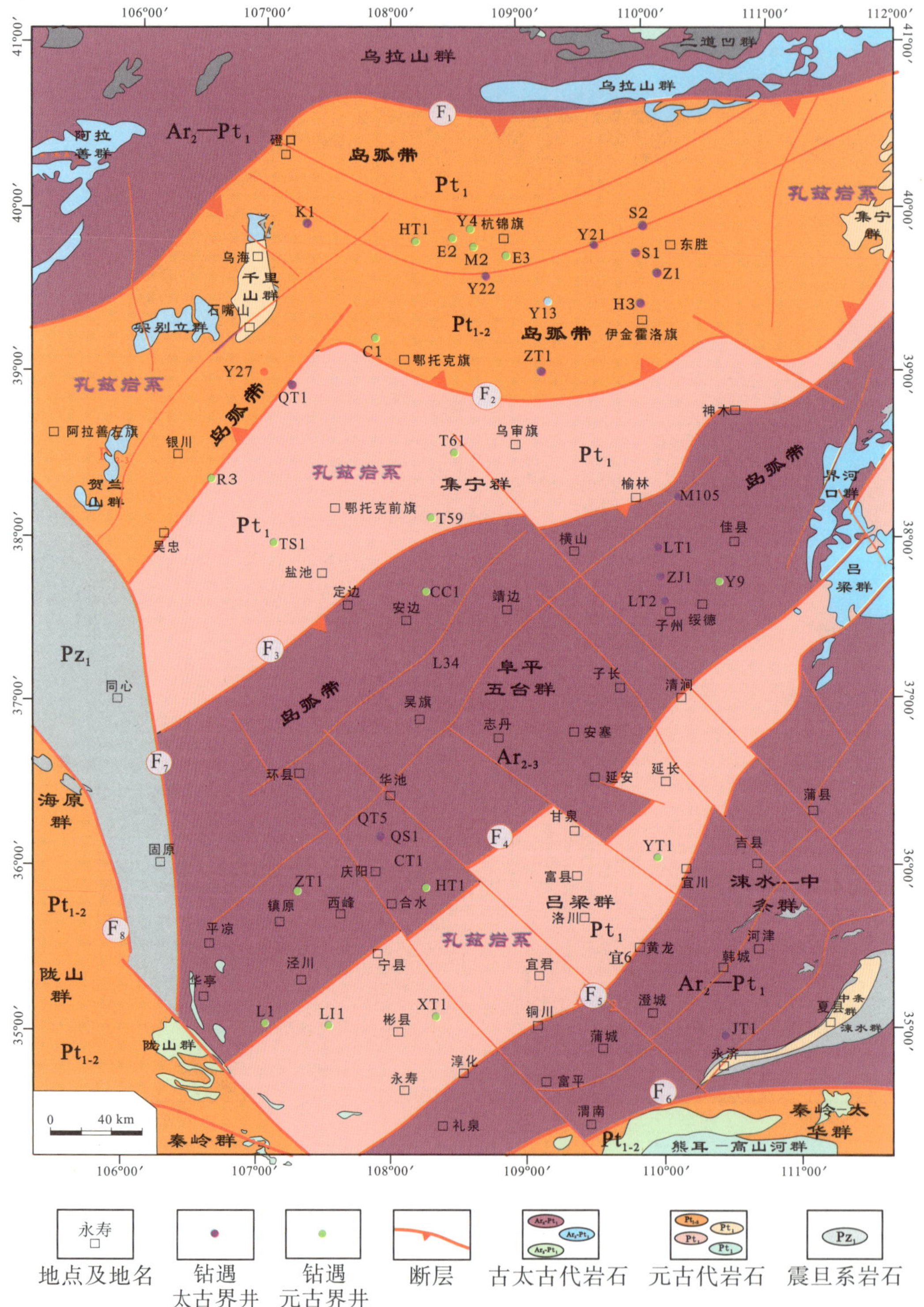

图3-4-3 鄂尔多斯地区不同基底构造单元岩性分布

（二）伊盟隆起造山带

该带位于F_1和F_2俯冲断裂带之间，其西北部磁力异常整体较弱，主要由贺兰山岩群、宗别立群和千里山岩群组成（图3-4-3）。该带磁性异常总体呈高低相间的条带状展布，其磁异常具有与西太平洋板块俯冲成因的弧形俯冲带类似的异常特征，地震剖面也显示出强烈相对俯冲的构造特征（图3-4-5），结合其内副变质岩碎屑锆石U-Pb年龄主要集中于2.2～2.0 Ga之间（蔡佳等，2016），QT1（2 031±10 Ma）、H3（2 040±28 Ma）、E1（2 025±35 Ma）等井和贺兰山地区（2 069±25 Ma，2 034±16 Ma，2 037±10 Ma，2 032±39 Ma）（张道涵等，2017；甘保平等，2019）该期岛弧花岗岩体发育的事实，以及S2、H3、E1等井，揭示该带基底存在晚太古代锆石年龄发育。这表明该带磁异常成因主要由强磁性的岛弧花岗岩引起，并说明可能由于俯冲后撤致使该带中部处于弧后伸展构造背景下，其内这些岛弧火山岩为孔兹岩系发育提供了物源。随后，该带又经历了1.95～1.92 Ga和1.89～1.85 Ga麻粒岩相改造，并伴随有1.95～1.85 Ga的S型花岗岩浆活动改造（Peng et al.，2012；张成立等，2018）。

（三）盐池—榆林低磁异常带

盐池—榆林低磁异常带位于F_2和F_3俯冲断裂带之间，呈向西南开口的喇叭状，该带呈宽缓的低磁异常区，强度在20～80 nT之间变化。该带出露集宁群（图3-4-3），它属于由含榴石石英岩、榴石夕线片麻岩、石墨片岩和大理岩组成的富铝变质岩系，其原岩为砂岩、砂质页岩和碳酸盐岩，具有低磁化率的特点（表3-4-1）。重磁联合反演的剖面（图3-4-4）也很好地指示该区基底由低磁、正常密度岩石组成，推测应为集宁群中低磁化率岩系。

（四）镇原—佳县陆块

镇原—佳县陆块位于F_3和F_4俯冲断裂带之间、呈北东向延伸，整体表现为中高磁异常，磁异常强度多在20～400 nT之间，个别地区可达400 nT以上。该磁异常带Y9井、QS1井钻遇黑云母角闪片麻岩和斜长片麻岩（邸领军，2003），其可与对应露头区变质程度高的阜平群、五台群、恒山杂岩岩性进行类比。五台群磁化率不高（小于100×10^{-6}），但其内柏枝岩组和金刚库组含有高磁性的磁铁石英岩（最大达$50\,000\times10^{-6}$）（白瑾，1987）；恒山杂岩由角闪斜长片麻岩、黑云斜长片麻岩、黑云角闪片麻岩、黑云变粒岩组成，其磁化率平均达（750～1 150）$\times10^{-6}$（白瑾，1987）。因而，五台群内高磁性岩石可能是造成区域磁力高的主要原因。

重磁联合反演的剖面也很好地指示了该高航磁异常带，推测应与恒山岩群的高航磁异常是一致的（图3-4-1，图3-4-4）。该陆块边部LT1井（2 035±10 Ma，胡健民等，2012）、QS1井（2 045±23 Ma，Zhang et al.，2015）二云母花岗岩或片麻质花岗岩发育，表明该带岩体发育，这也是造成高磁的重要原因。该块体东北部怀安地区也发育同期岛弧花岗岩体侵入（2 035±66 Ma和2 016±11 Ma，Zhang et al.，2015），显示岛弧花岗岩特性，推测该陆块北侧应为俯冲边界。

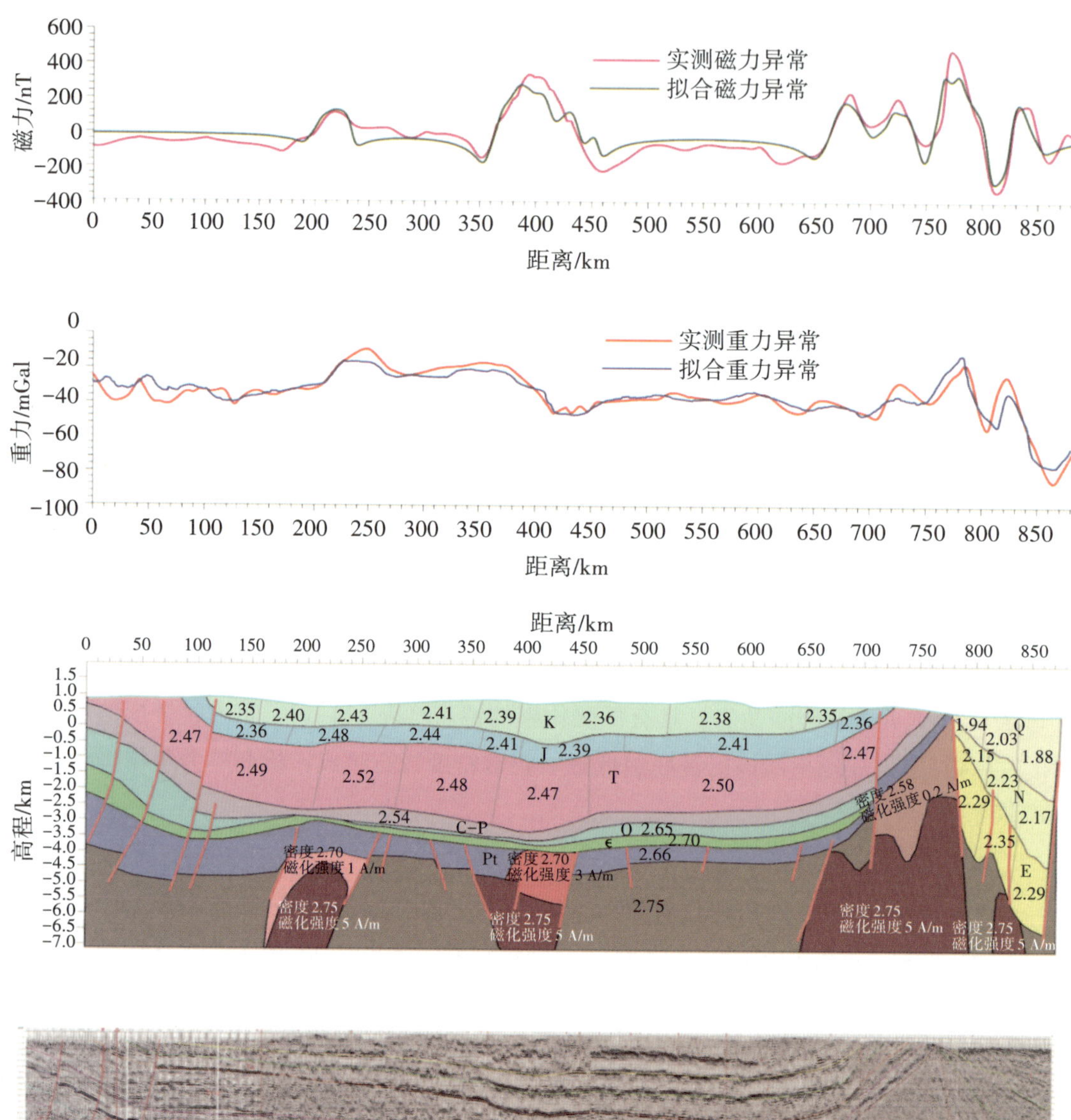

图3-4-4 鄂尔多斯地区南北向重磁震联合反演剖面（剖面位置见图3-4-2中A-B）

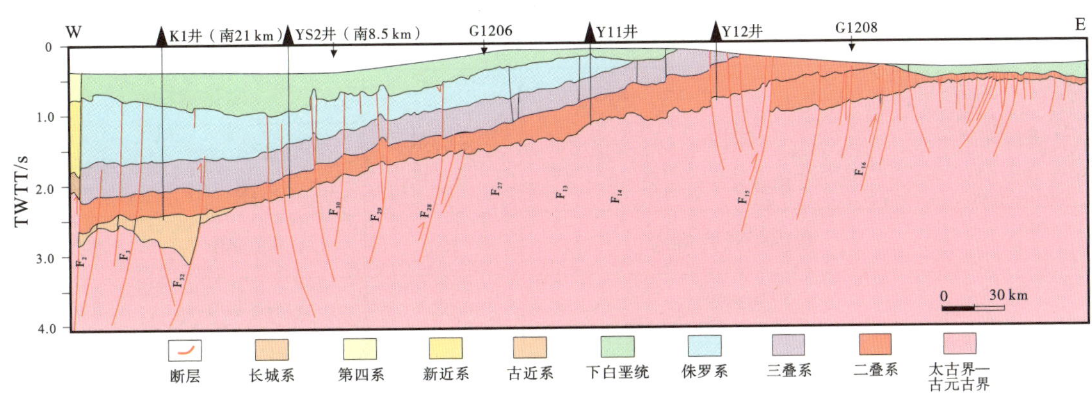

图3-4-5　鄂尔多斯地区伊盟隆起造山带结构—构造（剖面位置见图3-4-2中C-D）

表3-4-1　鄂尔多斯盆地周缘前寒武系磁性参数统计表（据常树帅等，2007；Xiong et al.,2016，汇总）

时代	岩性	采样数	磁化率/10^{-5}	
			变化范围	平均值
乌拉山群	辉斜麻粒岩	325	0～9 600	5 260
	片麻岩类	294	0～9 600	4 537
	条痕状混合岩	275	500～800	600
	片麻状钾长花岗岩	727	100～7 200	800
千里山群	片麻岩、浅粒岩、变粒岩	62	7	7
	黑云斜长片麻岩、混合岩、片岩	37	283～525	420
	磁铁石英岩、片麻岩、石英片岩	30	8 080	8 080
贺兰山群	黑云母钾长、斜长片麻岩	39	48～10 742	875
	角闪岩	25	111～3 780	859
	黑云角闪斜长片麻岩	14	3 263～9 700	6 374
滹沱群	千枚岩	258	30～1 600	541
	变砂岩、绢云母片岩	192	17～1 300	43
阜平群（Ar_4）	安山岩	129	29～4 790	302
	片麻岩	168	0～1 400	320
	黑云斜长片麻岩	233	0～2 000	252

续表3-4-1

时代	岩性	采样数	磁化率/10^{-5}	
			变化范围	平均值
阜平群（Ar_4）	角闪斜长片麻岩	197	0～3 560	327
	浅粒岩	62	60～1 990	820
五台群（Ar_4）	台怀亚群	217	—	36
	石咀亚群	243	—	34
集宁群	片麻岩	—	—	20

（五）彬县—延长低磁异常带

彬县—延长低磁异常带位于F_4和F_5断裂带之间，该带磁异常整体呈北东向延伸。该带与集宁群对应的负磁异常数值相差不大，东部盆缘出露界河口群、吕梁群。其中，界河口群由含石墨大理岩、变泥砂质岩石和少量的斜长角闪岩组成，吕梁群由大理岩、片岩和混合岩组成，两者岩石组成均与孔兹岩系基本一致（万渝生等，2000；刘超辉等，2013；张成立等，2021），可与上集宁群类比。重磁联合反演剖面也指示该带低磁异常特征，推测其应该是界河口群和吕梁群的低磁化率岩石引起的。

界河口群中的斜长角闪岩具有碰撞造山型顺时针近等温降压P-T轨迹（刘超辉等，2013），表明该带在古元古代末期发生过强烈碰撞造山。界河口群变质沉积岩的加权平均年龄约为2.0 Ga，地球化学分析表明样品相对富集Cs、Rb、K等大离子亲石元素，亏损Ba、Nb、P、Ti等元素，显示大陆岛弧或活动大陆边缘弧后盆地构造背景（张禾，2017）。这一认识也显示了界河口群沉积期北侧地壳沿F_3断裂俯冲消减的构造背景。

（六）韩城—河津陆块

韩城—河津陆块显示高航磁异常特征，其北以淳化—宜川断裂为界（F_5）、南以秦岭北侧大断裂为界（F_6），该陆块磁异常整体呈北东向延伸。该带韩城—河津一带出露涑水岩群、绛县群和中条群。涑水岩群具有高磁正异常特征（李晗婧，2016），绛县群、中条群整体表现为弱磁异常。涑水杂岩中的表壳岩主要出露在运城市柴家窑和绛县冷口地区，该变质火山岩形成年龄为2 562±22 Ma，后被2 351±37 Ma钾质花岗岩侵入（张瑞英，2012）。河津—韩城一带涑水岩群由角闪斜长片麻岩、透辉斜长片麻岩和二长花岗片麻岩组成，透辉斜长片麻岩（2 053±34 Ma）和二长花岗片麻岩（2 098±27 Ma）均形成于早元古代花岗岩（2 053±34 Ma和2 098±27 Ma，王建其等，2017）。重磁联合反演的剖面也显示该带高航磁异常特征，推测应是涑水岩群引起的。

（七）香山低磁异常带

该磁异常带位于F_7和F_8断裂带之间，主要为香山群低磁异常的反映。香山群由灰绿色浅变质长石石英砂岩、板岩、粉砂质板岩、灰岩、硅质岩、砾岩及角砾岩等组成（张威，2013），该套岩石磁性较低。

（八）秦岭—祁连高磁异常带

该高磁异常带是陇山群、太华群和海原群高磁异常的反映，其中陇山群发育于秦祁造山带结合部的通渭、张家川、陇县一带，为一套历经多期变形的中深变质基性火山岩及陆源碎屑岩、碳酸盐岩建造；海原群为一套绿帘角闪岩相的区域变质岩系，其内变质基性火山岩为一套介于岛弧拉斑玄武岩与板内玄武岩之间的岩系，其显示洋脊玄武岩的特征，应为一套形成于活动大陆边缘岛弧—弧后盆地的构造环境的火山碎屑岩沉积；太华群为一套古老的中—高级变质岩，分布于华北克拉通南缘的陕西省华县到河南省舞阳一带，下部以TTG质片麻岩为主，局部夹斜长角闪岩，上部以变质沉积岩为主，主要为富铝质副片麻岩、斜长角闪岩、大理岩、石英岩等，可与孔兹岩系对比。其中，小秦岭地区太华群二长片麻岩原岩形成于古元古代早期（2.47 Ga）。

三、基底形成演化

从构造演化过程看，鄂尔多斯地区基底是由多个太古宙微陆块组成，至古元古代末，微陆块拼合为一体，成为稳定大陆。

（一）微陆块形成及大陆初始发育阶段（2.8～2.5 Ga）

在太古代，鄂尔多斯地区存在阴山、镇原—佳县和韩城—河津等微陆块，这些微陆块内均发育大量太古代（2.8～2.7 Ga）岩浆锆石或其内侵入岩内含有太古代继承锆石，并经历了2.55～2.5 Ga地壳再造事件，如阴山陆块发育大量2.5～2.7 Ga的碎屑锆石（张成立等，2018）；镇原—佳县微陆块内LT1井基底片麻岩发育2 618±8 Ma锆石继承年龄、ZJ1井基底二云母斜长片麻岩发育2 539.2±11.6 Ma锆石继承年龄（吴素娟等，2015）；韩城—河津微陆块涑水杂岩内也发育大量太古代（2.7～2.5 Ga）的岩浆锆石，并发育2.7～2.8 Ga古老继承锆石年龄（赵斌等，2012；张瑞英等，2012）。

许多研究学者也陆续报道在鄂尔多斯地区周缘阴山、韩城—河津、镇原—佳县等微陆块存在P-T-t顺时针轨迹的2.55～2.4 Ga区域变质事件（简平等，2005；卢良兆，1991），这表明鄂尔多斯地块作为华北板块的一部分，在新太古代末期应该已初步完成了克拉通化，形成了一个统一的稳定大陆。

（二）大陆裂解、离散阶段（2.5～2.05 Ga）

鄂尔多斯地区基底在经历了约2.5 Ga初步克拉通化后，作为华北克拉通的一部分，在2.45～2.3 Ga一起进入地质活动的相对平静期，该时期缺少岩浆活动和造山运动，鄂尔多斯整体可能处于隆升状态，而缺失沉积，这与全球其他典型克拉通一致（Condie，2009）。

随后，鄂尔多斯地区基底可能进入裂解阶段，其中阴山陆块与镇原—佳县微陆块之间可能形成一个较大洋，其他陆块间也发育陆内裂解。

位于华北克拉通中部的五台地区在伸展裂陷背景下，陆内裂谷盆地开始发育，并引起地幔上隆，裂谷内滹沱群基性火山岩发育，其内玄武岩—玄武安山岩开始发育（2 140±14 Ma）（杜利林等，2009）。滹沱群玄武岩 TiO_2 含量相对较高，Zr/Hf值较高（39.7～46.3），明显高于大洋玄武岩（36.1）、洋岛玄武岩（35.9）和上地壳（36.4）的值，显示具有板内玄武岩的特征；在Zr/Y-Zr和Ti-Zr-Y图中，样品点也位于板内玄武岩区（图3-4-6）。滹沱群变质火山—沉积岩层中的2 087±9 Ma长英质凝灰岩，表明这一伸展裂陷过程可能持续至2.05 Ga。

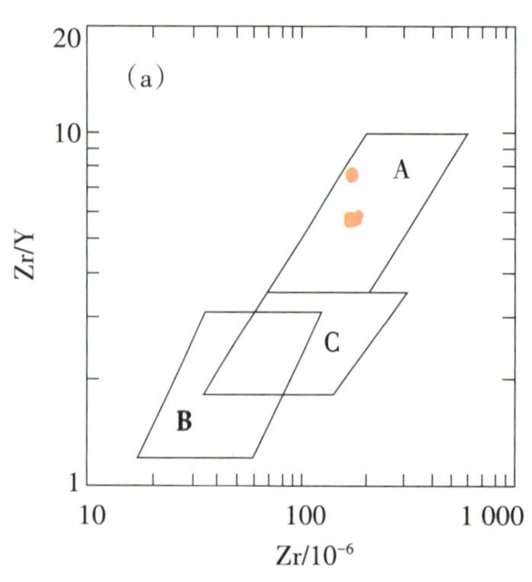

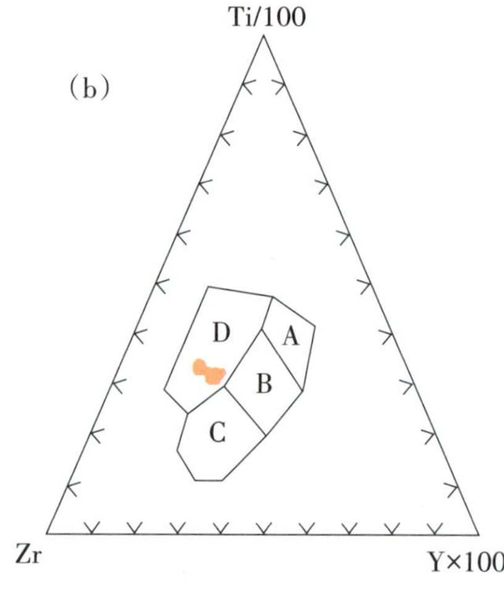

（a）Zr/Y-Zr图。A：板内玄武岩；B：岛弧玄武岩；C：洋中脊中脊玄武岩；

（b）Ti-Zr-Y图。A、B：低钾拉斑玄武岩；B：大洋玄武岩；B、C：钙碱性玄武岩；D：板内玄武岩

图3-4-6　滹沱群玄武岩构造环境判别（杜利林等，2009）

同期，洋壳可能开始向伊盟隆起造山带下俯冲消减，这造成造山带边缘岛弧发育，弧后伸展裂陷内发育以孔兹岩系为代表的沉积。俯冲证据可从伊盟隆起造山带南侧和镇原—佳县微陆块北缘2.0 Ga岛弧花岗岩发育予以证实。这些古元古代（2.2～2.0 Ga）岛弧岩浆活动构造带为周邻裂陷盆地提供了大量物源，这可由孔兹岩系和界河口群内大量发育2.0 Ga碎屑锆石（张成立等，2018）给予证明。此外，贺兰山北部孔兹岩系原岩年龄主要分布在2.0～2.15 Ga之间（董春艳等，2007），这也说明该期的玄武质火山岩为此提供了大量物源。

（三）陆—陆碰撞构造阶段（2.0～1.8 Ga）

随着大洋俯冲作用的持续进行，陆块开始汇聚碰撞，伊盟造山带及邻区先后在约1.95 Ga时遭受挤压碰撞，该事件在镇原—佳县微陆块也有响应（赵国春，2009；周喜文等，2009）。同时，北东向的滹沱群弧后裂谷、小洋盆在该时期开始闭合。鄂尔多斯盆地内多口钻井钻遇的基底岩样较好地记录了这一阶段的构造变质事件，如LT1井（1 947±74 Ma，Wan et al.，2013；1 954±11 Ma，Wang et al.，2014）、H3井（1 947±22 Ma，Wang et al.，2019）、Z1井（1 960±23 Ma，Wang et al.，2014）、QT1井（1 953±10 Ma，Wang et al.，2014）的19.5亿年的构造变质事件。此外，五台地区、恒山地区也记录了该次构造变质事件，如五台地区石榴角闪岩（1 961±22 Ma）、石榴石云母片岩（1 965±41 Ma）的变质事件（Qian et al.，2016），恒山地区1 964±25 Ma变质事件（Qian et al.，2015），吕梁地区泥质混合岩（1 947±19 Ma，Zhao et al.，2017）、怀安地区奥长花岗岩片麻岩（1 954±32 Ma，Zhao et al.，2008）的变质事件年龄，均记录了这一碰撞变质事件（翟明国，2021）。

同时，可能受阴山陆块与伊盟造山带和镇原—佳县微陆块脉动式汇聚碰撞的影响，约1.90～1.85 Ga期间，上述3块体组成的西部陆块与东侧韩城—河津等陆块也开始碰撞，并导致界河口群—吕梁群结束沉积，且遭受强烈褶皱隆升剥蚀。这一碰撞事件，在五台、吕梁、怀安地区也有记录，如五台地区石榴蓝晶黑云母片麻岩（1 833±6 Ma，Liu et al.，2006）、石榴正闪岩混合岩相（1 850±5 Ma，Faure et al.，2007）、吕梁地区石榴长英质片麻岩（1 847±7 Ma，Liu et al.，2006）、怀安地区奥长花岗岩片麻岩（1 842±9 Ma，Zhao et al.，2008）变质事件年龄均记录了这一变质事件的时间。这一事件还造成陆壳抬升剥蚀、减压熔融，以致在孔兹岩带和中部构造带中发育大量S型花岗岩（耿元生等，2000，2006；Zhao et al.，2008；Yin et al.，2009，2011，2014；Peng et al.，2012；张成立等，2018）。

总之，经过2.8～2.5 Ga和2.0～1.8 Ga的2期碰撞拼贴，鄂尔多斯地区内基底微陆块再次完成克拉通化，最终形成了一个稳定的大陆——华北克拉通。

第四章　鄂尔多斯盆地天然气和氦气成因及来源

本章重点探讨鄂尔多斯盆地天然气、氦气的成因和来源。鄂尔多斯盆地天然气包括烃类气体和非烃类气体，烃类气体既有干酪根的初次裂解，也有原油的二次裂解。非烃类气体中的氮气与氦气含量存在良好的相关性，表明二者可能具有相似的来源或聚集过程，综合研究认为鄂尔多斯盆地天然气中的氮气应该为有机成因，来自干酪根热裂解；二氧化碳（CO_2）与氦气含量并无明显的相关性，表明二者在聚集过程方面可能存在一定差异。稀有气体氦、氖、氩、氪具有不同的同位素特征，可以根据它们的含量及同位素特征进一步判断不同沉积层的氦源贡献，鄂尔多斯盆地含氦天然气呈现壳源氦的特征。

第一节　天然气成因及来源

一、烃类气体成因和来源

天然气的成因是指形成天然气的地质地球化学历程，因此，天然气成因类型的判识是天然气研究中的重要内容，有助于厘定天然气的来源和刻画天然气在地壳中的聚集过程。常用的天然气成因类型判识标志有分子组成、稳定同位素、稀有气体同位素及天然气伴生原油的轻烃和生物标志物等。

热演化程度相同的条件下，腐殖型有机质生成的天然气甲烷碳同位素值相比于腐泥型有机质要富集^{13}C。模拟实验证实，热催化反应的初始产物主要是乙烷和丙烷，只有少量的甲烷产生。不同类型的有机质生气模型均表明随着热演化程度的增加，热成因烃类气体呈现出重烃（C_{2+}）含量减少，CH_4含量增加的特征。基于上述认识，前人认为通过对比$C_1/(C_2+C_3)$值与$\delta^{13}C_1$值可以较好地区分不同成因的天然气，包括原油伴生气、生物气、高成熟气体和煤型气，以及混合和氧化效应。根据天然气碳同位素组成可知，庆阳气田二叠系气样具有深层混合气的特点，其他气田气体样品均具有煤型气的特点（图4-1-1）。

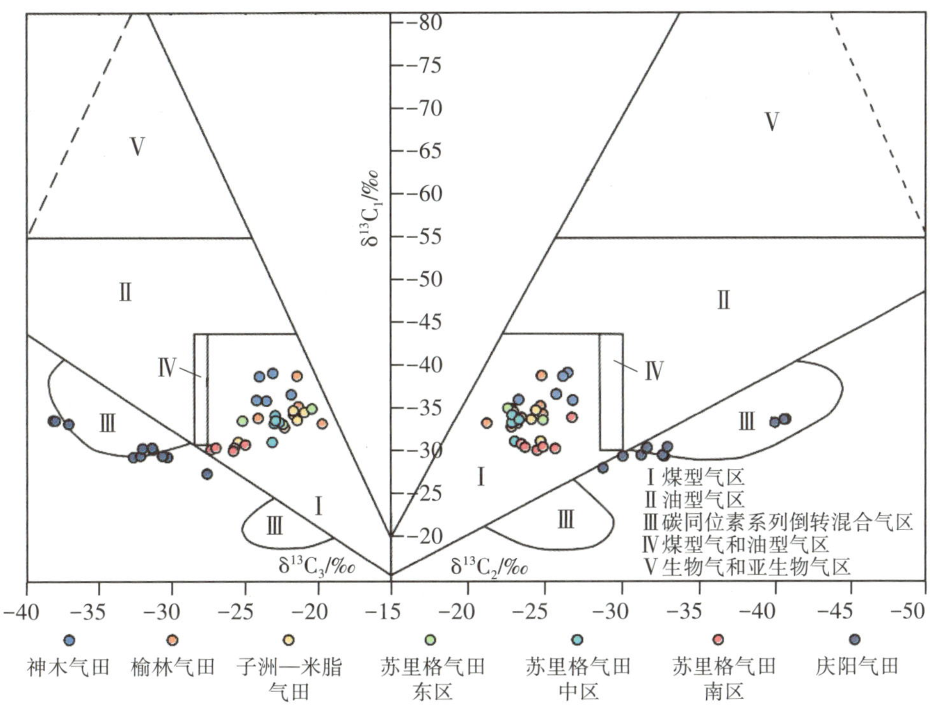

图 4-1-1　鄂尔多斯盆地重点气藏上古生界天然气成因分类

鄂尔多斯盆地天然气均位于$\delta^{13}C_1$与$C_1/(C_2+C_3)$相关图中的热成因气区域，且各气田天然气趋向于Ⅲ型干酪根形成的热成因气区域（图 4-1-2）。上述天然气$\delta^{13}C_1$与$C_1/(C_2+C_3)$值分布特征与天然气成因和气田所处的地质背景以及前人通过气源对比研究所展示的成果一致。

鄂尔多斯盆地庆阳气田天然气大多数位于$\delta^{13}C_1$与$C_1/(C_2+C_3)$相关图中Ⅲ型干酪根形成的热成因气区域，表明它们主要来自腐殖型有机质，与代表腐泥型有机质来源的四川盆地寒武系页岩气和气藏气存在较大差异（图 4-1-2）。此外，与鄂尔多斯盆地苏里格气田和东胜气田天然气相比，庆阳气田天然气存在成熟度增加的趋势（图 4-1-3），这与不同地区煤系烃源岩的热演化程度较为一致。统计表明，苏里格气田有机质热演化程度相对较高，R_0值为 1.7%～5.0%。庆阳气田由于埋深大，有机质热演化普遍已达过成熟阶段，煤岩R_0值为 3.0%～5.2%。

天然气氢同位素组成对天然气的成因鉴定具有重要意义（Schoell，1980）。烃源岩有机质类型、热演化程度和沉积时的水介质条件控制着天然气的δD_1值（Dai et al.，2012）。海相腐泥型有机质生成的天然气$\delta D_1>-180‰$，陆相煤系烃源岩生成的天然气$\delta D_1<-180‰$（Wang et al.，2015）。此外，相比于甲烷碳同位素而言，乙烷碳同位素具有更好的母质继承效应，常用于判识油型气和煤型气。因此，不同成因的天然气在δD_1与

$\delta^{13}C_1$和$\delta^{13}C_2$相关图上存在不同的分布趋势。庆阳气田天然气甲烷碳、氢同位素展示了高成熟腐殖型气体的特征［图4-1-2（a）］。而乙烷碳同位素与甲烷氢同位素相关图［图4-1-2（b）］表明研究区天然气具有明显的腐泥型有机质来源气体的贡献。

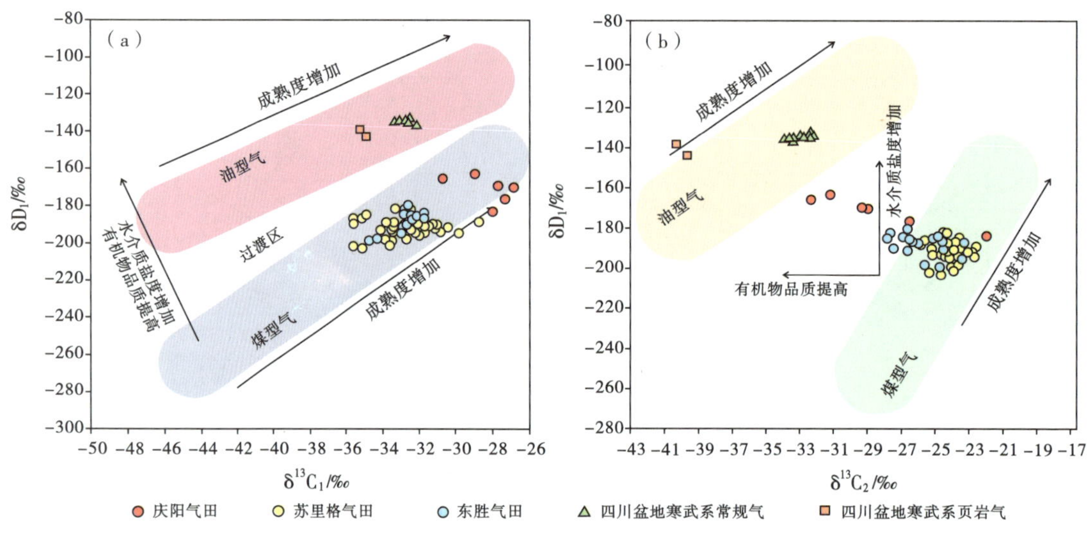

图4-1-2　鄂尔多斯盆地庆阳气田δD_1与$\delta^{13}C_1$（a）以及δD_1与$\delta^{13}C_2$（b）相关

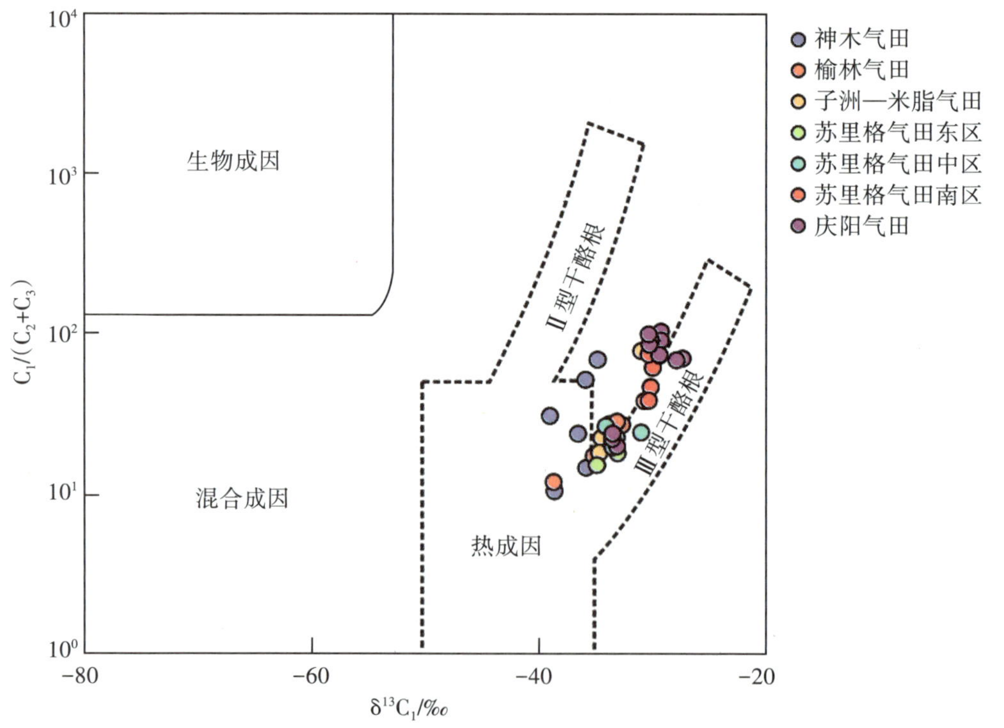

图4-1-3　鄂尔多斯盆地重点气藏$C_1/(C_2+C_3)$与$\delta^{13}C_1$交会图

继沉积有机质经历有机成岩作用形成干酪根之后，热降解作用可通过2种不同的途径促进气体分子的形成：干酪根直接生气（初次裂解），或者干酪根初次裂解生成的原油再次裂解生气（二次裂解）(Prinzhofer et al.，1995)。不同类型的干酪根热模拟实验表明，在干酪根初次裂解和原油二次裂解过程中，天然气的 C_1/C_2 和 C_2/C_3 值展示出完全不同的行为。C_2/C_3 值在干酪根初次裂解中几乎是保持不变的（它甚至可能会降低），但是在原油二次裂解过程中它急剧增加。与之相反，C_1/C_2 值在初次裂解过程中逐渐增加，而在二次裂解过程中几乎保持不变。因此，C_1/C_2 和 C_2/C_3 值常用来识别干酪根初次降解气和原油二次裂解气。经过多年的实际应用发现，早期热模拟实验演化程度较低，没有呈现出高演化阶段对 C_1/C_2 和 C_2/C_3 值的影响。考虑到煤岩在过成熟阶段的持续生气能力以及中国四川盆地海相烃源岩普遍处于过成熟阶段的地质实际，通过热模拟实验新建了考虑演化阶段的干酪根降解气和原油裂解气判识图版（谢增业等，2016）。

如图4-1-4所示，鄂尔多斯盆地庆阳气田天然气在干酪根裂解气区和原油裂解气区均有分布，而苏里格气田、神木气田、子洲—米脂气田、榆林气田天然气均分布于干酪根裂解气范围内。表明研究区天然气形成机制既有干酪根的初次裂解，也有原油的二次裂解。

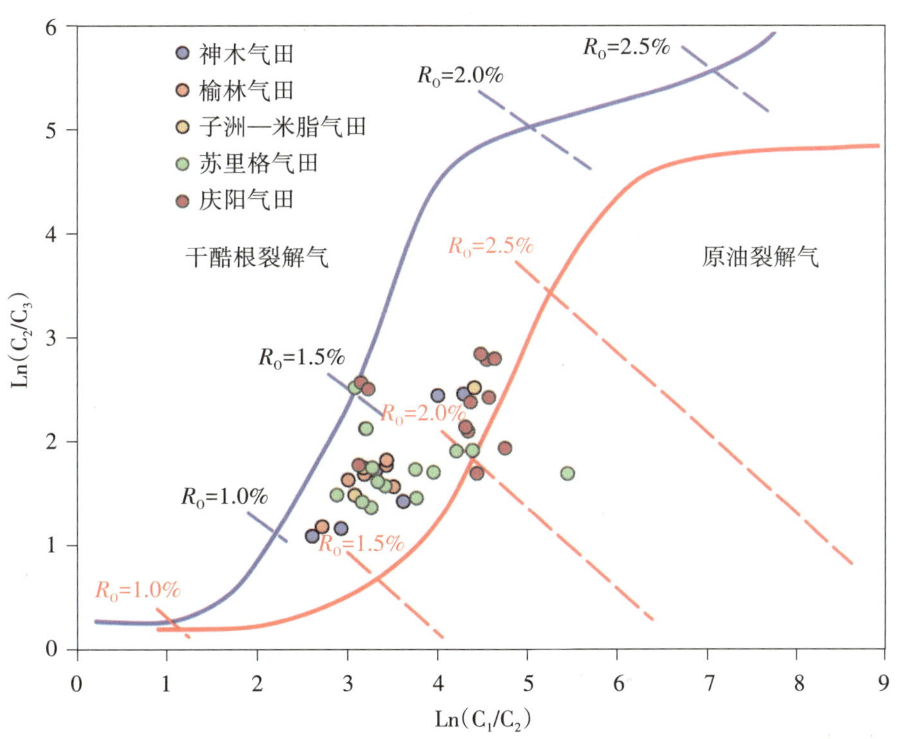

图4-1-4 鄂尔多斯盆地主要气田 Ln（C_2/C_3）与 Ln（C_1/C_2）相关图

二、非烃类气体成因和来源

前人统计表明，天然气藏中的氮气与氦气含量存在明显的相关性，即氦气含量越高，氮气含量越高，反之则不存在这样的趋势（秦胜飞等，2024）。如图4-1-5（a）所示，鄂尔多斯盆地氦气与氮气同样存在良好的相关性，表明二者可能具有相似的来源或聚集过程。

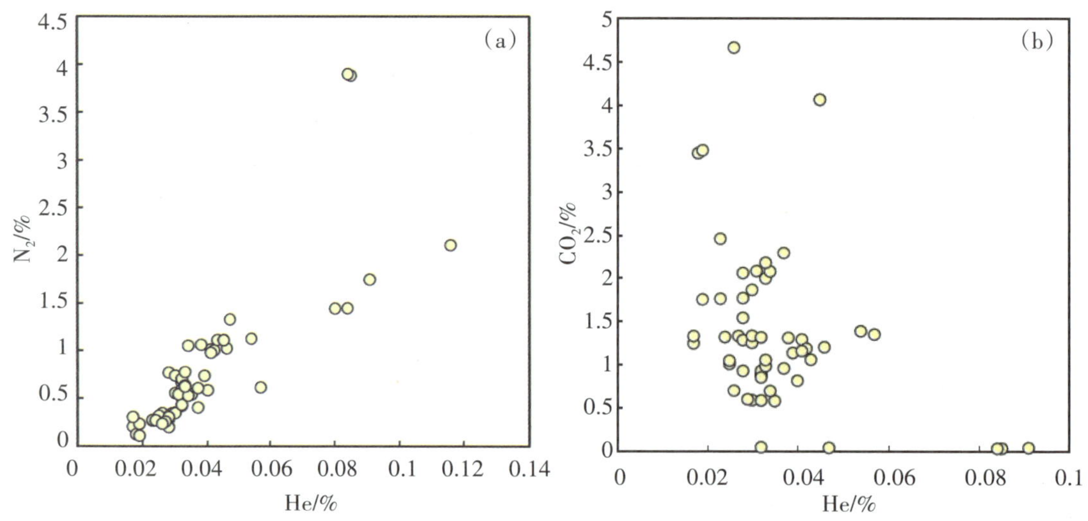

图4-1-5　鄂尔多斯盆地He-N_2交会图（a）及重点气藏He-CO_2交会图（b）

一般而言，地下沉积盆地中的N_2存在以下几种初始来源：①原始N_2，来源于地幔的脱气作用；②大气来源的N_2，通过溶解在地下水中进入岩石圈或者通过生物的固氮作用以有机质的形式进入沉积地层，后续再通过各种反应转化为N_2；③核反应；④岩浆来源等（图4-1-6）。

现有研究表明，大气直接来源、核反应、岩浆来源的N_2对高含氮天然气的贡献几乎可以忽略不计，在构造活跃地区（如地震、火山和深大断裂活动带）因地球深部脱气作用使得原始N_2可能对高含氮天然气的形成有一定的贡献。目前大多数学者认为天然气藏中既有沉积有机质生成的有机成因N_2，也有固定氮（NH_4^+和NO_3^-）形成的无机成因N_2。

（一）有机成因 N_2

有机成因N_2主要来源于泥质岩、煤和浅变质泥质岩，是沉积有机质在深埋成岩过程中经微生物氨化作用、热氨化作用和热裂解作用形成的。煤中的氮主要以有机物的形式存在，包括吡咯型氮（N-5）、吡啶型氮（N-6）、季氮（N-Q）和氮氧化物（N-X），而泥质岩类中的含氮化合物除上述各种杂环化合物以外还有以氨基（$-NH_2$）和铵根离子（NH_4^+）为主的无机氮，二者含氮化合物类型的差别使得其生成N_2的演化阶段存在较大的差异。热模拟实验表明，页岩干酪根在热演化过程中均有N_2生成，低于650 ℃（EqVR_0值为3.4%）时N_2产率较低，此阶段主要是氨基发生热氨化作用释放NH_3，再通过其他途径生成N_2；高于650 ℃（EqVR_0值为3.4%）时N_2产率快速增加，此阶段主要是含氮杂环化合物裂解产生N_2，这一阶段与煤岩的热模拟结果相似，属于同类型有机成因N_2。

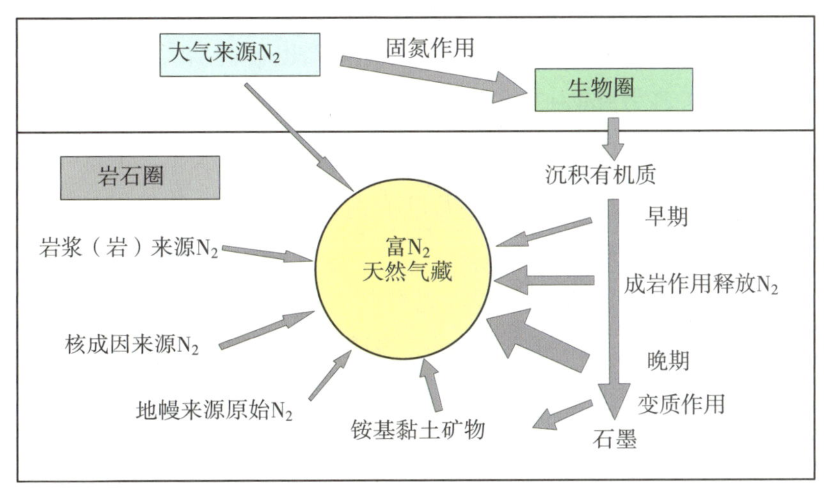

图4-1-6　天然气中主要的氮气来源（据Krooss et al.，1995，修改）

（二）无机成因 N_2

无机成因N_2主要来源于（浅变质）泥质岩、岩浆岩和变质岩中的含铵硅酸盐矿物（如云母、长石、蒙脱石和伊利石等），特定条件下也有可能来源于含氮盐矿（如钠硝石）。模拟实验证实，在变质作用期间，热分解是最主要的NH_3生成方式，阳离子交换（$NH_4^+ \leftrightarrow K^+$）也有一定的贡献；同时变质岩已被证实可作为一种有效的氮源，供给形成高含氮天然气藏。热解实验亦证实岩浆岩侵入体也可作为有效的氮源。而页岩热模拟实验研究表明，无机成因N_2在低于650 ℃（EqVR_0值为3.4%）时产率明显高于有机成因N_2，相反在高于650 ℃（EqVR_0值为3.4%）时产率明显低于有机成因N_2。

综上所述，有机成因N_2前期少量生成阶段生气母质以氨基为主，晚期大量生成阶段生气母质则主要为含氮杂环化合物；无机成因N_2生气母质主要是各种硅酸盐矿物中的铵根离子。在烃源岩演化过程中，过成熟阶段以前所形成的N_2主要为无机成因，过成熟阶段往后逐渐变成以有机成因为主。结合鄂尔多斯盆地天然气中的氮气含量及烃源岩热演化程度，认为天然气中的氮气为有机成因，来自干酪根的热裂解。

（三）二氧化碳

二氧化碳（CO_2）是天然气中常见的非烃组分之一，它的来源较多且广泛分布于天然气中。CO_2按成因可分为有机成因和无机成因2大类，其中无机成因来源包括岩石化学反应来源和岩浆来源。沉积有机质在沉积成岩演化的所有过程中均有CO_2的生成，干酪根演化过程中也可形成一定的CO_2。此外，原油和烃类气体的氧化作用同样可以生成CO_2，目前国内外对CO_2碳同位素的研究认为，有机成因CO_2的$\delta^{13}C_{CO_2}$值介于-30‰～-10‰之间。岩石化学反应形成的CO_2主要来自碳酸盐岩的高温分解和无机矿物岩石间的反应（陈传平等，2004），由碳酸盐岩变质成因的CO_2其碳同位素值介于0±3‰之间；岩浆上升过程中由于温度、压力的降低也会析出大量的CO_2，火山—岩浆来源CO_2的$\delta^{13}C_{CO_2}$值大多为-6‰±2‰。在所有CO_2的生成过程中，生成初期其含量可能远高于甲烷含量，但因其具有很强的化学活动性且易溶于水，因此烃类气藏中CO_2含量有限。而天然气中高浓度CO_2往往是无机成因的，在特定条件下还可能形成纯CO_2气藏。

不同于氮气（N_2）的是，鄂尔多斯盆地重点气藏天然气中的二氧化碳（CO_2）与氦气含量并无明显的相关性［图4-1-5（b）］，表明二者在聚集过程方面可能存在一定的差异。

第二节　氦气成因及来源

氦在自然界中有2种稳定同位素，^3He和^4He。^3He是原始核素，主要保存在地幔中（Kurz et al.，1982）。^4He主要通过^{235}U、^{238}U和^{232}Th的衰变产生（Mamyrin et al.，2013）。地球主要储库（大气、地壳和地幔）中的$^3He/^4He$值明显不同，以大气$^3He/^4He$值（Ra=1.4×10^{-6}）作参考的情况下（Ozima et al.，2002），来自大洋中脊玄武岩（MORB）的$^3He/^4He$值约为8 Ra，地壳产生的$^3He/^4He$值约为0.02 Ra（Mamyrin et al.，2013）。上述不同来源$^3He/^4He$值的差异使得氦同位素可用于识别流体来源，目前已发现富氦气藏中的氦气主要为壳源放射性成因（Liu et al.，2023）。

氖在自然界中存在3种稳定同位素，^{20}Ne、^{21}Ne和^{22}Ne。^{20}Ne产自恒星核聚变中的碳燃烧过程，随后在地球积聚过程中被捕获在大气层中（Danabalan，2017）。因此，大气中保留了大量的^{20}Ne，相比之下，地壳和地幔通过核反应自生的^{20}Ne可忽略不计。^{21}Ne和^{22}Ne的生成主要通过核反应路线，分别为$^{17,18}O$（π，n）^{21}Ne，^{19}F（π，n）^{22}Na（β+）^{22}Ne，$^{24,25}Mg$（n，π）$^{21,22}Ne$和^{19}F（π，p）^{22}Ne（Yatsevich et al.，1997）。大气、地壳和

地幔的氖同位素组成为：大气$^{20}Ne/^{22}Ne$=9.80，大气$^{21}Ne/^{22}Ne$=0.029，地幔$^{20}Ne/^{22}Ne$=15.5，地幔$^{21}Ne/^{22}Ne$=0.06，地壳$^{20}Ne/^{22}Ne$=0.30，地壳$^{21}Ne/^{22}Ne$=0.52（Ballentine et al.，2002），可利用上述不同来源氖同位素的差异判断不同来源氖的贡献。

氩在自然界中同样有3种稳定同位素，^{36}Ar、^{38}Ar和^{40}Ar。^{40}Ar主要产自地壳中^{40}K的放射性衰变，因此和岩石中钾元素的含量息息相关。地壳中^{38}Ar的产生主要来自^{35}Cl和^{37}Cl的热中子反应。尽管地壳内部也能产生^{36}Ar，但相比通过地下水补给引入地壳流体系统（图4-2-1）的大气源^{36}Ar而言可忽略不计（Byrne et al.，2018）。空气$^{40}Ar/^{36}Ar$值约为298.56±0.31，可用于识别地下流体系统中空气来源氩的贡献（Ozima et al.，2002）。

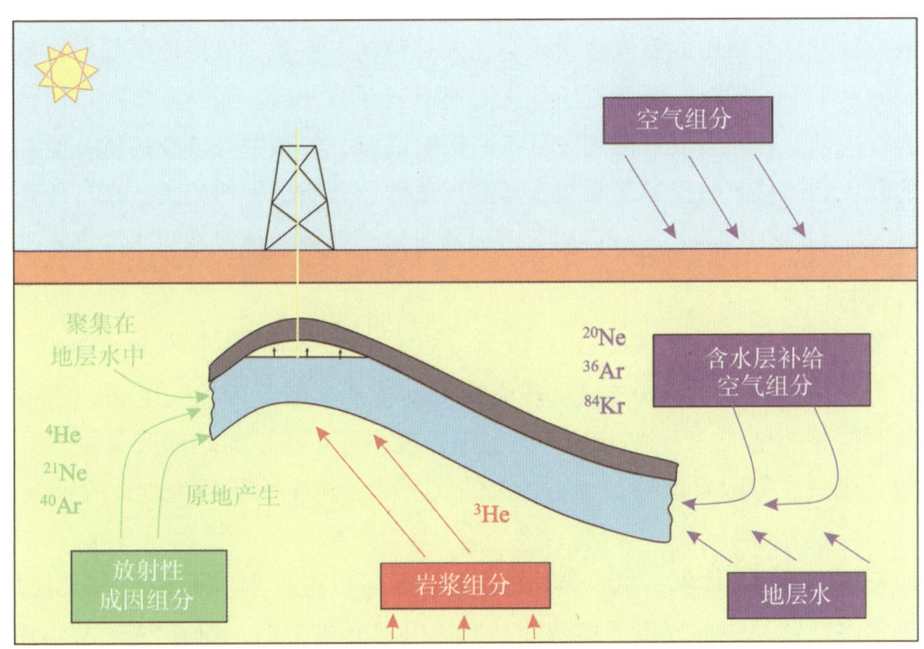

图4-2-1　地壳流体系统中稀有气体来源

氪有6种稳定同位素：^{78}Kr、^{80}Kr、^{82}Kr、^{83}Kr、^{84}Kr和^{86}Kr。氙有9种稳定同位素，分别为^{124}Xe、^{126}Xe、^{128}Xe、^{129}Xe、^{130}Xe、^{131}Xe、^{132}Xe、^{134}Xe和^{136}Xe。$^{83,\ 84,\ 86}Kr$和$^{129,\ 131,\ 132,\ 134,\ 136}Xe$主要产自地壳中$^{238}U$的裂变反应，与此同时地壳产生的$^{80,\ 82}Kr$和$^{124,\ 126,\ 128,\ 130}Xe$是可以忽略不计的（Ballentine et al.，2002）。地壳天然气系统中的稀有气体属于大气、地壳、地幔来源的混合，不同地质背景下混合比例不一（图4-2-1）。空气来源稀有气体（Rare gases of atmospheric origin）通常采用每种元素最高丰度的同位素，即^{20}Ne、^{36}Ar、^{84}Kr和^{130}Xe，当裂变成因的^{132}Xe可以忽略不计时，也可作为空气来源稀有气体的一种（Byrne et al.，2021）。空气来源稀有气体进入地壳流体系统主要是通过地下水的补给（Ballentine et al.，2002）。地壳中大约含有占总量40%的地球放射性元素（Rudnick et al.，

1995），因此是放射性成因稀有气体的重要来源。地壳中丰度最高的放射成因稀有气体为 ^4He 和 ^{40}Ar，以及通过核反应生成的 ^{21}Ne。壳源稀有气体来自矿物中母源元素的衰变和核反应，生成以后释放进入岩石中的孔隙流体。随后通过不同流体间相互作用所产生的分馏过程最终控制地壳流体中壳源稀有气体的组成（Zhou et al.，2005；Byrne et al.，2020，2021）。地幔保留有在地球积聚过程中捕获的原始稀有气体同位素（如 ^3He）。幔源稀有气体进入地壳流体系统通常与岩浆活动和大规模的构造运动（如大陆扩张）有关。

氦气补给不仅是形成幔源氦气藏的重要条件，也是所有含氦、富氦天然气藏形成的必要条件，因为氦的渗透性极强，比其他气体更容易通过盖层散失。因此，只有当补给量高于散失量时，气藏中的氦气含量才会达到一种动态平衡，以保证氦气的含量相对稳定在一定的水平上。同时，幔源氦的补充需要通道保持开启。而壳源氦却不同，一方面储集层岩石内铀、钍元素放射性衰变可不断地生成氦，气藏中有持续的氦补给；另一方面氦气的释放和运移不只受控于断裂，与温压条件、介质也密切相关。来自地壳基底的氦［通量约为 $1.47\times10^{-6}\ mol_{^4He}/(m^2\cdot a)$］可以通过溶于孔隙流体或地层水等方式进行补充（尤兵等，2022）。

鄂尔多斯盆地含氦天然气 $^3He/^4He$ 值为（5.01～12）$\times10^{-8}$，平均为 4.22×10^{-8}，R/Ra 值为0.014～0.085，平均为0.030，呈现壳源氦的特征。随着天然气甲烷、乙烷、丙烷和丁烷碳同位素的增大，天然气R/Ra值稳定，说明鄂尔多斯盆地的壳源氦不受天然气成因类型、成熟度等因素影响，也不受天然气产状、原生性与后生改造的影响（图4-2-2）。

根据天然气稀有气体氦、氩、氙同位素特征，可以进一步判断不同沉积层的氦源贡献。以鄂尔多斯盆地中部气田下奥陶统马家沟组马五段为例，随着 $^{40}Ar/^{38}Ar$ 值由487增加到1 509，天然气 $^3He/^4He$ 值稳定在（3.6～5）$\times10^{-8}$ 之间，反映了天然气为典型的壳源天然气。鄂尔多斯盆地下古生界碳酸盐岩中的铀、钍含量远小于上古生界煤系源岩，在 $^{136}Xe/^{130}Xe$ 值相同时，来自煤系源岩的天然气 $^{40}Ar/^{38}Ar$ 值明显低于碳酸盐岩。根据含氦天然气氩同位素与氙同位素交会图（图4-2-3），判断出上古生界煤系源岩中铀、钍衰变对中部气田东北含氦天然气的贡献较大，而对西南贡献较小。

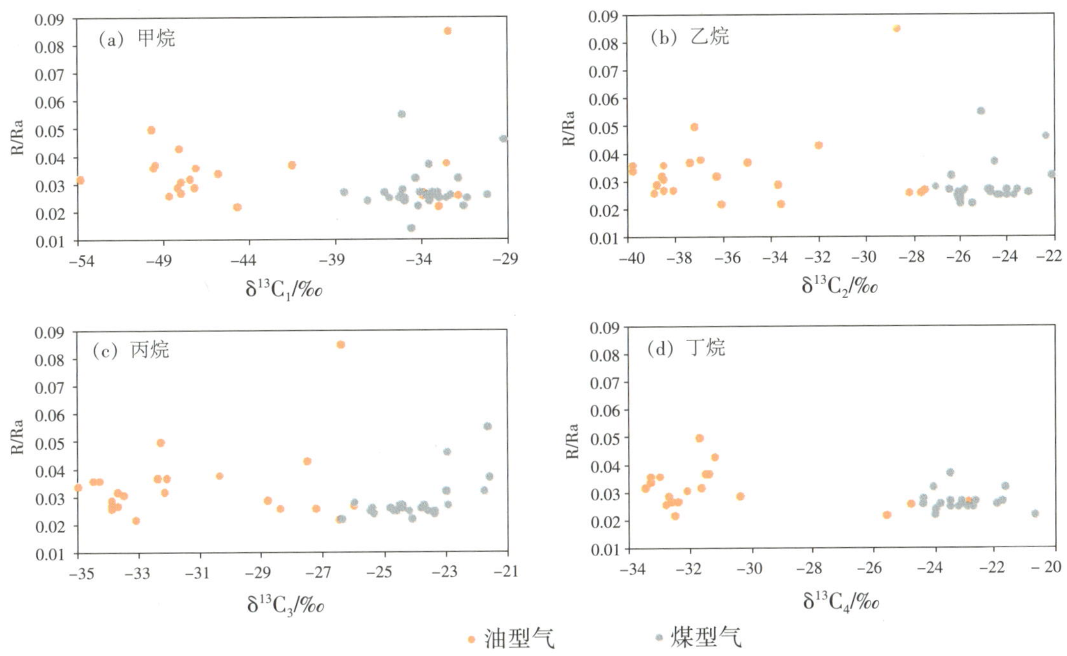

图4-2-2　鄂尔多斯盆地含氦天然气碳同位素值与R/Ra值交会图

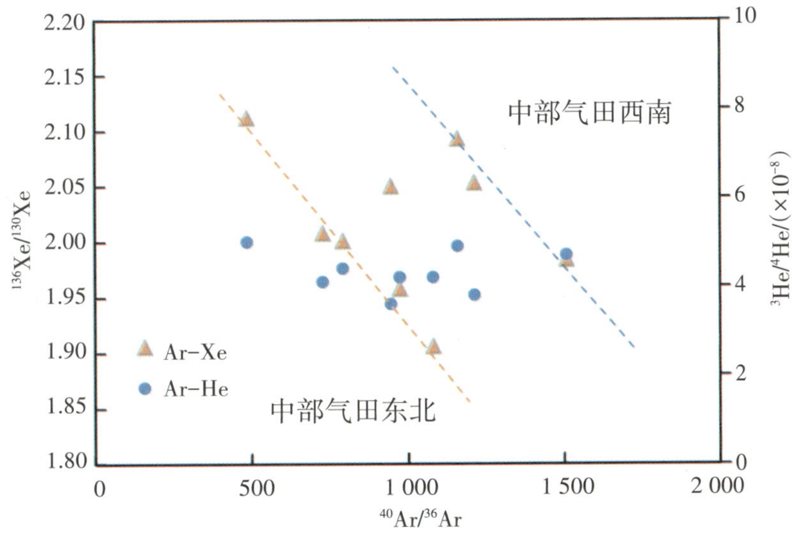

图4-2-3　鄂尔多斯盆地中部气田含氦天然气氩同位素与氙、氦同位素交会图

第五章　鄂尔多斯盆地典型气藏氦气富集成藏模式

本章重点分析鄂尔多斯盆地长庆气区典型气藏特征，并提出各气田氦气的富集成藏模式。从庆阳气田、黄龙气田、苏里格气田和神木气田等典型气藏氦气富集模式发现，各气田的氦气富集模式存在差异，但总体上与地质构造、氦源岩类型、断裂系统及沉积环境等因素密切相关。

第一节　庆阳气田氦气富集成藏模式

一、庆阳气田氦气含量分布特征

庆阳气田位于鄂尔多斯盆地西南部，属于陇东地区，横跨伊陕斜坡和天环坳陷2个构造单元（图3-3-1），该区构造形态为宽缓的西倾斜坡，坡降6～10 m/km，倾角不足1°。庆阳气田自下而上发育中晚元古界、古生界、中生界、新生界沉积地层。晚古生代存在剥蚀古陆，上古生界本溪组、太原组、山西组、石盒子组依次向南超覆沉积，缺失大部分本溪组和少部分太原组地层。庆阳气田主要发育中生界含油层系和古生界含气层系，其中上古生界二叠系石盒子组、山西组，石炭系太原组，下古生界奥陶系马家沟组是主要含氦层位（图5-1-1）（任战利等，2007；刘显阳等，2021；康麒龙，2022；王永强等，2023）。

平面上，庆阳气田上古生界氦气含量整体呈现北低南高的趋势。其中北部L47井区天然气储层以山1段为主，氦气含量相对最低，基本在0.05%～0.10%之间；中部QT3井区天然气储层以山1段为主，氦气含量相对较高，为0.11%～0.15%；西南部CT3井区天然气储层以盒8段为主，氦气含量最高，变化范围也最大，为0.10%～0.31%。值得注意的是，C3-17-22井，其储层为太原组，氦气含量为0.1%，略低于该区域其他井的氦气含量。而其他井的氦气含量则普遍位于0.2%～0.3%之间（图5-1-2）。

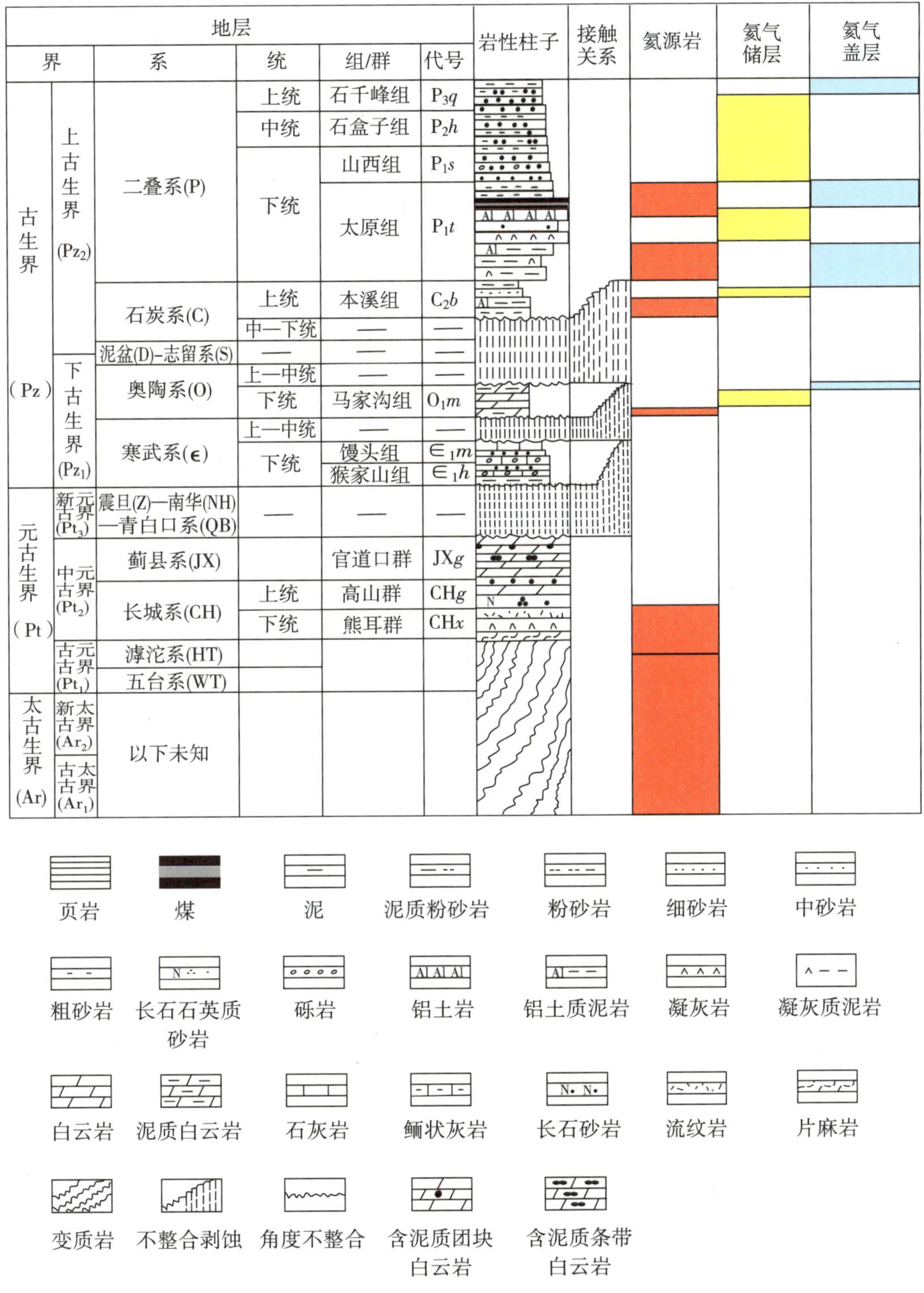

图5-1-1　庆阳气田综合地层柱状图

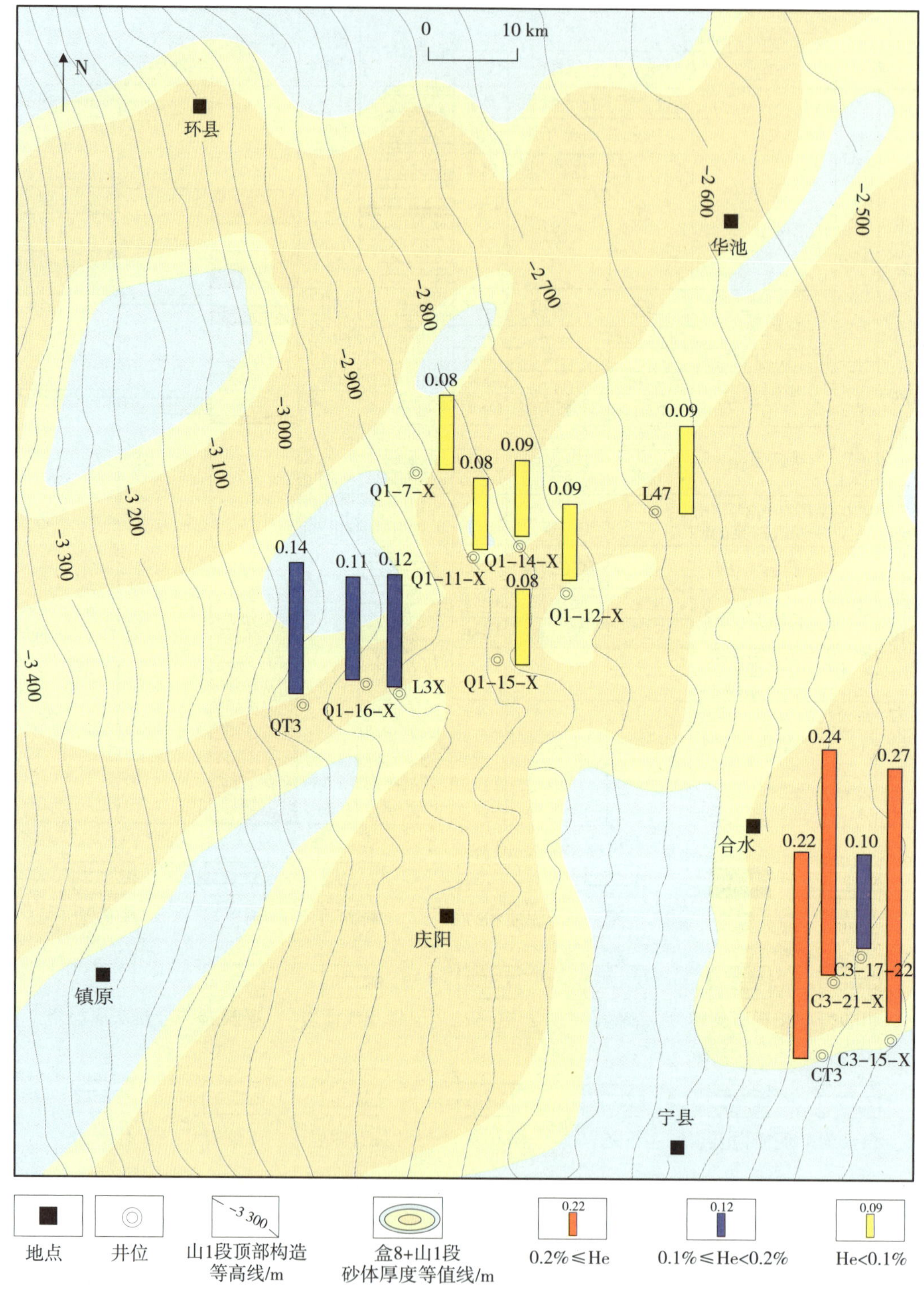

图5-1-2 庆阳气田上古生界气藏氦气含量平面分布

二、庆阳气田氦气富集成藏模式

庆阳气田氦气主要来自基底型氦源岩与沉积型氦源岩。庆阳气田下伏太古界高磁化率的高级变质岩与花岗片麻岩为主要基底型氦源岩，石炭系—二叠系铝土岩为次要沉积型氦源岩。

庆阳气田基底部分主要可以分为2个区块，以基底断裂F_1为界，断裂北部属于镇原—佳县陆块，整体表现为高磁异常，磁异常强度多在20～400 nT之间，个别地区可达400 nT以上。研究区QS1井（2 045±23 Ma）黑云母角闪片麻岩和片麻质花岗岩发育可与对应露头区变质程度高的五台群岩性进行类比，根据测井资料结合对应岩样的微量元素分析得到其U、Th平均丰度为3.44×10^{-6}和18.42×10^{-6}，生氦强度为0.94×10^{-12} cm^3/（a·$g_{岩石}$），具有良好的生氦潜力。

断裂以南为彬县—延长低磁异常带，该带东部盆缘出露界河口群、吕梁群。其中，界河口群由含石墨大理岩、变泥砂质岩石和斜长角闪岩组成，吕梁群由大理岩、片岩和混合岩组成，其U、Th平均丰度为2.34×10^{-6}和10.23×10^{-6}，生氦强度为0.58×10^{-12} cm^3/(a·$g_{岩石}$)，生氦潜力一般（图5-1-3）。

庆阳气田的沉积型潜在氦源岩主要包括上古生界下二叠统太原组和山西组中的泥岩、煤以及铝土岩。通过对不同层位岩心样品的主微量元素分析并结合测井资料解释，对庆阳气田氦源岩进行了系统性评价。具体来说，二叠系太原组泥岩U、Th平均丰度分别为7.40×10^{-6}和23.22×10^{-6}，生氦强度为1.56×10^{-12} cm^3/（a·$g_{岩石}$）；太原组铝土岩U、Th平均丰度分别为9.33×10^{-6}和47.01×10^{-6}，生氦强度为2.47×10^{-12} cm^3/（a·$g_{岩石}$）；山西组泥岩U、Th平均丰度分别为6.21×10^{-6}和20.51×10^{-6}，生氦强度为1.34×10^{-12} cm^3/（a·$g_{岩石}$）。

庆阳气田在早古生代位于发育正向构造单元的中央古隆起。古隆起呈“L”形展布，核部位于镇原—庆阳地区，也是加里东末期—海西早期地层剥蚀量最大的地区。

在镇原—泾川中央古隆起核部，寒武系被全部剥蚀，上古生界直接与元古界氦源岩接触，庆阳—合水一带中晚寒武世—早奥陶世地层依次与氦源岩接触（图5-1-4）（付金华等，2019；黄军平等，2022）。这使得庆阳气田的基底相对于苏里格气田、榆林气田等盆地中部气藏与二叠系致密砂岩储层距离更小，当富氦流体沿运移通道向上运移时，由于地层温压条件的下降，氦气会不断从流体中脱出并成藏，运移距离越短，储层在氦气垂向运移过程中的捕集率越高，氦气散失量就越小，因此庆阳气田总体氦气丰度要远高于鄂尔多斯盆地中部气藏（张成弓，2013；何登发等，2020；丁志剑，2023；张春林等，2023）。

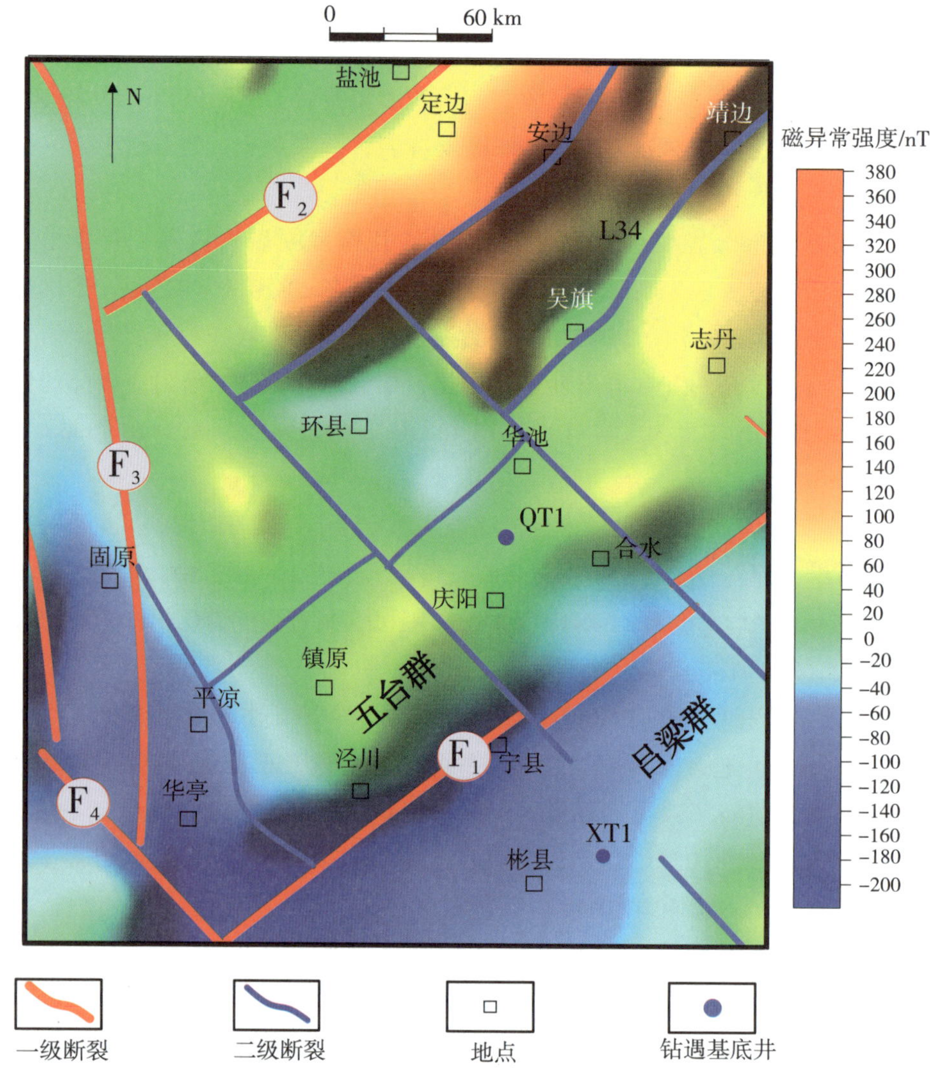

图5-1-3 庆阳气田结晶基底构造单元划分及断裂展布（据王海东等，2024，修改）

氦气从矿物中释放后，大部分会在孔隙水中聚集，孔隙水与天然气藏或其他地下流体相互接触时，氦气会被“置换”出来。这一过程遵循亨利定律的控制，即气体的分压与亨利系数决定了稀溶液气体溶解度（秦胜飞等，2021）。与载体气相比，氦气亨利系数高，且受温度影响较大。氦气在基底氦源岩处分压大，温度高，因此可以溶于水中向上运移。当运移至浅部时，遇到天然气藏或其他载体气，由于温度下降且氦气分压降低，载体气溶于水中而氦气溶解脱溶，因此Brown（2019）认为较低的地层压力与地温梯度有利于氦气的溶解脱溶。

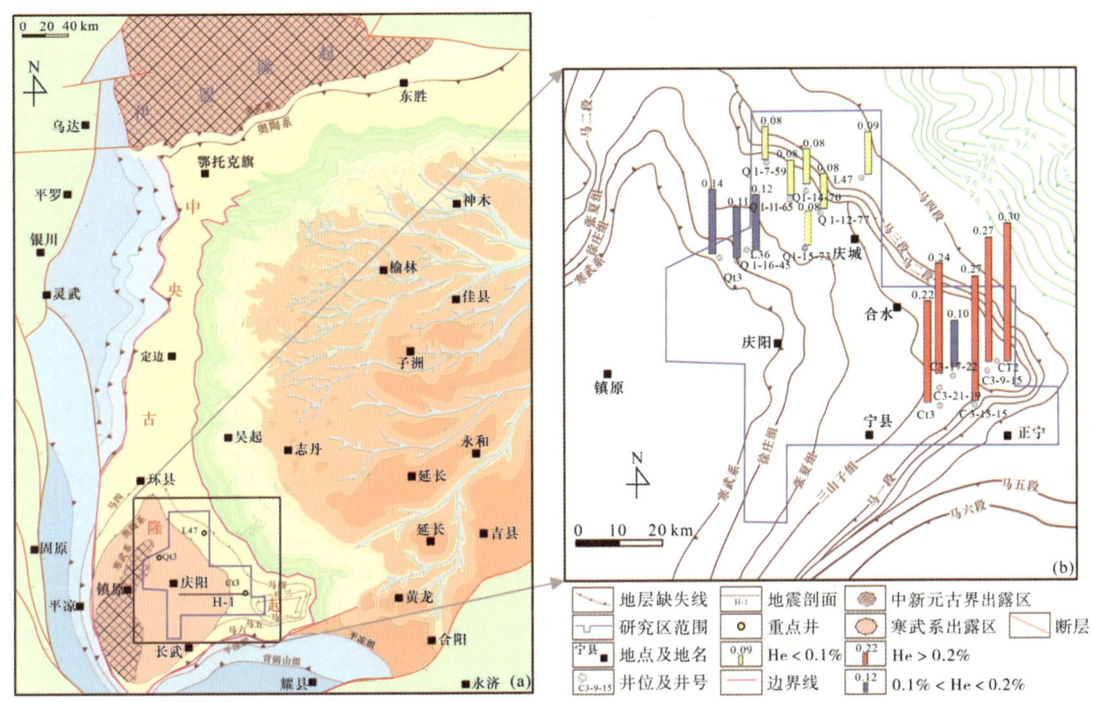

图5-1-4　鄂尔多斯盆地前石炭纪古地质图及庆阳气田氦气含量
（据长庆油田勘探开发研究院修改）

根据QS1井的埋藏史与古地温模拟判断，庆阳气田基底型氦源岩可能从奥陶纪晚期开始达到初始释氦温度，氦气从富铀钍矿物中部分释放，主要以地层水为载体，以微裂缝或基底断裂为通道向上运移，最终在圈闭成藏（图5-1-5）。庆阳气田的地层压力较低，这有利于氦气在向上运移过程中的释放。当富氦流体向上运移时，氦气在地层水中的溶解度随着温度、压力的降低而减小，导致氦气在地层水中不断逸出，相比于鄂尔多斯盆地神木气田、苏里格气田，庆阳气田埋深较深，相同层位的地层温度更高，但是地层压力更低，更有利于氦气的释放，虽然在白垩纪时烃源岩到达生烃高峰，稀释了气藏中的氦气含量，但是总体上氦气丰度依旧高于其他气田。

庆阳气田基底断裂发育，地下流体有良好的运移条件。通过对中央古隆起上H-1剖面的断裂进行精细解释，可以观察到CT3井区存在2条与基底相连的断裂。其中最东侧的断层从元古代穿透至奥陶系，表明早古生代的断裂活动仍在持续，为地壳生成的氦气提供了向上垂向迁移的通道。氦气在基底生成后，沿着断裂迁移至寒武系—奥陶系风化壳附近，并通过不整合面进入石炭系—二叠系的储层（图5-1-6）。相对而言，中央古隆起核部区域的QT2、L47井区的基底断裂发育不完全，这可能是导致庆阳气田CT3井区氦气丰度相对较高的原因。

中央古隆起核部氦气含量低于其东翼斜坡带，这是由于燕山运动地层抬升，形成东高西低的单斜缓坡构造，导致整个古生界整体转变为向东上倾的构造样式，构造运动导致源储接触关系由原来的“上生下储”转变为“侧生侧储”或者“下生上储”，使富氦流体更有利于向构造高点运移并在圈闭处富集。同时，在构造样式从“西高东低”转变为“西低东高”后，富氦天然气向东运移，由于氦气相较于烃类气体具有更强的扩散性，且运移速率更快，因此现今古隆起东翼斜坡带的氦气含量高于古隆起核部（图5-1-7）。

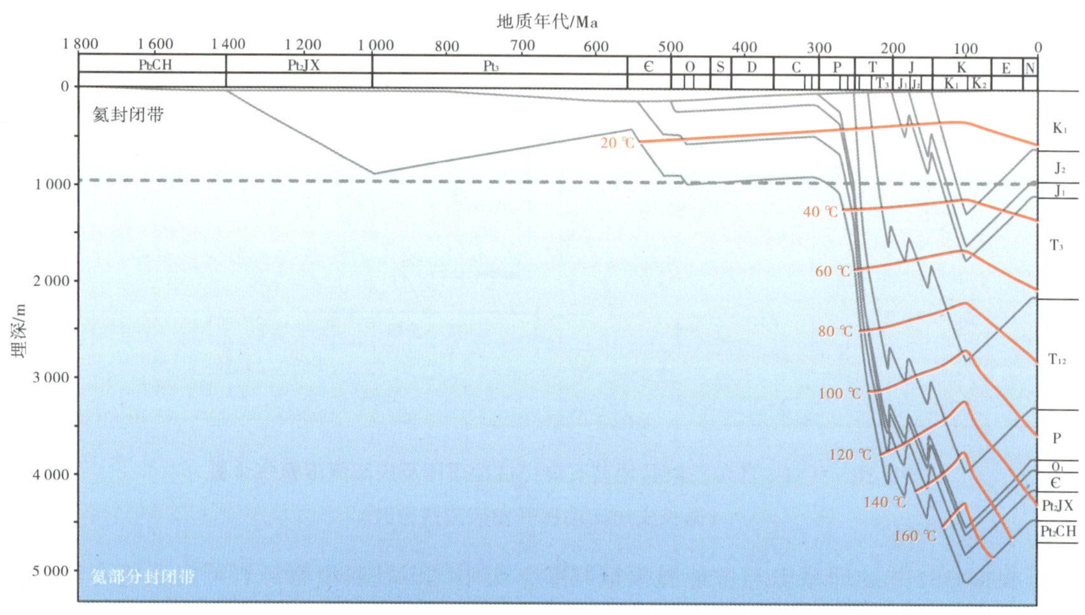

图5-1-5　QS1井埋藏史与古地温史（据王海东等，2024，修改）

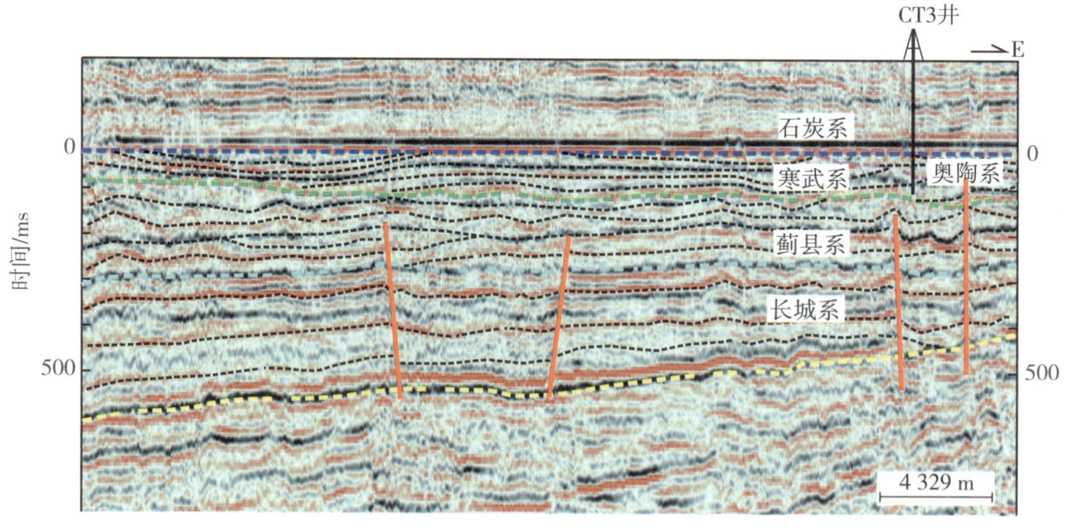

图5-1-6　鄂尔多斯盆地H-1地震剖面（王海东等，2024）

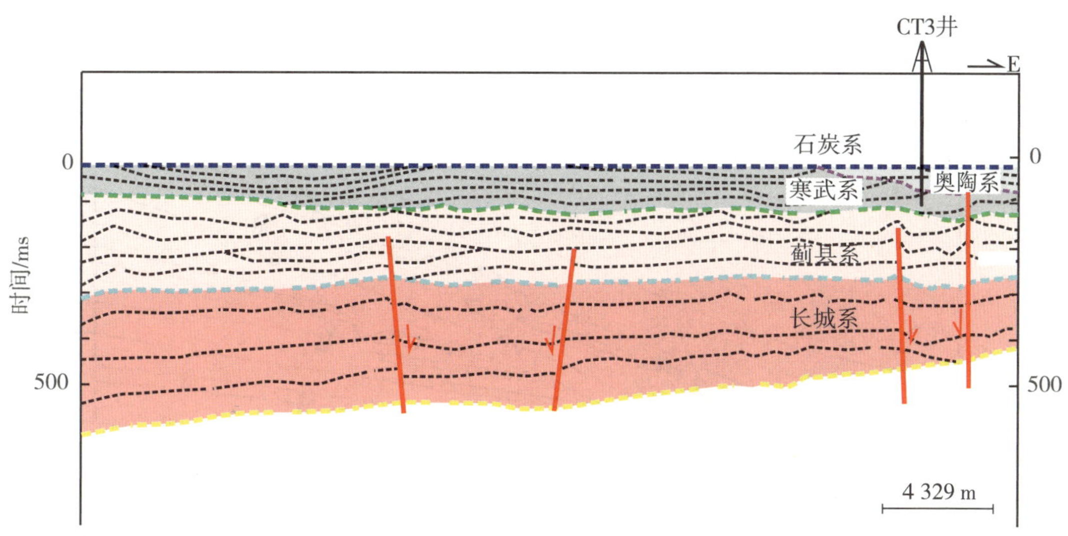

图5-1-6（续）　鄂尔多斯盆地H-1地震剖面（王海东等，2024）

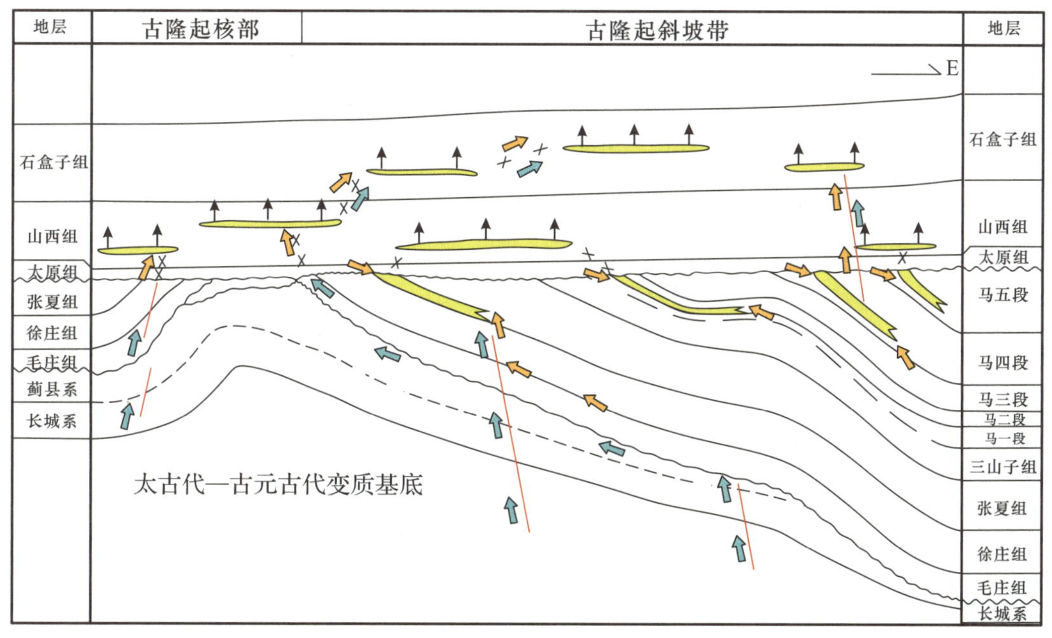

（a）庆阳气田早期（白垩纪中期）富氦天然气成藏模式

图5-1-7　庆阳气田富氦天然气成藏模式（王海东等，2024）

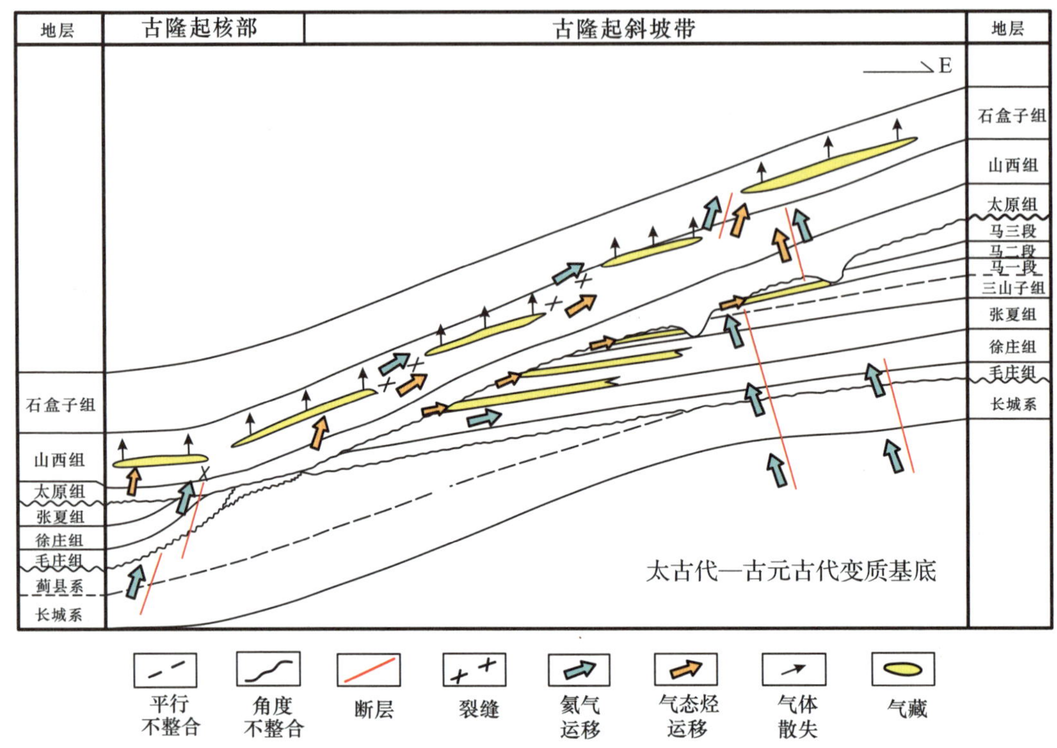

（b）庆阳气田现今富氦天然气成藏模式

图5-1-7（续） 庆阳气田富氦天然气成藏模式（王海东等，2024）

总的来说，庆阳气田氦气富集主要受中央古隆起、地层温度与地层压力、基底断裂以及构造运动的控制。广泛分布的基底花岗岩—变质岩为庆阳气田提供了充足的氦气，中央古隆起使得基底浅埋，保证氦源充足，低地层压力与负地温梯度有利于氦气溶解脱溶，基底断裂为氦气的垂向运移提供了通道，“跷跷板”式构造运动形成了现今氦气的分布特征（刘显阳等，2021）。

第二节 黄龙气田氦气富集成藏模式

一、黄龙气田氦气含量分布特征

黄龙气田位于鄂尔多斯盆地东南部，北侧毗邻靖边气田。构造上位于伊陕斜坡和渭北隆起的交会部位，南以韩城—彬县断裂与渭河盆地分界，向西北过渡到盆地主体。南部的渭北隆起燕山期发育冲断构造，北部的伊陕斜坡则以平缓的西倾单斜为主，构造活动较弱，东接晋西挠褶带（图3-3-1）（单俊峰等，2022）。

黄龙气田主要发育古生界含气系统，上古生界本溪组、山西组和下石盒子组为主要勘探开发层系，目前已探明天然气地质储量为$397×10^8\ m^3$，探明率为12%，勘探程度较低。鄂尔多斯盆地黄龙气田自下而上发育中元古界—三叠系，缺失中上奥陶统、下石炭统、侏罗系—新近系，延长组与第四系直接接触（单俊峰等，2022）。主要发育地层为下古生界奥陶系马家沟组，上古生界上石炭统本溪组，二叠系山西组、太原组、石盒子组、石千峰组，三叠系刘家沟组、和尚沟组、纸坊组、延长组及第四系地层，发育沉积地层厚度约为5 000 m。其中，下奥陶统马家沟组与上石炭统本溪组之间为角度不整合接触，上三叠统延长组与第四系之间也为角度不整合接触（范立勇等，2023，2024；魏泽坤等，2023）。

对黄龙气田50口探井的氦含量进行统计，有氦气显示的井共计11口，氦气含量在0.015%～0.226%之间，平均值为0.13%，其中氦气含量在0.05%～0.1%之间的井有4口，在0.1%～0.2%之间的井有7口，大于0.2%的井有1口。基本高于0.05%～0.1%氦气工业标准（范立勇等，2024）。

黄龙气田含氦井位在南北2个区域内较为集中。整体氦气含量表现为南高北低的特征，可见2个明显的氦气含量峰值，南部氦气含量峰值为0.226%，北部的氦气含量峰值为0.168%。南北两部的氦气含量都向东逐渐降低，向西呈现骤降趋势（图5-2-1）。

黄龙气田的含氦井位中，LH1和LH2两口水平井中发现了高含量的氦气，LH1井的主要钻探层位为太原组，共计发现气层7个，主要岩性为浅灰色细砂—中砂岩；LH2井的主要钻探层位为盒8段，共计发现气层和含气层19个，主要岩性为浅灰色中—粗砂岩。Y145和Y85两口直井中也发现了较高含量的氦气显示。Y145井的主要试气层位为盒1、盒6和盒8段下，其中有氦气显示的为盒1段。通过分析测井曲线，识别主要含气层为上古生界石盒子组盒6段、盒8段，太原组，山西组山1段，马家沟组马5段等。含气层与试气层位

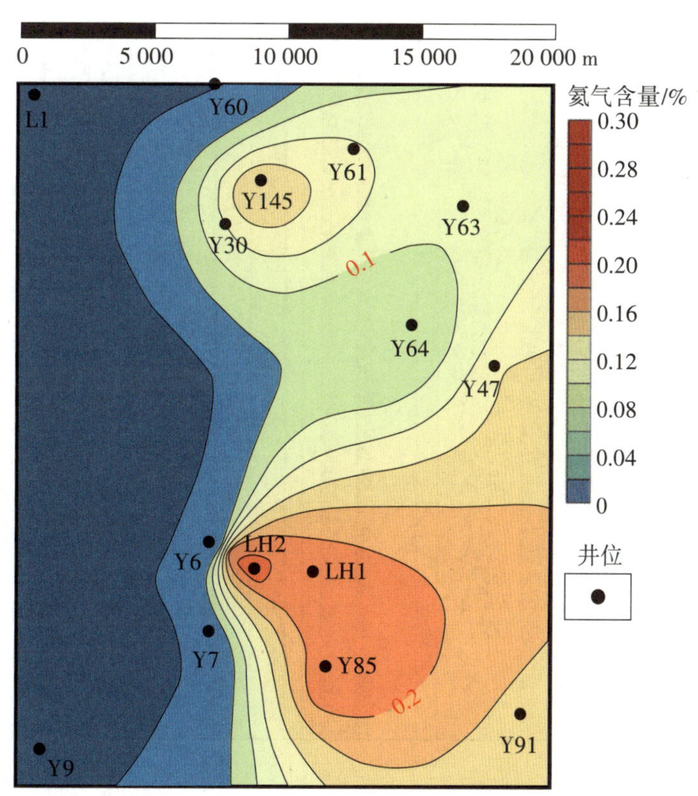

图5-2-1　黄龙气田氦气平面分布（据范立勇等，2024，修改）

基本一致，推测主要含氦气层位为石盒子组盒8段、太原组、山西组山1段（图5-2-2）。

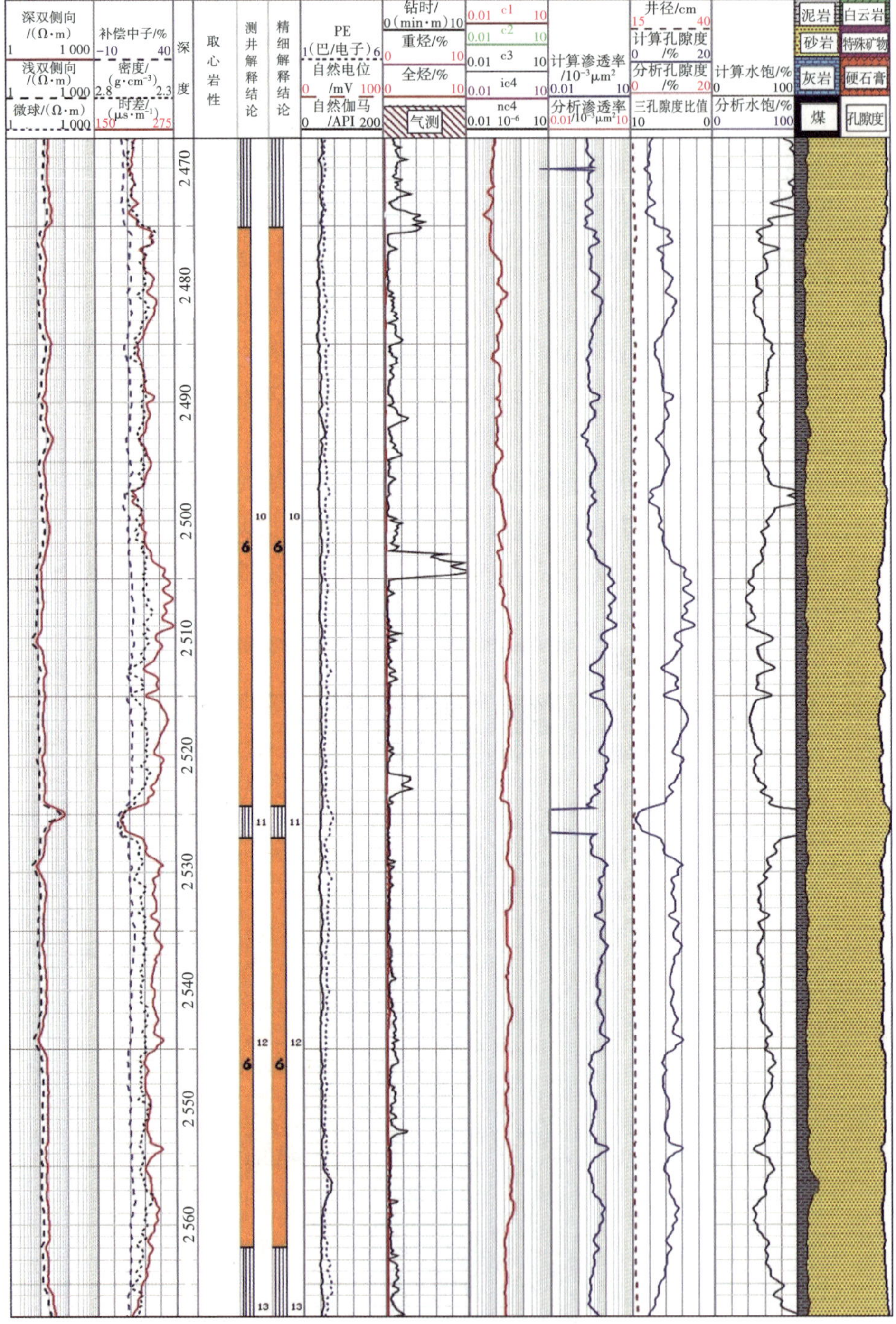

(a)LH2井盒8水平段测井解释成果图

图5-2-2 黄龙气田内典型气层识别（范立勇等，2024）

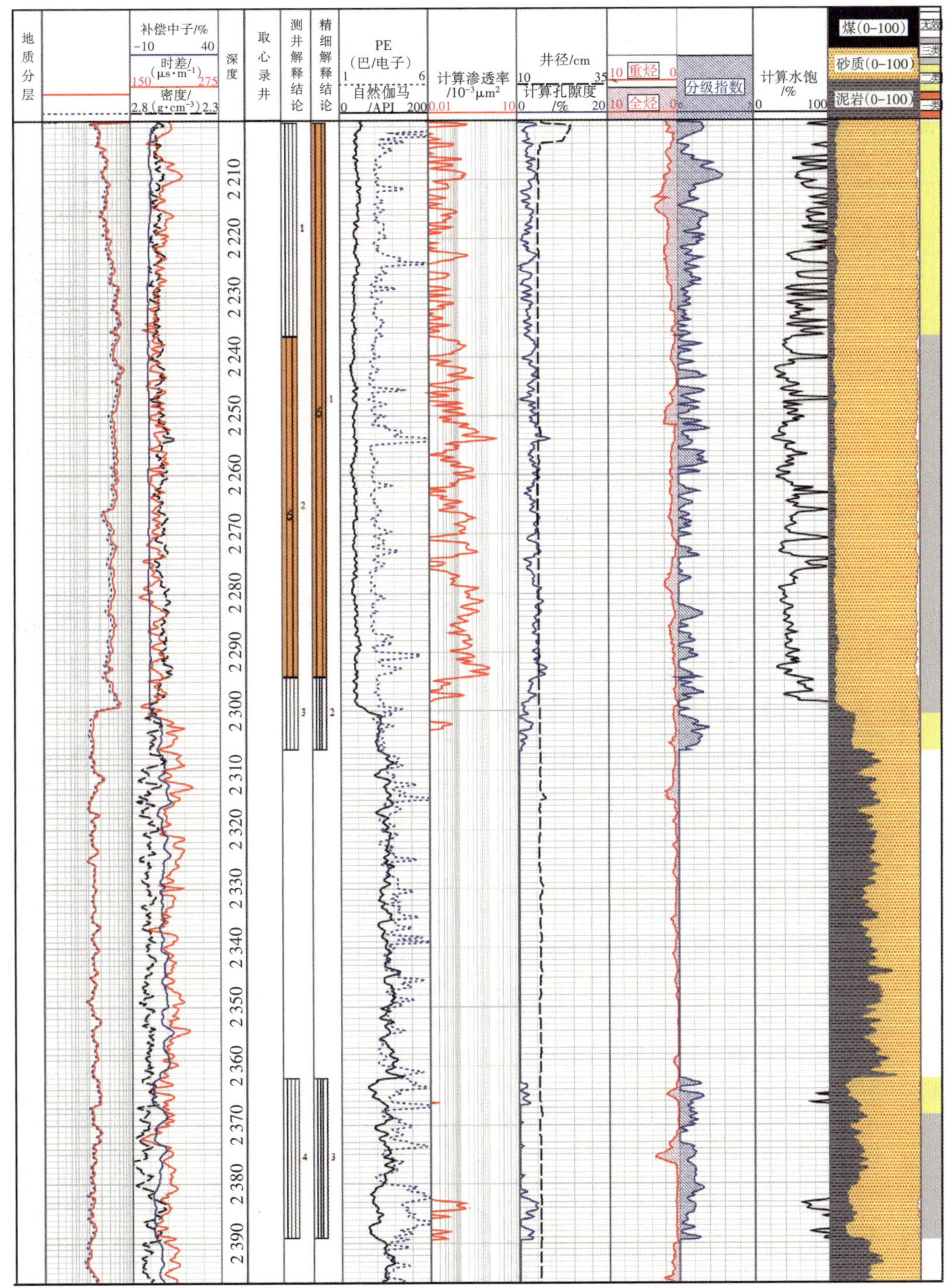

(b)LH1井太原组水平段测井解释成果图

图5-2-2（续）　黄龙气田内典型气层识别（范立勇等，2024）

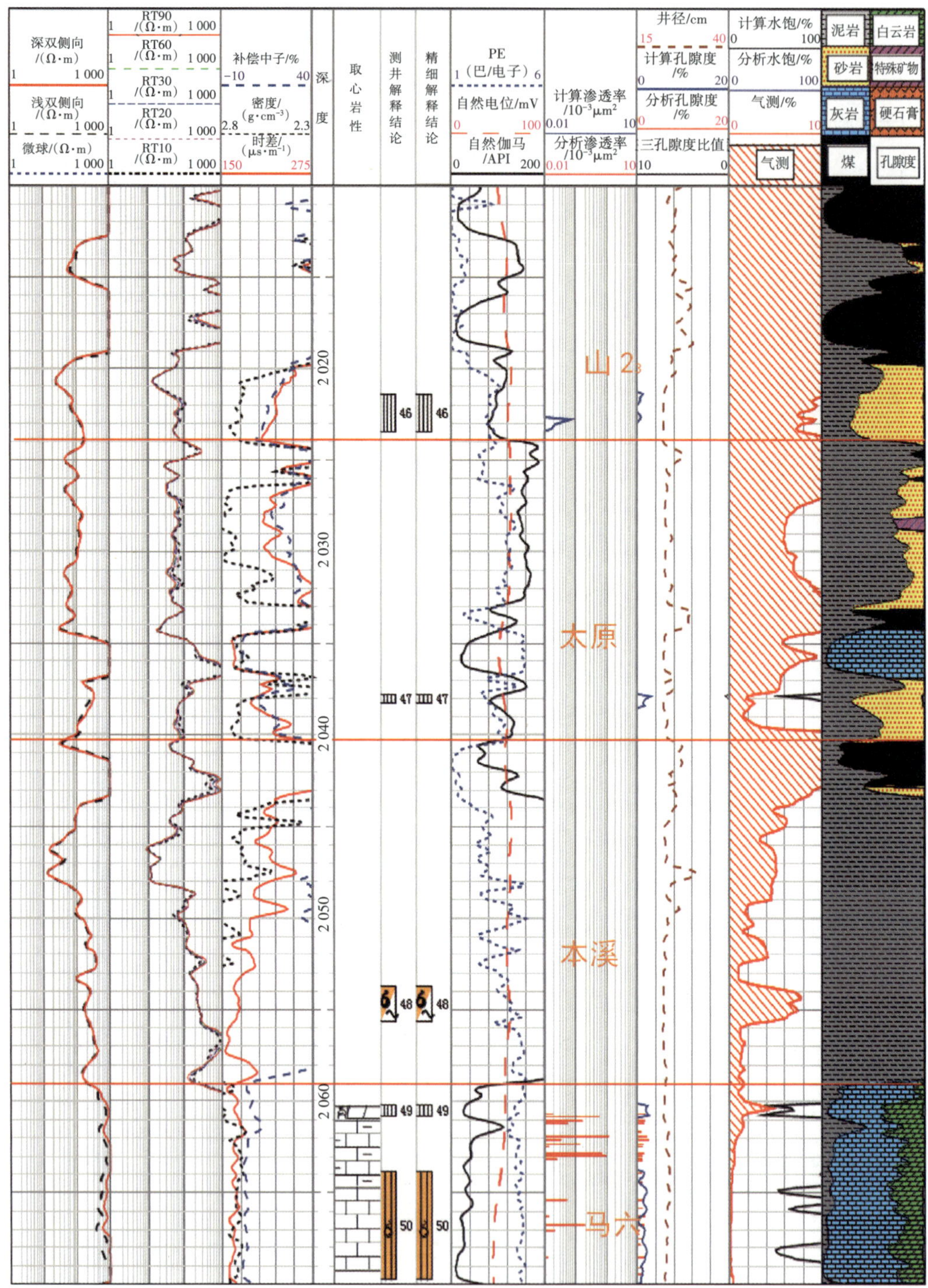

(c)Y85井太原—本溪组测井解释成果图

图5-2-2（续） 黄龙气田内典型气层识别（范立勇等，2024）

二、黄龙气田氦气富集成藏模式

黄龙气田氦气主要来自基底型氦源岩与沉积型氦源岩。其中，基底型氦源岩为太古宇和古元古界结晶基底的花岗岩和变质岩。该地区太古宇的岩性主要为片麻岩、混合岩和大理岩，元古宇潜在氦源岩的岩性主要为变粒岩；沉积型氦源岩主要是上古生界石炭系—二叠系煤、暗色泥岩和铝土岩。这些潜在氦源岩均有较高的生氦潜力，所在层位是黄龙气田重要的氦气生成层位。通过对研究区石盒子组、太原组、山西组、本溪组铀钍元素丰度对比可知，黄龙气田本溪组的铀钍元素丰度最高，平均铀元素丰度为 10.7×10^{-6}，平均钍元素丰度为 36.2×10^{-6}，而山西组、太原组和石盒子组的铀钍元素丰度较低（图5-2-3，图5-2-4）。

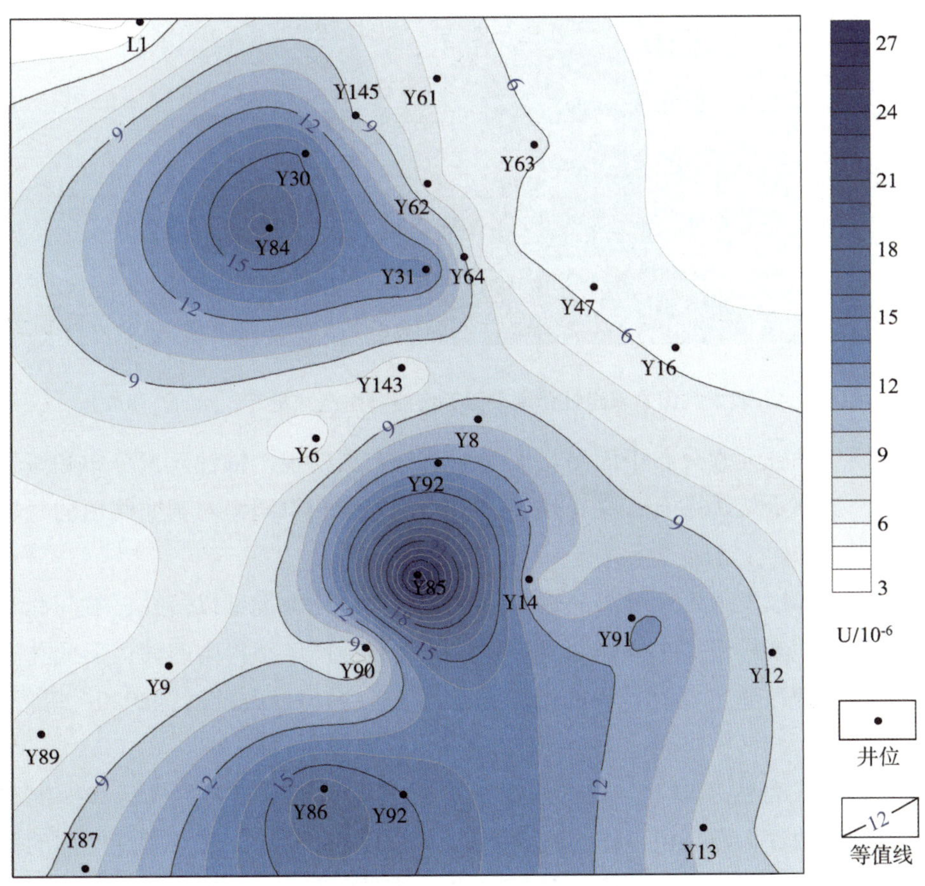

图5-2-3 黄龙气田本溪组铀元素平面等值线（据范立勇等，2024，修改）

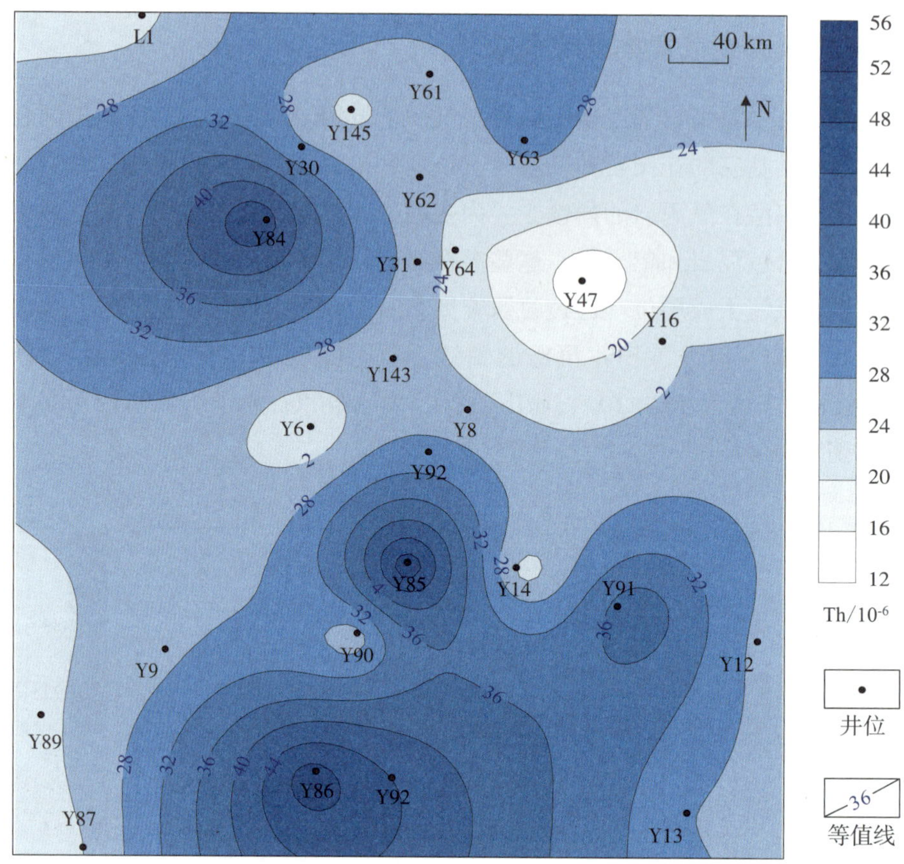

图5-2-4 黄龙气田本溪组钍元素平面等值线（据范立勇等，2024，修改）

对比本溪组铀钍元素分布平面图与氦气平面分布图发现，铀钍元素分布和氦气含量的分布在平面展布上较为贴合，具有较好的相关性，推测本溪组对黄龙气田的氦气贡献最大。

区内上古生界以发育低孔低渗的较差储集层为主，孔隙类型以溶孔、粒间孔和微孔为主。这些孔隙随着构造（主要是断层活动）的改造，产生了伴生裂缝，形成孔隙加裂缝双孔介质，有效改善了低孔低渗的储层物性（表5-2-1）（方继瑶，2020；单俊峰等，2022）。

在孔隙裂缝发育的基础上，外围地层水进入裂缝和断层，为氦气运移提供有效载体。盆地内发育的深大断裂可以作为饱含氦气等气体组分的地下水及常规气体的优势运移通道。黄龙气田位于彬县—延长洼槽与韩城—河津陆块的分界处，同时位于鄂尔多斯盆地基底断裂的一级断裂，即一级基底构造单元的边界断裂F_2处（图5-2-5）。深大断裂呈西南—东北方向贯穿黄龙气田，使得基底氦源岩释放的氦可以沿着断裂排出，随流体顺着断裂向上运移后聚集成藏（魏泽坤等，2023）。

表5-2-1　黄龙气田裂缝发育统计表（刘宝宪等，2011；陈朝兵等，2017；范立勇等，2024）

井号	时代	裂缝发育井段/m	层位	裂缝/条	倾角/°	裂缝主要走向
Y9	晚古生代	1 367～1 490	盒5、盒8	32	60～84	近东西向、北东—南西
		1 514～1 580	山西组	13	63～88	近东西向、北东—南西
		1 580～1 605	太原组	14	31～78	北东—南西
		1 118～1 216	盒6、盒8	32	43～81	北东—南西
Y13		1 219～1 281	山西组	20	49～77	近东西向、北东—南西、北西—南东向、近南北向
		1 306.08	太原组	1	71	近东西向
Y8	早古生代	2 239～2 257	马五$_{1+2}$	16	62～82	北东—南西、近东西向
Y9		1 645～1 647	马五$_{14}$	7	38～53	北东—南西、近东西向
Y12		1 998～2 009	马五$_{1+2}$	8	66～78	北东—南西
Y13		1 350～1 377	马五$_1$	4	44～73	北东—南西、近东西向
Y16		2 390～2 399	马五$_1$	2	60～61	北西—南东、近东西向

根据渭北隆起及鄂尔多斯盆地南缘编制的布格重力异常及化极磁力异常图对黄龙气田的断裂分布进行研究（图5-2-5）。布格重力异常具有东高西低、中间高南北低、高低相间分布的特征，重力异常与构造存在关系，一般情况下，布格重力异常相对低处为盆地或凹陷区，而布格重力异常相对较高处则为隆起区等较高构造区域。由图5-2-6(a)可知黄龙气田位于布格重力异常相对最高处，说明黄龙气田位于构造高部位。不同密度的介质分布形态不同，布格重力异常分布也不同，一般低密度介质处会出现低异常。存在于高异常区和低异常区之间的重力异常梯度条带，也表明了不同密度介质的分布面的位置，即指示了主要断裂的分布。

根据化极磁力异常图［图5-2-6(b)］，发现航磁异常等值线与布格重力异常的分布特征基本近似，北部和东南部存在高磁力异常区，中部存在低磁力异常区，之间存在一条北北东向的磁力异常梯级带，黄龙气田位于磁力异常梯级带处，磁异常值的分布与岩浆活动、断裂活动和磁性地质体分布相关，说明黄龙气田存在岩浆活动，且有断裂发育。

结合布格重力、航磁ΔT化极异常，得到黄龙气田的断裂构造分区。黄龙气田位于宜君—黄龙断坡带，北邻延安单斜，南靠合阳—澄城断隆带，整体呈北东向条带状分布，断坡状断褶北部为构造复杂的隆起断块，南部为西倾大单斜。由图5-2-7可以看出宜君—黄龙断坡带内发育有丰富的断层，沟通了F_{2-1}和F_{2-2} 2个深大断裂，为氦气运移提供了良好的通道。呈北东走向的F_{2-2}大断裂为陕北斜坡和渭北隆起的分界大断裂，是一条逆断层。宜黄地区的F_{2-2}断裂断面倾向为南南西，倾角在50°左右，是一条较陡的断层。

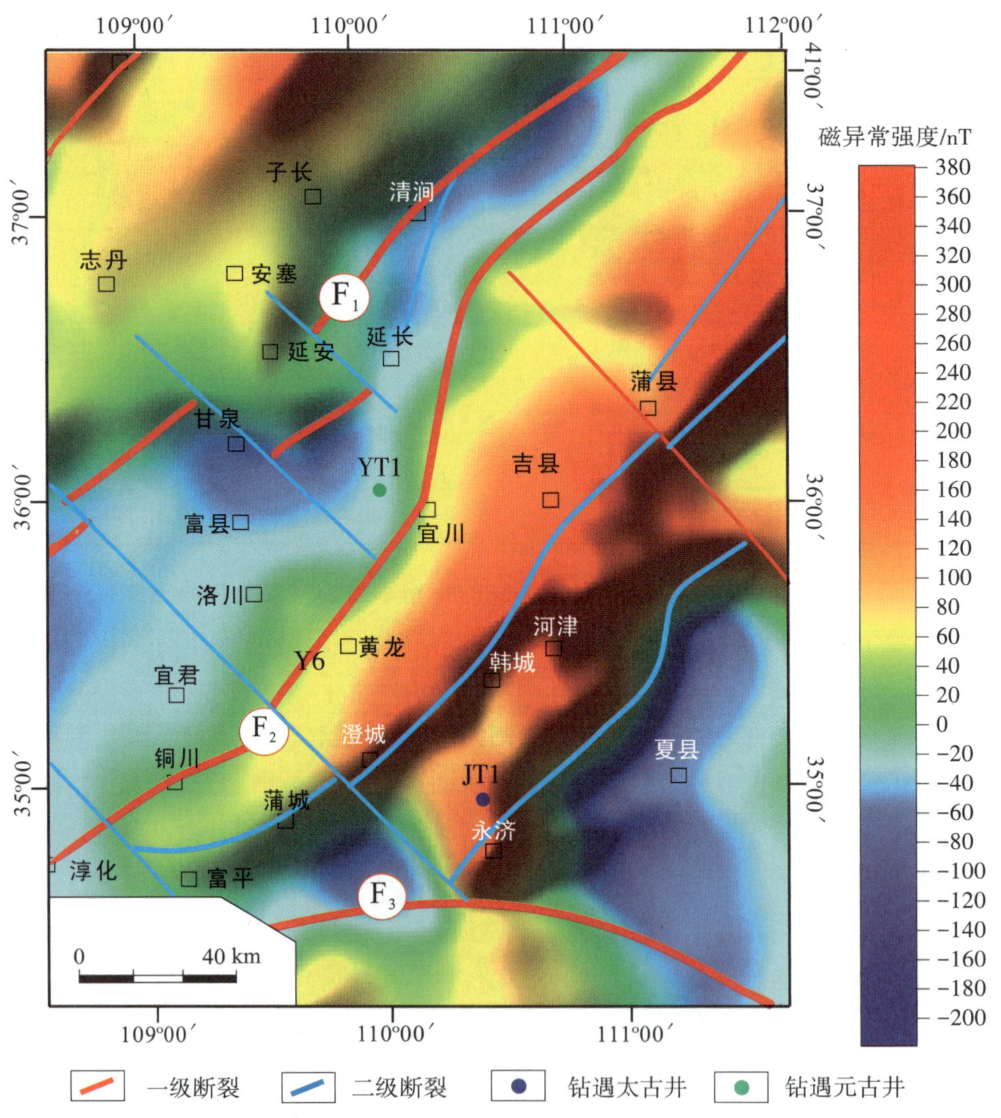

图5-2-5 鄂尔多斯盆地及邻区结晶基底构造单元划分（据范立勇等，2024，修改）

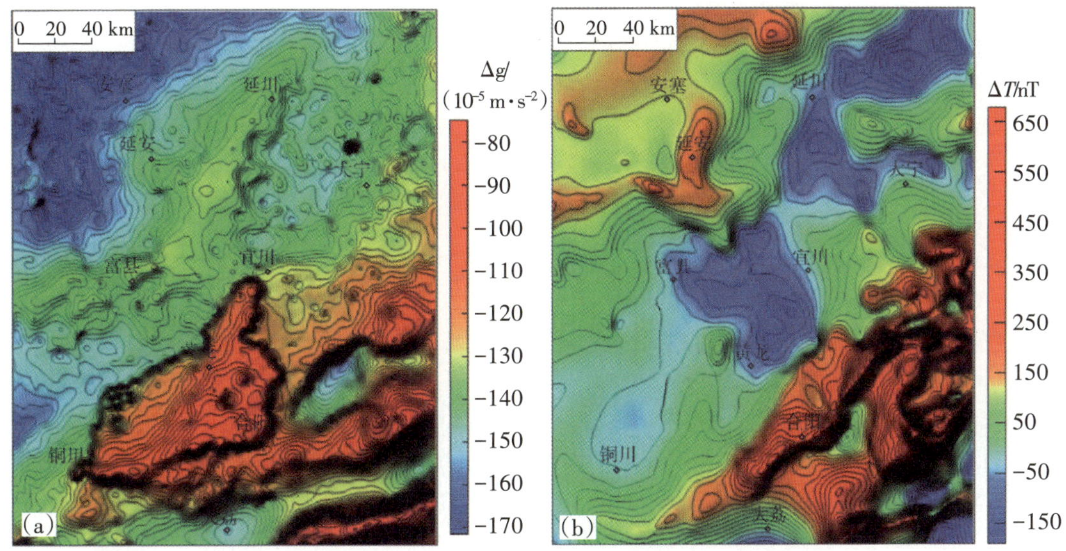

图5-2-6　黄龙气田布格重力异常（a）和化极磁力异常图（b）（据魏泽坤等，2023，修改）

黄龙气田断裂发育较多，在断坡带内呈网格状分布，鄂尔多斯盆地南缘的铀矿基本都分布在断裂的两侧，在断裂处岩石破碎产生的裂缝裂隙使得地层压力变小，便于含铀的地下水沿着裂缝定向流动，为氦气释放与运移提供了优势通道与动力。

利用地震资料对黄龙气田构造进行分析，黄龙气田有一级断裂3条、二级断裂9条和三级断裂50条（图5-2-7），其中一级断裂为区域性断裂，呈北东向分布，为盆地基底岩性的区域性分界线，横穿整个研究区。二级断裂呈北东、北西向网状分布，北西向断裂形成时间晚于北东向，控制基底的隆坳格局。三级断裂多为沉积层内部断裂，规模小，数量多，也可作为氦气垂向运移的通道（魏泽坤等，2023）。LH2井位于一级断裂F_{2-2}与二级断裂交汇处，有良好的氦气运移条件，这是其富氦的重要条件之一。

从氦气与其他气体的相互关系来看，黄龙气田氦气与烃类气体、二氧化碳及氮气的相关性极低，因此黄龙气田氦气成藏与天然气成藏关系较小，但从天然气组分来看，甲烷气占绝大比例，基本在95%以上，推测这可能与成藏过程有关。黄龙气田主要生烃和成藏期在晚三叠世至早白垩世，在此之前，来自基底的氦气已经源源不断地释放，但主要溶于地下水与孔隙水中，所以，黄龙气田的氦气释放后随地层水运移，晚石炭世到晚白垩世，渭北隆起经历了多次构造活动，致密储层中的烃类气体聚集成藏，同时孔隙水中的氦也顺着流体运移，在经过天然气藏底部时，氦气从孔隙水中脱出，然后与天然气一起成藏。主要为地下水脱氦聚集模式，且受断层影响地层压力较低，或富氦的地下水遇到天然气藏中的气体时氦气分压降低，氦气溶解度降低达到饱和状态，从水溶态转变为游离态，进入气藏。

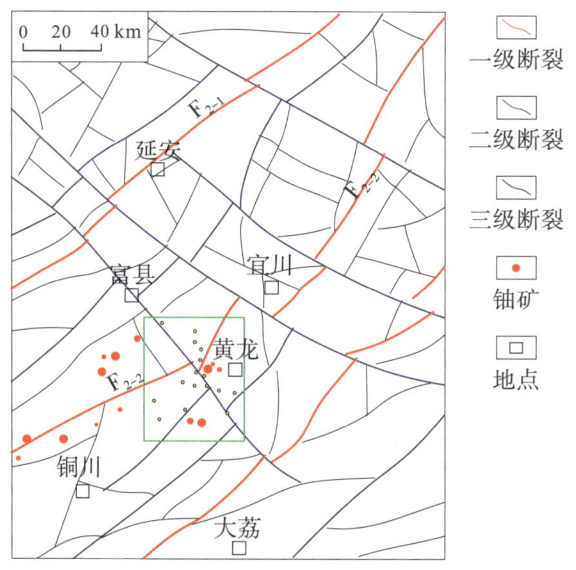

图5-2-7 黄龙气田断裂分布与铀矿叠合图（据范立勇等，2024，修改）

区内发育有泥岩、泥质碳酸盐岩、泥质硬石膏等封闭性良好的盖层。同时，黄龙气田位于异常高压区，黄龙北部发育有山2段—本溪组剩余压力高压带，剩余压力超过9 MPa，这也是良好的区域性盖层。

综上所述，黄龙气田氦气在生成、释放、运移、聚集、保存等5个方面均具有一定的有利条件，形成了一个稳定克拉通盆地边缘的隆起带氦气藏（图5-2-8）。

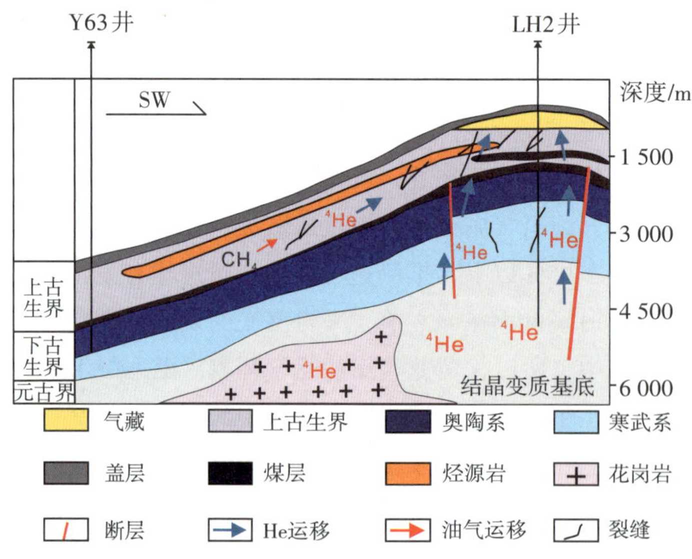

图5-2-8 黄龙气田富氦天然气藏成藏模式简图（据范立勇等，2024，修改）

第三节　苏里格气田氦气富集成藏模式

一、苏里格气田氦气含量分布特征

苏里格气田位于鄂尔多斯盆地中部（图3-3-1），西接鄂托克前旗，东至乌审旗地区，南抵陕西定边县，北达鄂托克后旗，构造上处于盆地伊陕斜坡西部的单斜构造上，勘探面积约为20 000 km^2，叠合含气面积为4 295.5 km^2，是一个典型的致密砂岩气藏（高星等，2009；王猛等，2017）。

苏里格地区的构造特征为东部高而西部低、北部高而南部低，整体表现为从东北向西南倾斜，发育形状不规则的鼻状构造，开口主要方向为北东向。在地质历史时期，苏里格先后经历了海西运动、印支运动、燕山运动等几大构造运动。印支运动时期，苏里格气田地层受到了东西向的挤压应力作用，发育较多的小型逆断层，局部地区发生隆升和拗陷，形成小幅度背斜或洼地；燕山运动时期，苏里格发育小型正断层，整个盆地地层抬升西倾。此外，海西期也发育有少量正断层。这些断层为流体的运移提供了天然的优势通道，但相较于鄂尔多斯盆地其他地区，苏里格地区的断层发育总体较差。

苏里格地区基底为太古界和早元古代变质岩（图5-3-1），一部分属于伊盟造山带，主要由早元古代条带状展布的强磁性岛弧花岗岩和弱磁性的变质沉积岩或孔兹岩组成；另一部分属于盐池—榆林陆块，属于集宁群富铝变质岩系，岩石组分与孔兹岩系基本一致，岩性为黑云母片麻岩、花岗片麻岩等。苏里格上覆地层沉积间断、剥蚀不整合发育，缺失志留系、泥盆系以及下石炭统的地层，主要发育上古生界的地层（图5-3-2），从上而下依次为：本溪组、太原组、山西组、石盒子组、石千峰组。

苏里格气田具有“大面积生烃、蒸发式排烃、弥漫式充注”的特点（陈占军，2016），石炭系本溪组—二叠系山西组间的煤层和暗色泥岩是苏里格地区的天然气气源（图5-3-2），该套烃源岩在整个苏里格地区稳定发育。它的主要储层为山西组与石盒子组的砂岩，储层致密且非均质性强，上古生界的烃源岩与储层为垂向接触或直接接触，一般表现为“下生上储”“自生自储”的配置组合关系。整个苏里格地区以石千峰组的泥岩作为区域性盖层，局部地区以上石盒子组泥岩为盖层（李会军等，2007）。

苏里格气田的天然气甲烷含量处于83.96%～93.67%之间，重烃含量较高，甲烷系数平均为95.75%，干燥系数为37.21%，而根据天然气烷烃组分与碳同位素分析，苏里格气田的气样具有煤层气的特征，以热成因为主。由图5-3-3可知，苏里格地区普遍含氦，整体氦气含量从西向东逐渐降低，整体表现出西高东低的特征。西部氦气呈聚集趋势，在鄂托克前旗西部达到最高，峰值达到0.079%；东部地区等值线较为发散，但在乌审旗及其北部地区出现明显的低值中心，最低值小于0.024%。根据氦气丰度，以0.05%等值线为界将苏里格分成2个含氦区域：氦气一类区丰度相对较高，基本在0.05%～0.10%之间，以苏里格西区为主；氦气二类区丰度相对较低，处于0.03%～0.05%之间，以苏里格其他区块为主。

通过氦气与天然气其他组分含量的关系分析，发现苏里格气田的氦气与甲烷、二氧化碳气体无耦合关系，与氮气含量呈正相关，氦气含量较高的样品其氮气含量也相对较高。从纵向上看，苏里格气田的产气层主要分布于山西组和下石盒子组的地层中（图5-3-4），岩性主要为石英砂岩、岩屑石英砂岩及少量岩屑砂岩。根据2个含氦区域储层的对比，氦气一类区多有纯水层，含气层相对较少，一类区产水较多；氦气二类区气水同层较多，少有纯气层和纯水层，含气性较一类区更强。

二、苏里格气田氦气富集成藏模式

氦源是富氦天然气藏形成的必要条件，也是控制成藏的关键性因素。通过氦同位素分析，苏里格气田氦气属于壳源氦气，而壳源氦主要来源于地壳中放射性铀、钍元素的衰变。研究发现，岩石中铀、钍元素的丰度及岩石的年龄共同决定了岩石的生氦潜力。虽然地壳岩石的衰变反应极其缓慢，但巨大的地质体规模和漫长的地质历史时期积累了丰富的氦气资源，因而古老的富含铀、钍元素的岩石往往可以作为良好的氦源岩。苏里格气田的潜在氦源岩较为丰富，具有基底型和沉积型2种源岩。

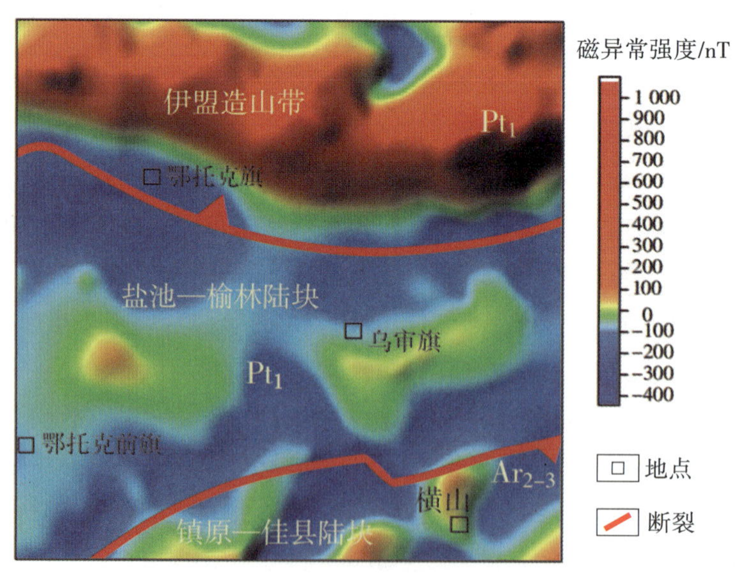

图5-3-1　苏里格地区基底单元划分

地层						岩性	沉积环境	生	储	盖
界	系	统	组	段	层					
上古生界	二叠系	上统	石千峰	Q1		上部以紫红色泥岩为主，夹中厚层砂岩，下部为灰绿色厚层块状砂岩（局部含砾岩）夹暗紫色泥岩	冲积扇—三角洲—湖泊体系			
				Q2						
				Q3						
				Q4						
				Q5						
			上石盒子	H1		紫红色、黄绿色砂质泥岩与浅棕灰色、黄绿色砂岩互层，局部含砾岩，砂岩较为致密				
				H2						
				H3						
				H4						
		中统	下石盒子	H5		灰绿色砂岩与蓝灰、黄绿色砂质泥岩互层，低部含砾岩				
				H6						
				H7						
				H8上	1					
					2					
				H8下	1					
					2					
		下统	山西	S1	1	厚层深灰色泥岩、灰色砂岩、细砂岩、薄煤层				
					2					
					3					
				S2	1	顶部为深灰色灰岩，夹黑色泥岩，下部为灰色、黑色泥岩夹灰色砂岩				
					2					
					3					
	石炭系	上统	太原	T1		灰黑色泥岩夹黄色砂岩，下部夹煤层及灰黑色泥灰岩	潮坪（潟湖）—障壁岛体系			
				T2						
			本溪	B1		灰黑色页岩夹灰色灰岩及煤线，低部为一层铝土矿及山西式赤铁矿				
				B2						
				B3						

图5-3-2　苏里格地区上古生界地层发育综合图

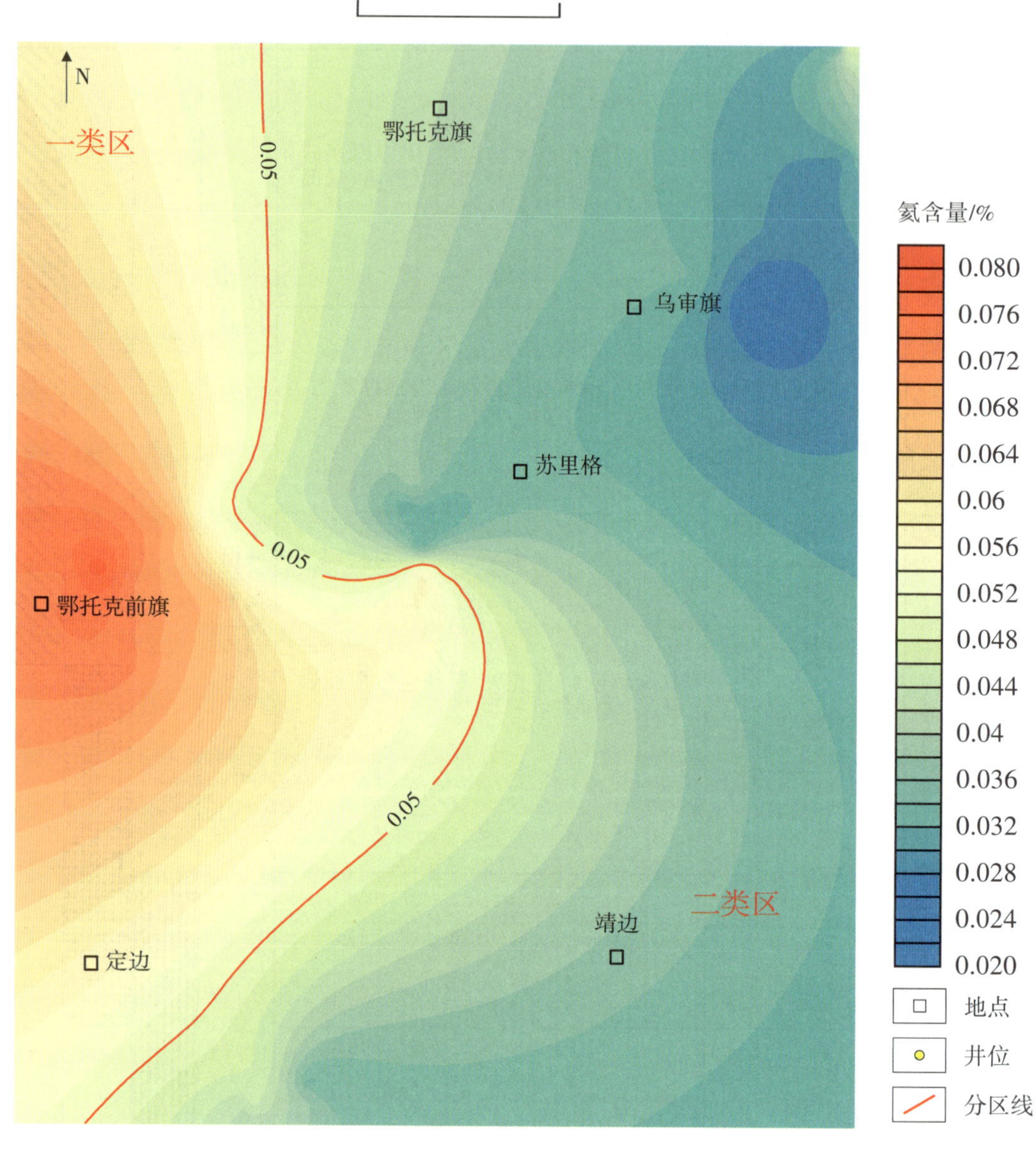

图5-3-3　苏里格地区氦气分布等值线

苏里格的基底型氦源岩为太古界的变质岩，其中氦气一类区基底属于伊盟造山带，氦气二类区基底属于盐池—榆林陆块（图5-3-1）。据磁力资料显示，苏里格基底总体表现为低磁力异常，二类区与一类区局部具有高磁特征；从埋藏深度来看，一类区基底属于上集宁群，埋深略大于处于乌拉山群的二类区；从生氦潜力而言，氦气一类区基底的平均铀含量为2.95×10^{-6}，钍含量为10.4×10^{-6}，生氦强度为6.54×10^{-12} cm^3/（$a\cdot g_{岩石}$），高于上地壳平均铀钍元素丰度。

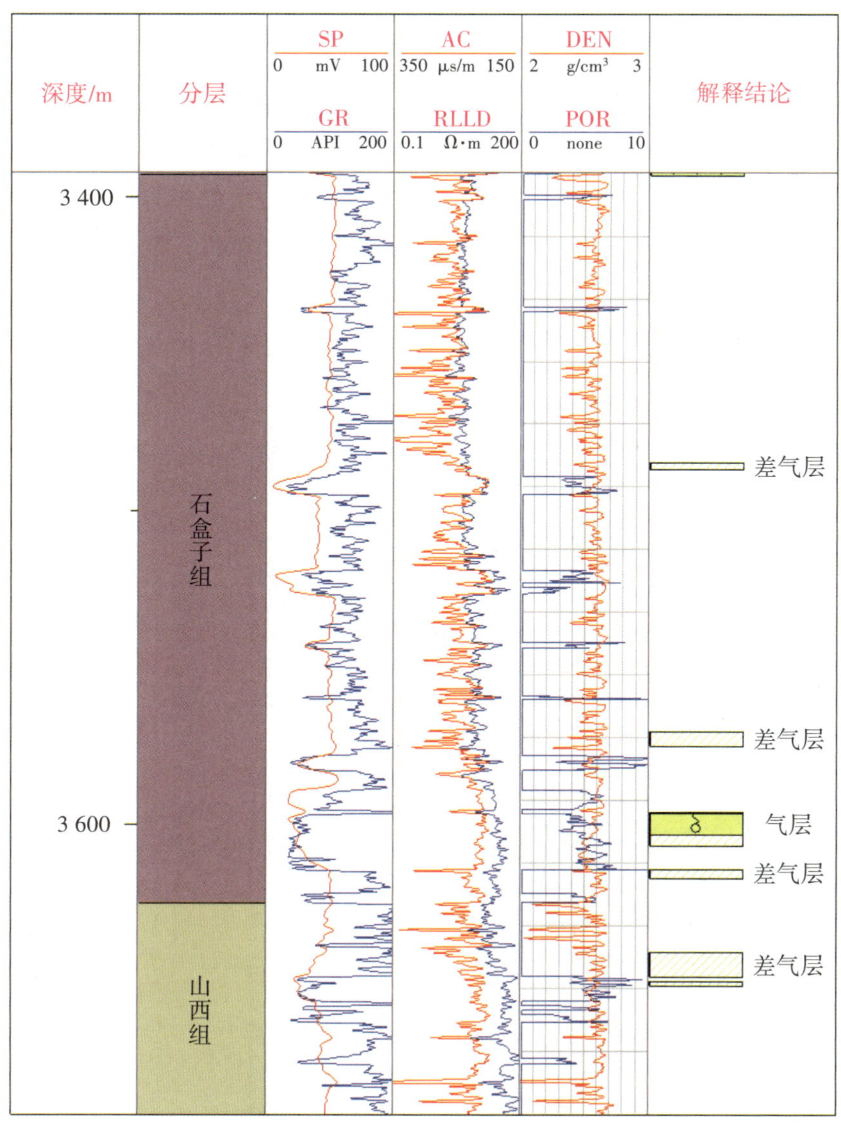

图 5-3-4　S48-17-52 测井解释图

苏里格的沉积型氦源岩为上古生界上石炭统本溪组、下二叠统太原组与山西组的泥岩、煤及铝土岩。其中，本溪组平均铀丰度为6.395×10^{-6}，平均钍丰度为17.245×10^{-6}，平均生氦强度为1.226×10^{-12} cm^3/（$a\cdot g_{岩石}$）；太原组平均铀丰度为7.399×10^{-6}，平均钍丰度为15.231×10^{-6}，平均生氦强度为0.968×10^{-12} cm^3/（$a\cdot g_{岩石}$）；山西组平均铀丰度为7.027×10^{-6}，平均钍丰度为17.203×10^{-6}，平均生氦强度为0.979×10^{-12} cm^3/（$a\cdot g_{岩石}$）。通过对比苏里格2个氦气区块的元素丰度可知，本溪组在一类区平均丰度相对较高；山西组在一类区的平均丰度相对较低；而太原组在2个区的平均丰度相差不大，区分度不明显。

通过本溪组生氦潜力等值线图（图5-3-5）可知，在西部地区等值线呈聚合趋势，等值线分布紧密，出现明显的高值中心；在东部等值线梯度松散，呈扩散趋势。叠合氦气丰度等分区线来看，生氦潜力较大的区域与氦气一类区基本一致，生氦潜力高值聚集中心与氦气丰度高值中心基本一致。总的来说，苏里格地区的氦源充足，巨大的基底型氦源为氦气聚集提供了物质基础，沉积型氦源的生氦潜力巨大，是造成苏里格地区氦气差异性富集的重要因素。

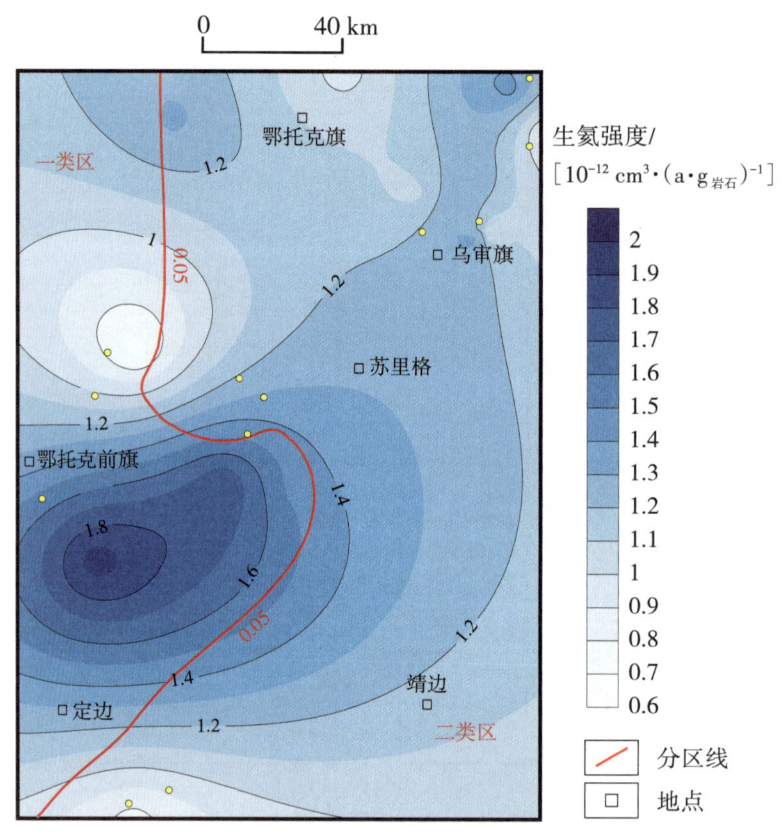

图5-3-5　本溪组生氦强度与氦气分布叠合图

整体而言，苏里格气藏主要受岩性控制，受构造控制作用较小，由于烃源岩与储层大部分直接接触，天然气通常为垂向运移，既能够通过裂缝与断层向储层运移，也能够以扩散形式聚集成藏。当氦气从岩石或矿物的晶格中逃逸、释放后，通常以扩散或平流的方式进行二次运移。石林辉等（2023）对苏里格气田三维地震开展的剖面精细解释和相干体刻画发现，二叠系地层发育北北西向、北东向、东西向3类断裂，断层产状陡直，以直立逆断层为主，本溪组、太原组断距大，向上断距逐渐减小；平面上，本征值相干体等时切片显示发育2条主断裂带：西部断裂带和东部断裂带（图5-3-6）。苏里格氦气二类区处于东部断裂带，由于其规模、断距、延伸都较小，与含气性差异相关性微弱；而苏里格氦气一类区处于西部断裂带，含气性差异与断裂发育情况具有极大的相关性，更有利于气藏的聚集。由此看来，断层的发育是影响氦气聚集的重要地质条件之一。

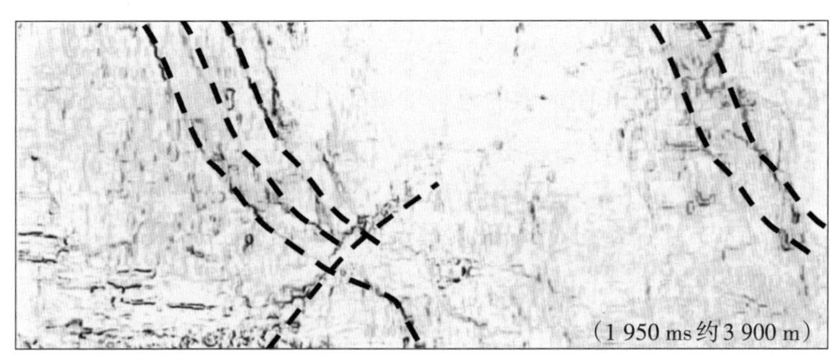

图5-3-6　苏里格气田相干体解释的西部断裂带与东部断裂带（据石林辉等，2023，修改）

氦气由于其独特的物理化学性质，难以独立成藏，通常以伴生气体组分的形式存在。因此，氦气聚集成藏时，须有载体气与之共同成藏或早于氦气成藏。研究发现，苏里格地区的氦气在进入天然气藏之前主要以水溶态赋存于地下水中。一般情况下，氦气的溶解度随着温度和压力的变化而变化，地层压力和温度的降低有利于氦气的脱溶释放，有利于富氦气藏的形成。通过统计分析，苏里格地区的氦气丰度与地层压力系数具有良好的负相关性（图5-3-7），氦气丰度越高，气藏压力系数越低。因而认为，地层压力是氦气富集的重要因素。

前人研究表明，苏里格天然气成藏是一个连续的过程，主要成藏期有2期（图5-3-8）：（1）早侏罗世—晚侏罗世，烃类以湿气和凝析油为主；（2）早白垩世：大量生干气，同时早期生成的油在高温高压条件下溶解在天然气中形成凝析气（张文忠，2009）。苏里格气田的充注动力主要为生烃增压，形成流体势差，造成从源岩到山西组储层再到石盒子组储层的阶梯式充注模式。

而大量研究表明，苏里格地区地层压力下降的主要原因是地层剥蚀和天然气侧向散失。因而需要结合生烃演化史和埋藏史来研究地层压力对氦气差异性富集的影响（郭庆等，2020）。

在漫长的地质历史时期，苏里格地区的地层压力经过了复杂的演化过程（图5-3-9）。（1）晚三叠世以前，岩石中释放出来的氦气，一部分逸散，另一部分进入地层水中，此时，因地层剥蚀及压力下降，所释放的氦气缺失载体气无法成藏。（2）晚三叠世—早侏罗世，苏里格地区的地层压力由正常变化为异常。此时烃源岩开始缓慢生成湿气和凝析油，天然气在近源的透镜状砂体中聚集。受印支运动影响，地层发生剥蚀，剥蚀厚度约为100～200 m。（3）中侏罗世—晚侏罗世，地层压力整体表现为上升，局部出现异常高压。此时是天然气的第一个成藏期，大量生成湿气。由于地层抬升和剥蚀，出现过短暂的压力下降过程。一方面，大量烃类气体的生成对氦气具有稀释作用；另一方面，地层压力整体较高，不利于氦气的释放，且地层剥蚀的同时，也造成了氦气的逸散。（4）早白垩世，地层压力持续增大，表现为异常高压。这个时期是苏里格地区天然气形成的主要时期，此时氦气在水中的溶解度增大，大量生成干气使得烃类气体的稀释作用更强。（5）早白垩世以后，一方面，烃源岩的热演化与生烃作用逐渐减弱，对氦气的稀释作用减小；另一方面，受燕山运动影响，地层转变为西低东高，地层水向较低的西部移动。与此同时，地层抬升剥蚀造成地层压力急剧下降，使得前期一直赋存于地层水中的氦气大量释放。

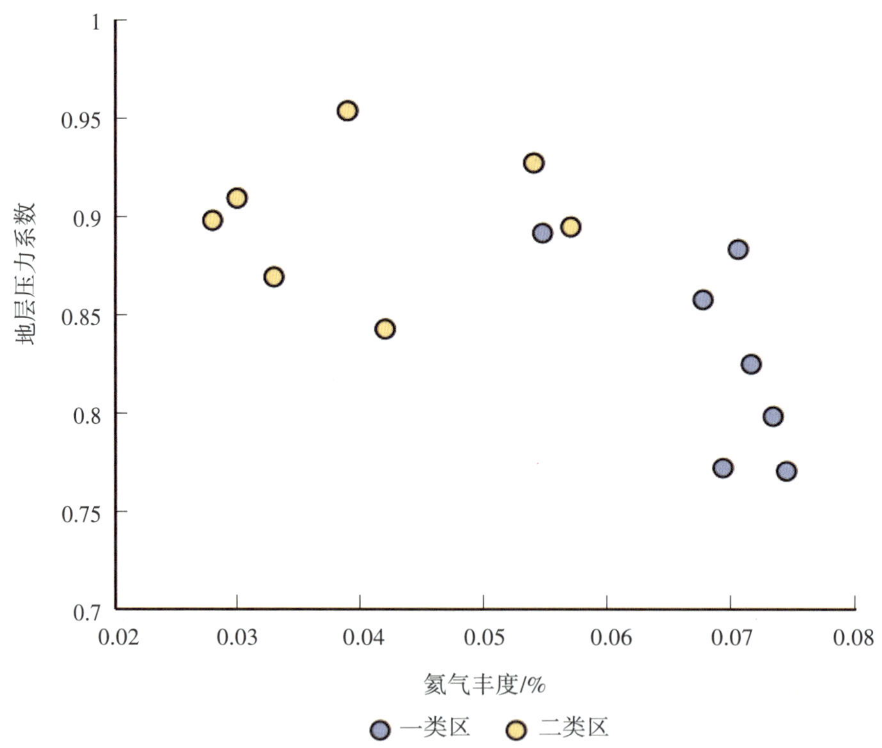

图5-3-7　地层压力系数与氦气丰度交会图

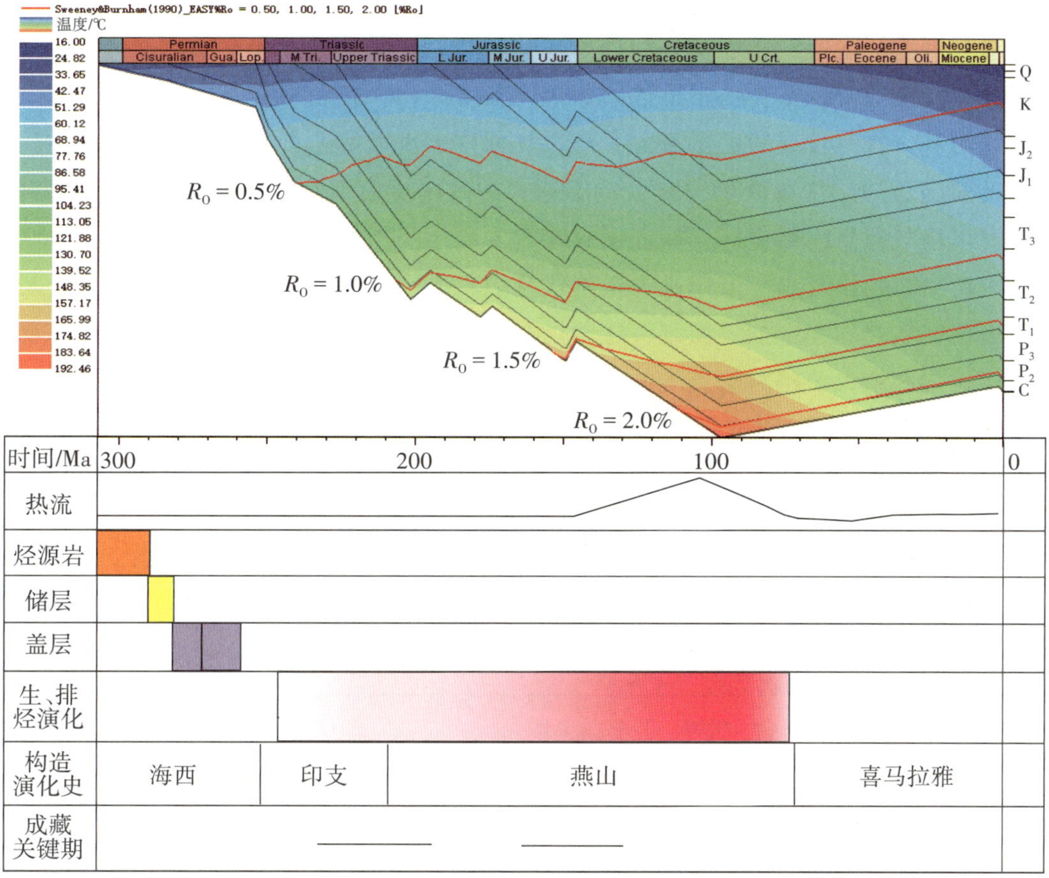

时间/Ma	300	200	100	0
热流				
烃源岩				
储层				
盖层				
生、排烃演化				
构造演化史	海西	印支	燕山	喜马拉雅
成藏关键期				

图5-3-8　苏里格地区成藏事件

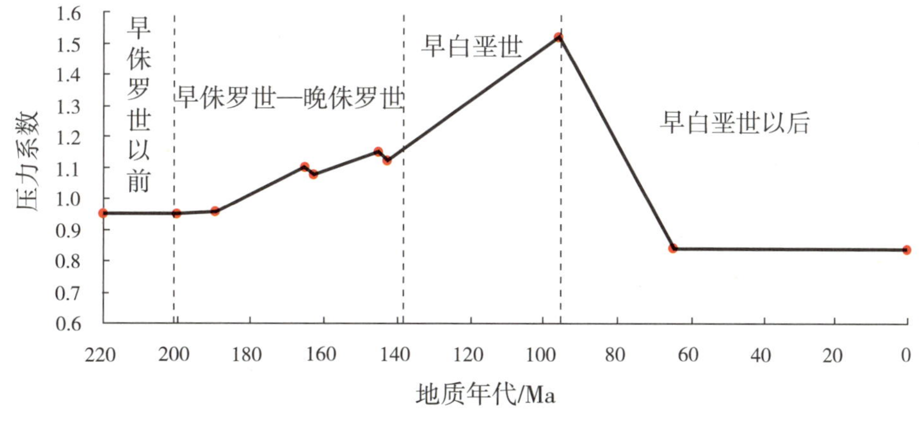

图5-3-9　苏里格地层压力演化示意（据张文忠，2009，修改）

通过研究苏里格地区石盒子组的地层水发现（表5-3-1），苏里格地区的地层水大多为氯化钙型，说明封闭性良好，处于还原环境；钠氯系数小于0.85，说明是经过阳离子交替吸附的沉积水；变质系数大，封闭程度好，水岩作用强。苏里格地区的氦源岩较为丰富，具有较大的生氦潜力。当氦气释放出来以后，首先溶解于地层水中，溶解态的氦随着地层水移动至构造较低部位，在地层压力下降以后脱溶释放。一方面，由于苏里格气藏封闭性良好，在低压封存箱内流体不与外界流体沟通，因而从水溶态转变为游离态的氦气易于聚集进入天然气藏中；另一方面，由于气水相互作用，烃类气体也能够从孔隙水中抽吸氦气，随着烃类气体运聚成藏。而随着烃类气体向东部运移，生烃强度增大使得对于氦气的稀释作用增强，且前人研究表明，苏里格地区储层砂体叠置关系复杂，砂体东西向连通性较差，阻碍了流体移动，而2个区域的矿化度差异也可以佐证这一点。

表5-3-1　苏里格地区地层水矿化度

分区	井号	总矿化度 /(g·L^{-1})	钠氯系数 Na^+/Cl^-	脱硫系数 $2\times100\times SO_4^{2-}/Cl^-$	变质系数 $(Cl^--Na^+)/2Mg^{2+}$	钠钙系数 $Na^+/2Ca^{2+}$	水型
一类区	S45	19.00	0.76	2.89	5.04	2.90	$CaCl_2$
	S140	17.00	0.63	0.86	10.76	1.75	$CaCl_2$
	S180	37.00	0.57	1.55	13.86	1.35	$CaCl_2$
	S153	26.00	0.59	10.39	3.95	1.35	$CaCl_2$
	S136	37.00	0.52	5.64	11.98	1.02	$CaCl_2$
	S117	59.00	0.42	5.96	17.10	0.68	$CaCl_2$
	S107	40.00	0.92	1.46	3.46	12.61	$CaCl_2$
	S170	39.00	0.47	5.30	7.04	0.90	$CaCl_2$
	S224	36.00	0.58	12.93	6.52	1.15	$CaCl_2$
	S58	79.00	0.45	7.77	10.67	0.77	$CaCl_2$
	S245	81.00	0.42	17.01	9.61	0.64	$CaCl_2$
	S184	57.00	0.43	0.83	13.68	0.80	$CaCl_2$
均值		43.92	0.56	5.80	9.47	2.16	—

续表5-3-1

分区	井号	总矿化度/(g·L^{-1})	钠氯系数 Na^+/Cl^-	脱硫系数 $2×100×SO_4^{2-}/Cl^-$	变质系数 $(Cl^--Na^+)/2Mg^{2+}$	钠钙系数 $Na^+/2Ca^{2+}$	水型
二类区	S80	72.00	0.48	11.90	17.38	0.79	$CaCl_2$
	S53	37.00	0.46	1.05	12.84	0.89	$CaCl_2$
	S96	27.00	0.58	1.16	12.19	1.42	$CaCl_2$
	S98	48.00	0.50	3.67	10.12	1.03	$CaCl_2$
	S99	23.00	0.64	2.59	17.03	1.70	$CaCl_2$
	S94	42.00	0.49	1.35	12.55	0.99	$CaCl_2$
	S165	57.00	0.56	7.91	17.79	1.21	$CaCl_2$
	S181	23.00	0.72	9.80	7.93	2.15	$CaCl_2$
	S313	30.00	0.81	11.68	5.74	2.85	$CaCl_2$
	S193	17.00	0.84	12.65	7.55	3.05	$CaCl_2$
	S267	7.00	0.86	18.68	1.50	3.07	$CaCl_2$
均值		37.00	0.63	7.22	10.33	1.74	—

苏里格地区的氦气从基底与沉积型氦源岩产生以后，通过基底断裂、不整合面、断层等运移，主要为地下水脱氦聚集模式，运聚成藏的过程主要分为3个阶段（图5-3-8）。(1) 逸散阶段。早侏罗世以前，氦气缺少必要成藏条件，无法独立成藏，散失量大，部分溶解于地层水中。(2) 溶解阶段。早侏罗世—早白垩世是天然气的主要成藏期，岩性圈闭逐渐形成，在白垩世异常压力封存箱形成，气藏具有良好的保存条件。同时，生烃增压使得氦气溶解度增大，地层水中水溶态的氦气溶解量增大，少部分气溶态氦气进入储层被稀释或在地层抬升剥蚀过程中散失。(3) 脱溶聚集阶段。早白垩世以后，水溶态的氦气随着地层水通过断层、裂缝等优势通道运移；地层压力下降导致氦气的溶解度降低，氦气从水中脱溶，进入天然气藏。另外，当烃类气体与富氦水体相遇后，氦气被气体相抽吸，也能随着烃类气体聚集成藏（图5-3-10）。

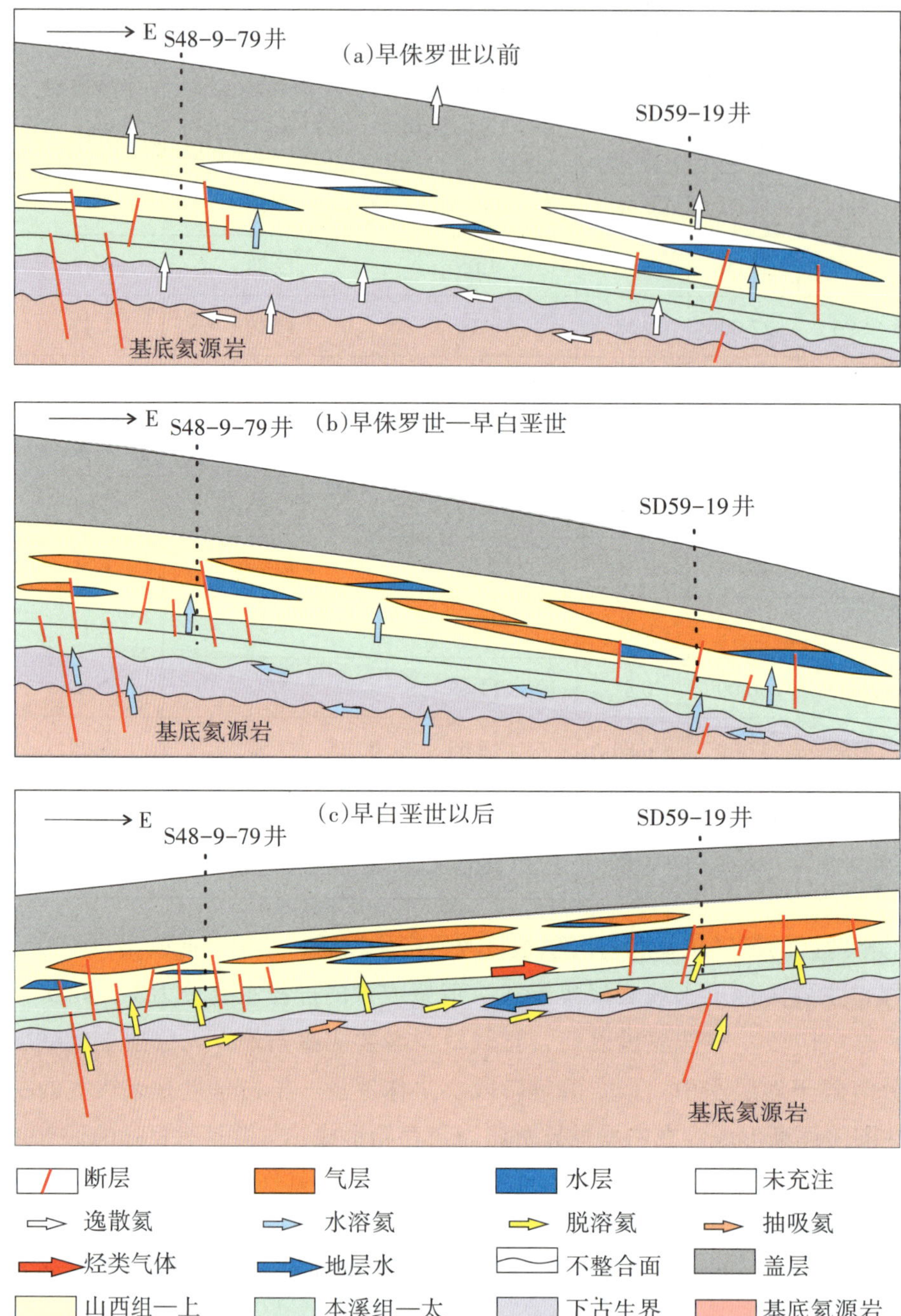

图5-3-10　苏里格气田氦气聚集模式

第四节　神木气田氦气富集成藏模式

一、神木气田氦气含量分布特征

神木气田位于陕西省榆林市榆阳区和神木市境内（图3-3-1），其勘探面积为2.5×10^4 km^2，与榆林、大牛地、子洲—米脂等多个气田相邻。该气田具有丰富的天然气资源，是鄂尔多斯盆地重要的天然气田之一。神木气田位于鄂尔多斯盆地伊陕斜坡的东北边界，其形态呈现为宽缓且向西倾斜的斜坡，坡度在6～10 m/km之间，倾角小于1°。在单斜背景下，发育有多列北东向低缓鼻隆构造，宽度为4～5 km，长度为25～30 km。在神木地区，上古生界石炭系—二叠系发育了一套海陆交互相的含煤层系。这些地层由老到新依次为本溪组（C_2b）、太原组（P*t*）和山西组（P_1s），其中煤、暗色泥岩、炭质泥岩是主要的气源岩，这些气源岩的有机质类型主要是腐殖型，是优质的气源岩组合。神木气田是以低产、特低丰度、中深层特大型致密砂岩为主要特征的天然气藏。含气产气层主要是上古生界二叠系的太原组、山西组和下石盒子组。这些气层的单层厚度介于5～10 m之间，累计厚度则介于10～20 m之间。

通过对采集的29个天然气样品的天然气组分分析可知，鄂尔多斯盆地中北部地区甲烷含量较高（表5-4-1）。其中，神木气田共有11个天然气样品，甲烷含量介于82.01%～92.58%之间，平均为88.82%；榆林气田共有10个天然气样品，甲烷含量介于85.11%～91.02%之间，平均为88.99%；子洲—米脂气田共有8个天然气样品，甲烷含量介于86.57%～92.53%之间，平均为89.81%。神木气田干燥系数介于0.900～0.986之间，平均为0.947；榆林气田干燥系数介于0.910～0.971之间，平均为0.948；子洲—米脂气田干燥系数介于0.933～0.987之间，平均为0.953。整体来说，3个相邻气田的甲烷含量基本相近，干燥系数均在0.900～0.987之间，部分天然气样品的干燥系数较大，在0.950以上（图5-4-1）。

神木气田CO_2含量介于0.03%～3.47%之间，平均为1.34%；N_2含量介于0.11%～3.89%之间。榆林气田CO_2含量介于0.70%～1.86%之间，平均为1.21%；N_2含量介于0.27%～0.66%之间，平均为0.37%。子洲—米脂气田CO_2含量介于0.04%～2.45%之间，平均为1.19%；N_2含量介于0.20%～0.54%之间，平均为0.37%。与其他气田相比，神木气田CO_2与He含量呈负相关关系，但二者相关性并不明显（图5-4-2）。神木气田、榆林气田和子洲—米脂气田中N_2含量均与He含量呈明显正相关关系（图5-4-3），这一规律在四川盆地威远气田、柴达木盆地各气田、潘汉德·胡果顿气田等国内外多个富氦气田中均有出现，这表明绝大多数天然气藏中的N_2和He在成因和溶解—脱溶过程中有必然联系。

神木气田He含量在0.017%～0.116%之间，平均为0.052%；榆林气田He含量在0.017%～0.040%之间，平均为0.027%；子洲—米脂气田He含量在0.023%～0.037%之间，平均为0.030%（图5-4-4）。根据含氦气田分类标准，国家标准《天然气藏分类》（GB/T 26979—2011）中，将天然气组分中氦气含量达到0.1%及以上的气藏称为含氦气藏。Dai et al.（2017）将氦气含量在0.05%～0.15%之间的称为含氦气田，氦气含量在0.15%～0.50%之间的称为富氦气藏，氦气含量≥0.5%的称为特富氦气藏。因此，神木气田属于含氦气田，其高含氦区位于神木气田东部，根据神木气田的地质探明储量，结合氦气平均含量，可推断其氦气储量为1.73×10^8 m^3，具有较大的氦气勘探开发潜力（图5-4-5）。

表5-4-1　鄂尔多斯盆地神木气田及周缘天然气组分特征

编号	区块/油气田	井代号	C_1/%	C_{2-5}/%	C_{2+}/C_{1+}	C_1/C_{1-5}	CO_2/%	N_2/%	He/%	H_2/%
1	神木气田	SG-39	85.622	6.878	0.07	0.93	—	2.106	0.120	0.036
2		SG-79	90.204	3.357	0.04	0.96	—	1.443	0.082	0.014
3		SN-44	82.009	9.304	0.10	0.90	0.030	3.884	0.085	0.013
4		SG-50	88.787	6.474	0.07	0.93	0.584	0.352	0.030	0.028
6		SG-50C3	89.296	6.489	0.07	0.93	0.594	0.343	0.029	0.028
7		MT-3	91.940	1.393	0.01	0.99	3.439	0.124	0.018	—
8		MT-3C6	92.491	1.338	0.01	0.99	3.472	0.109	0.019	—
9		SG-39C3	85.185	8.299	0.09	0.91	0.036	1.746	0.091	0.060
10		SG-58	90.075	7.161	0.04	0.96	0.881	0.421	0.032	0.012
11		SG-38C1	92.577	1.860	0.02	0.98	1.750	0.233	0.019	—
12	榆林气田	Y-44	89.806	7.424	0.05	0.95	1.765	0.284	0.028	0.028
13		Y-45	89.658	7.761	0.05	0.95	1.005	0.294	0.025	0.014
14		SG-107	88.317	5.706	0.06	0.94	0.695	0.345	0.026	0.021
15		SG-135	85.112	8.554	0.09	0.91	1.327	0.305	0.017	0.010
16		Y-47C6	87.465	7.096	0.08	0.92	0.925	0.314	0.028	0.032

续表5-4-1

编号	区块/油气田	井代号	C_1/%	C_{2-5}/%	C_{2+}/C_{1+}	C_1/C_{1-5}	CO_2/%	N_2/%	He/%	H_2/%
17	榆林气田	Y-40	90.397	3.705	0.04	0.96	0.812	0.584	0.040	0.026
18		Y-40C8	91.017	2.715	0.03	0.97	1.861	0.346	0.030	0.050
19		Y-41	88.924	5.276	0.06	0.94	1.042	0.318	0.025	0.015
20		Y-34	89.804	3.645	0.04	0.96	0.925	0.662	0.032	0.035
21		Y-29	89.442	3.932	0.04	0.96	1.758	0.267	0.023	0.010
22	子洲—米脂气田	M-69	91.122	7.367	0.05	0.95	0.042	0.507	0.032	0.017
23		M-31	89.732	5.470	0.06	0.94	0.574	0.540	0.035	0.019
24		M-22C2	90.880	3.266	0.03	0.97	1.538	0.305	0.028	0.012
25		ZU-18	92.534	1.236	0.01	0.99	2.055	0.199	0.028	0.036
26		ZU-19	89.512	7.764	0.05	0.95	0.954	0.404	0.037	0.030
27		ZU-5-14	87.646	6.377	0.07	0.93	0.580	0.433	0.032	0.036
28		ZU-5-13	86.571	6.211	0.07	0.93	2.454	0.274	0.023	0.015
29		ZU-7-14	90.477	3.845	0.04	0.96	1.316	0.270	0.024	0.022

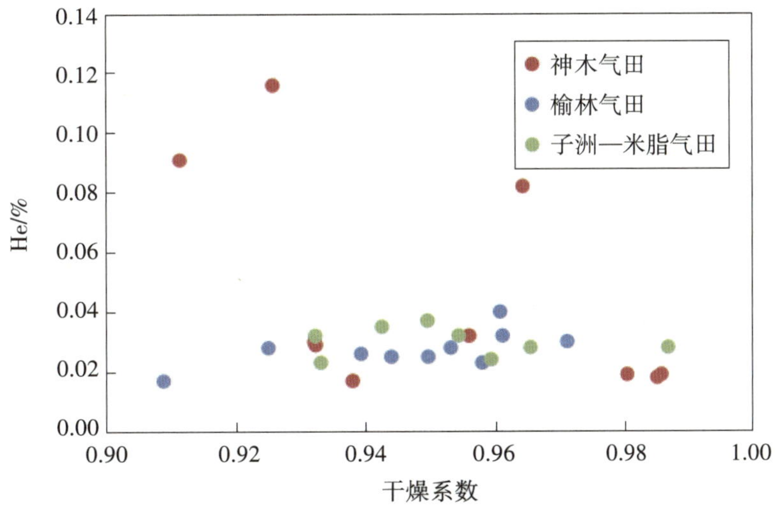

图5-4-1　鄂尔多斯盆地神木气田及周缘天然气He与干燥系数关系

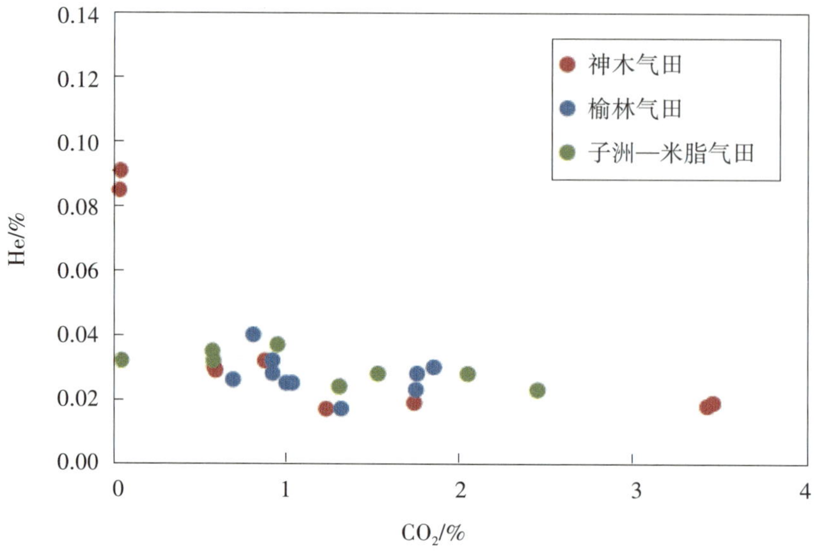

图5-4-2　鄂尔多斯盆地神木气田及周缘天然气He与CO_2关系

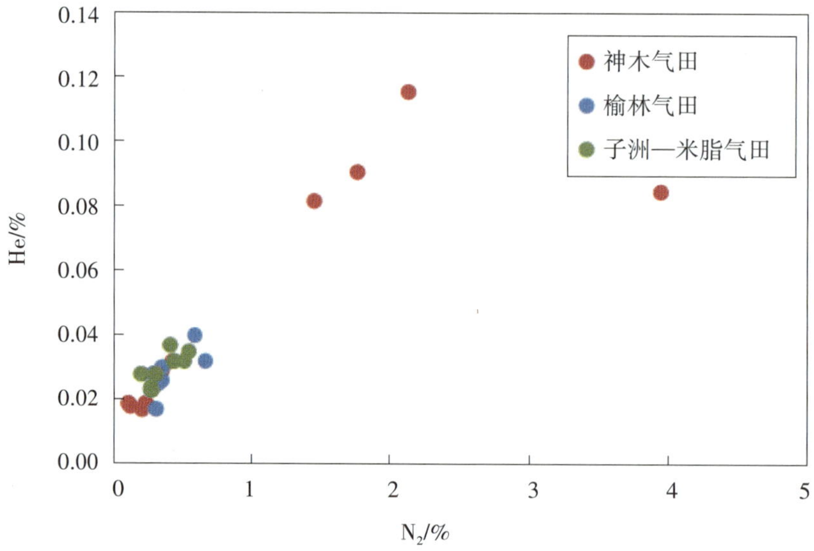

图5-4-3　鄂尔多斯盆地神木气田及周缘天然气He与N_2关系

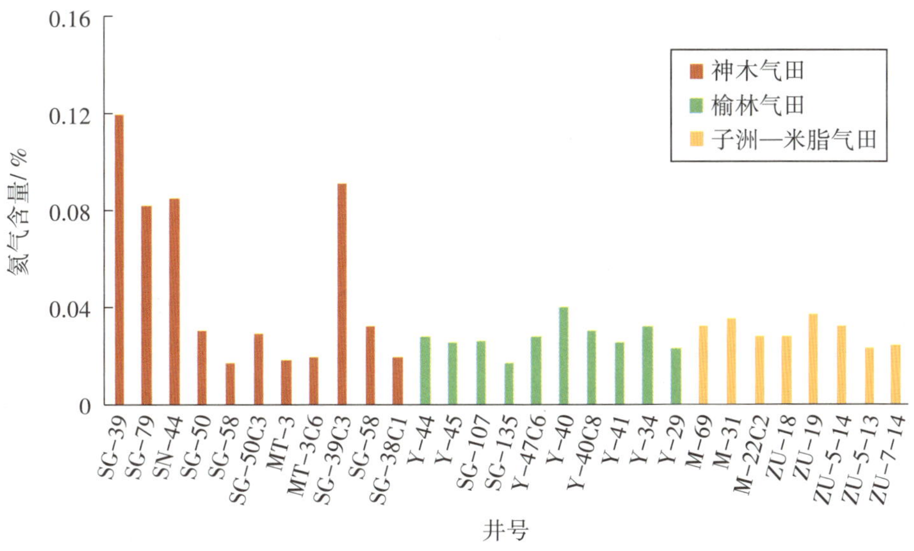

图5-4-4 鄂尔多斯盆地神木气田及周缘天然气氦气含量

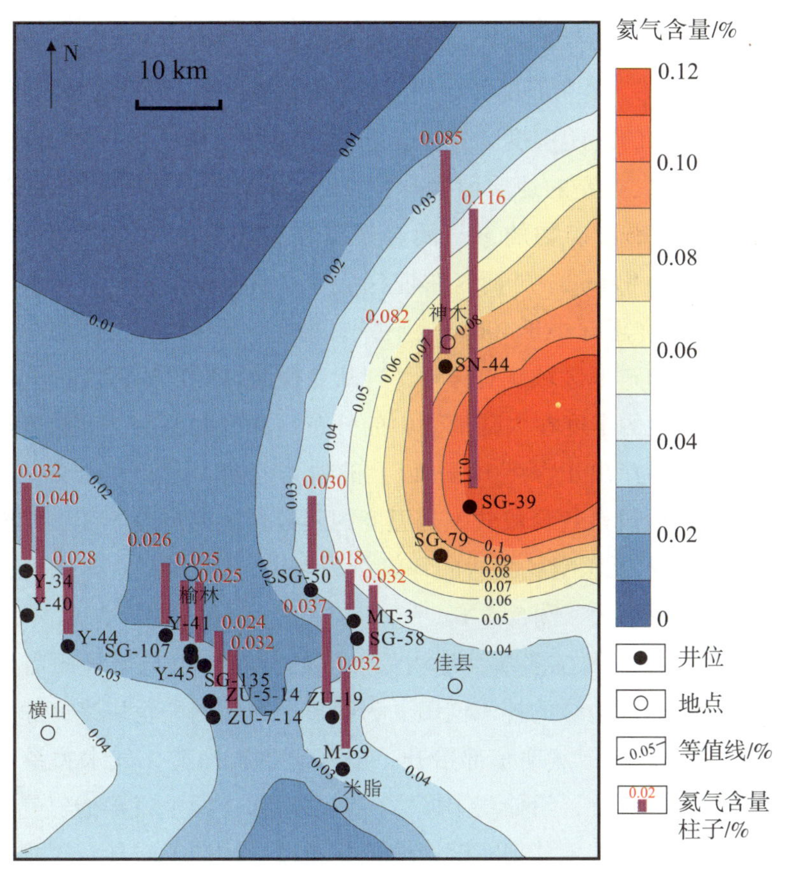

图5-4-5 神木气田氦气含量等值线

二、神木气田氦气富集成藏模式

壳源氦的氦源岩类型和性质是氦源岩有效性的重要影响因素。U、Th元素在三大岩类中广泛分布，氦源岩类型多样，可以为花岗岩、变质岩及泥页岩等。基于自然伽马能谱测井信息可对不同层位的U、Th元素含量进行测定，同时根据氦气生成强度公式也可对潜在氦源岩的生氦强度进行计算和评估。暗色泥岩和煤在神木地区广泛分布，平均年龄为2.92亿年，其中石炭系本溪组U、Th平均丰度分别为8.14×10^{-6}和19.63×10^{-6}，生氦强度为5.63×10^{-12} cm^3/（$a\cdot g_{岩石}$）；二叠系太原组U、Th平均丰度分别为3.81×10^{-6}和13.01×10^{-6}，生氦强度为3.73×10^{-12} cm^3/（$a\cdot g_{岩石}$）；山西组U、Th平均丰度分别为7.04×10^{-6}和17.13×10^{-6}，生氦强度为7.91×10^{-12} cm^3/（$a\cdot g_{岩石}$）。因此神木气田上古生界石炭系—二叠系的暗色泥岩、炭质泥岩、煤不仅是重要的烃源岩，同时也是重要的氦源岩。

根据成因法对神木地区氦气生成量进行数值模拟，石炭系—二叠系的氦气生成量为133.63×10^8 m^3。氦气的初次运移为氦气从生氦矿物（锆石、磷灰石、独居石等）晶格中释放到源岩孔隙的过程。不同矿物对氦分子的扩散限制温度也不相同，例如晶质铀矿的氦封闭温度为27～76 ℃，磷灰石的氦封闭温度为62～81 ℃，锆石的氦封闭温度为165～186 ℃。只有突破矿物的封闭温度，氦分子才能从矿物晶格中被释放出来，目前来看，温度是影响氦气释放最重要的地质因素。根据Zhang et al.（2020）对花岗岩氦气释放的研究，绝大多数富铀钍矿物的氦气闭合温度在27～250 ℃之间。假设地表温度为15 ℃，地温梯度为30 ℃/km，则氦气在埋深大于7 800 m处完全释放，在埋深400～7 800 m处部分释放，在埋深小于400 m处不释放氦气。前人通过分析鄂尔多斯盆地神木地区和邻近区域的高分辨率区域航磁异常，判断克拉通基底顶界深度在4 km左右。由于U、Th这类放射性元素的丰度在大陆地壳中的分布是深度的函数，其浓度至地壳底部可衰减10倍，75%的^4He产出于深度10 km以上的地壳范围，因此，本文仅考虑上地壳中氦气的生成和释放。假设氦气释放效率是温度的函数且地温梯度不变，结合氦气的生成量，可推算出上古生界沉积型氦源岩的释氦量为46.95×10^8 m^3。总体来说，随着埋深的增加，氦气的释放效率增大（图5-4-6）。

构造运动不仅决定了鄂尔多斯盆地内天然气的分布，也与氦气的富集成藏密切相关，这一现象在盆地东部边缘的神木气田尤为明显。自晚白垩世以来，原本向东倾斜的地层在构造运动的影响下，盆地东部抬升，呈西倾单斜构造，气水关系也随之发生变化，氦气运移方向重新调整，沿储层上倾方向向东运移，原生气藏的氦气分布格局发生根本性改变，氦气逐渐向神木气田东部区域聚集成藏，构造反转导致了神木气田现今氦气分布格局的最终成型。在含氦天然气运移过程中，由于氦分子相较甲烷分子具有更大的分子自由程，氦分子存在明显的运移优势，而地层倒转导致地层水和含氦天然气向相异的方向运移，间接增加了含氦天然气的运移时间和距离，氦气在长距离运移条件下逐渐富集。因此，构造运动对鄂尔多斯盆地内天然气的分布和氦气的富集成藏产生了深远影响（图5-4-7）。

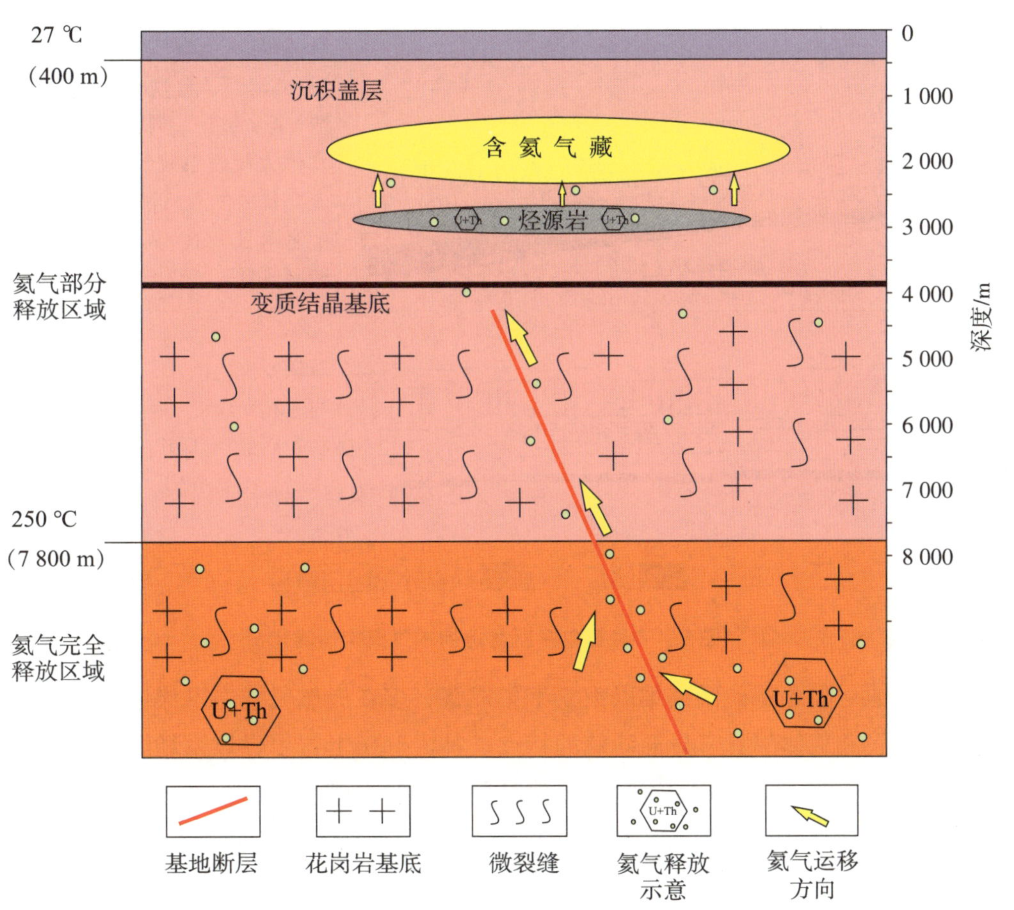

图5-4-6 鄂尔多斯盆地神木地区氦气释放模式

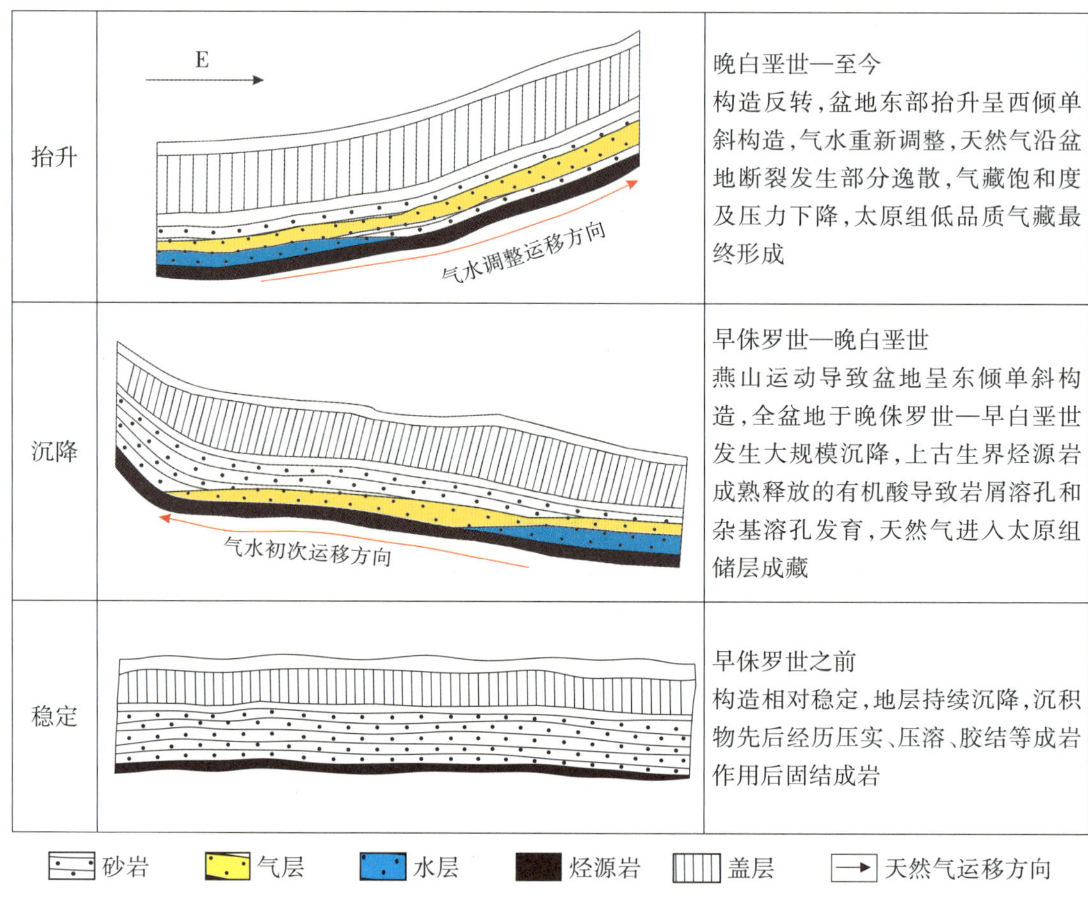

图5-4-7　鄂尔多斯盆地神木气田构造演化

氦气在地层中含量极低且难以独立聚集成藏，多在天然气藏中以伴生气体的形式存在，因此氦气和载体气具有异源同储的特点。神木气田上古生界煤系烃源岩从三叠纪末开始生烃，至侏罗纪末，烃源岩达到成熟阶段，开始大量生成烃类气体。同时，受燕山运动的影响，地壳抬升的同时发生构造反转，大量溶于地层水的氦气运移至地层浅部，与载体气相遇，由于氦气分压极低而易脱溶至天然气藏，大量生成的烃类气体在运移的过程中“携带”氦气聚集至圈闭，形成含氦气藏（图5-4-8）。但氦的生成与载体气的生成相比微不足道。例如，具有最小烃源岩潜力页岩的生气强度是典型页岩氦气生成强度的3 000多倍。由页岩生成的足量烃类气体会将本就少量的氦气大大稀释，造成氦气含量降低的现象，因此载体气的生成强度不宜太大，适量的载体气更有利于氦气的富集。神木气田上古生界气源中心主要分布在气田的西部和南部，其生气强度普遍高于24×10^{8} m³/km³，生气强度较高，但该区域氦气含量较低，普遍小于0.04%，而生气强度较弱的神木地区东部的氦气含量较高，普遍高于0.05%（图5-4-5）。因此，我们可以得出结论，烃类气体是氦气运移过程中的重要载体，但过量的烃类气体会稀释氦气的浓度，不利于氦气的富集。

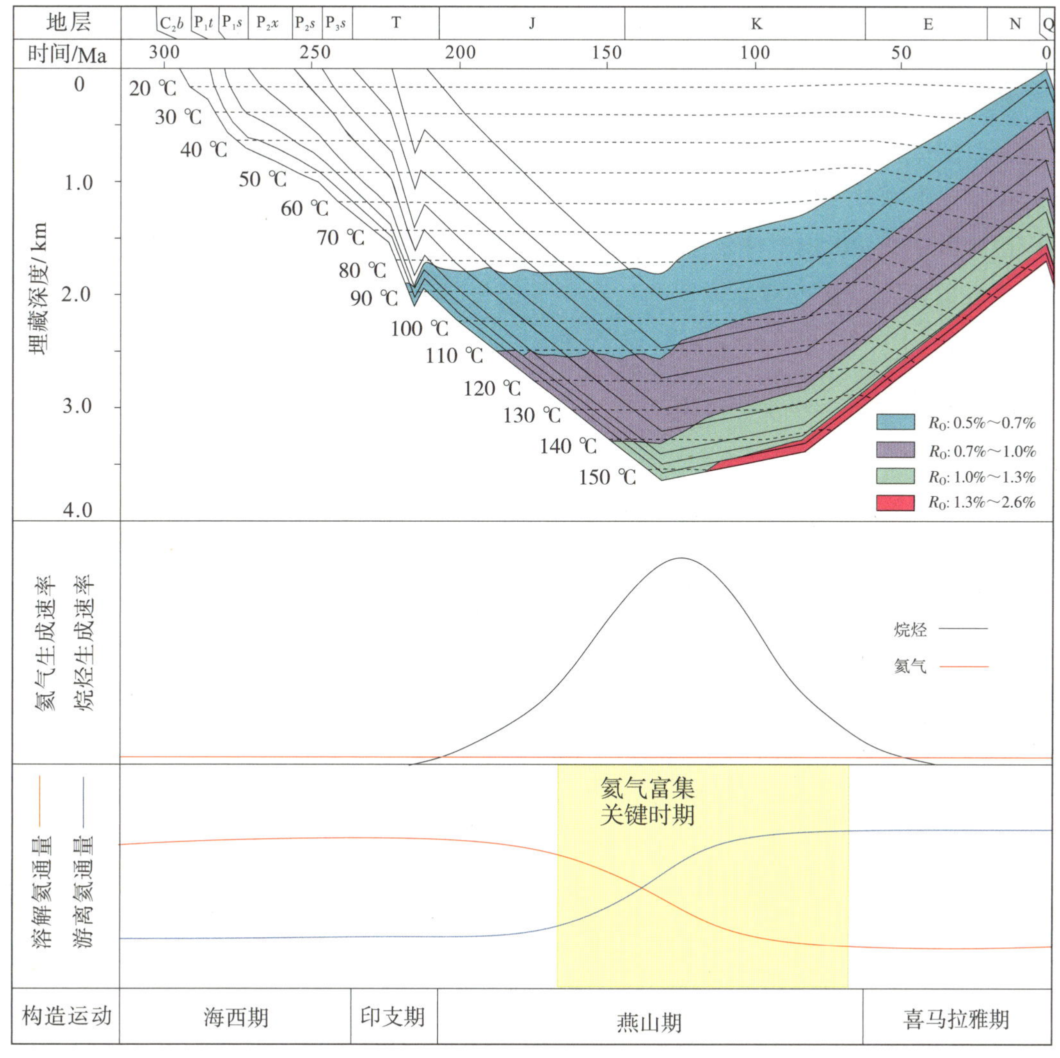

图5-4-8　鄂尔多斯盆地神木气田油气成藏热演化与氦气的关系

与东胜气田、庆阳气田不同，由于神木地区基底断裂不发育，且奥陶系马家沟组发育致密碳酸盐岩和膏岩层，基底生成和释放的氦气很难垂向运移至储层中，因此，天然气藏中的氦气主要源自石炭系—二叠系沉积岩系。氦气在生成后，先从矿物晶格中释放进入地层水，一部分溶于水形成溶解氦，随地层水运移至储层；另一部分仍以游离态的形式形成“氦泡”，从地层水中逃逸出来，与上古生界煤系烃源岩产生的烃类气体合流后运移至储层。受燕山运动影响，鄂尔多斯盆地整体隆升，剥蚀程度显著，随埋藏深度变浅，地层温度降低，氦气溶解度降低，氦气从地层水中逃逸后与甲烷等烃类气体协同运移；燕山运动末期构造反转，增加了氦气在斜坡背景下的运移距离，有利于氦气富集。神木地区石千峰组和石盒子组中厚层泥岩和山西组泥岩均发育稳定且分布广泛，具有较好的封盖能力，是神木地区重要的上古生界盖层，并起到阻隔氦气散失的作用。

通过对神木气田基底岩相发育特征、天然气成藏因素的分析，明确了氦气的成藏条件及其时空配置关系，确定其主要控制因素为：充足的氦源、构造运动和适量的载体气。神木气田的氦气生成量大且成藏期长，从而保证了充足的氦气总量。结合神木气田的构造背景，本书提出了鄂尔多斯盆地一种新的氦气富集模式：斜坡—沉积源岩型含氦天然气富集模式。这种富集模式的发现，为氦气的勘探和开发提供了新的思路和方法（图5-4-9）。

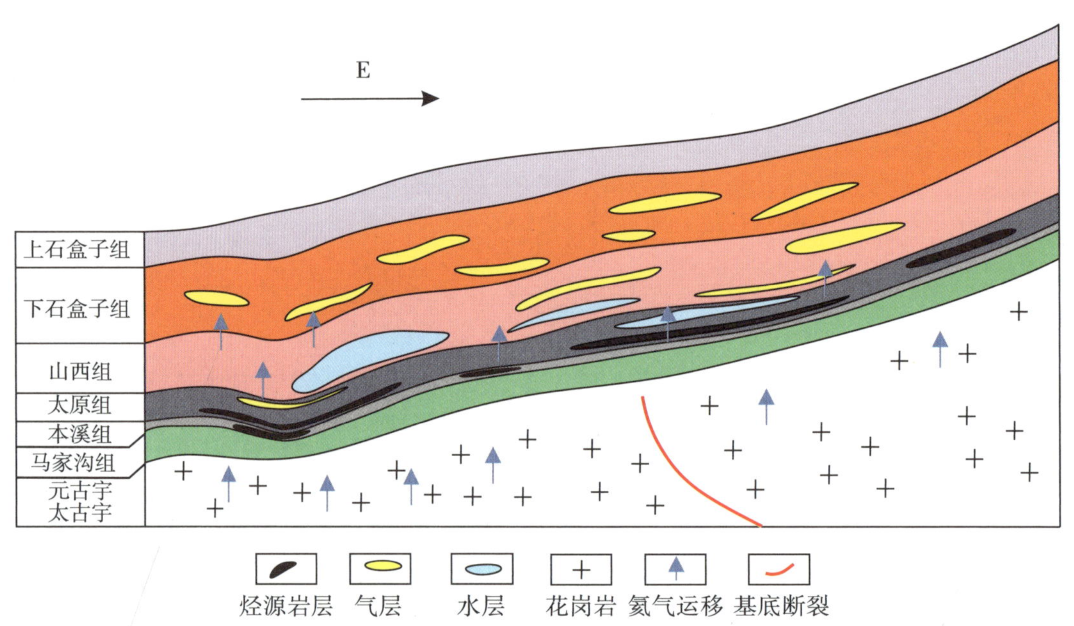

图5-4-9　鄂尔多斯盆地神木气田斜坡—沉积源岩型氦气富集模式

第六章　鄂尔多斯盆地氦气富集成藏主控因素

在对比了国内外典型的富氦天然气藏的成藏地质要素，包括潜在的氦源岩、载体气源岩、储集层和盖层后，结合鄂尔多斯盆地长庆气区典型气藏特征及富集成藏模式，综合分析并确定影响鄂尔多斯盆地天然气中氦气富集的关键因素可能包括古隆起、花岗岩基底及深大断裂。

第一节　古隆起促进气体的聚集

古隆起可以形成于多种构造背景，其形成演化与结构特征可能出现很大的差异，在地层组成、形成时间或阶段、隆升活动方式、形成环境与机制、地质结构样式、保存状态等方面不尽相同，从而形成多种类型的古隆起（何登发等，2004）。影响古隆起特征的地质因素很多，如大地构造背景、古隆起形成与演化过程中的动力学环境、沉积与构造的变迁、断裂与不整合的发育、油气的运聚与调整等（汪文洋，2016）。

国内很多学者根据成因将古隆起划分为多种类型（贾承造等，1996；冉启贵等，1997；任文军等，1999；何登发等，2004，2008；汪泽成等，2006）：稳定型、残余型、活动型古隆起；板块背离作用或区域伸展有关的、板块聚敛作用或区域挤压作用有关的古隆起；鄂尔多斯盆地中央古隆起——侧向挤压应力形成古隆起，准噶尔盆地古隆起分为继承型隆起、叠加型隆起、掀斜型隆起，塔里木盆地古生代克拉通内古隆起分为稳定型、活动型、残余型、消亡型古隆起，四川盆地古隆起分为继承型、控沉积型、晚期定型、晚期改造型古隆起。

古隆起因其独特的地质条件，是油气田勘探的关键区域。在中国的主要含油气盆地中，这些古隆起区已经证实了其作为油气富集场所的重要性。例如，东部的渤海湾盆地中央隆起带和松辽盆地的大庆长垣，中部的四川盆地乐山—龙女寺古隆起和鄂尔多斯盆地的中央古隆起，以及西部的塔里木盆地塔中隆起和准噶尔盆地的中央隆起带，都是我国大型油气田的代表性发现地（汪文洋，2016）。这些区域的勘探成果充分展示了古隆起在油气勘探中的重要作用和潜力。

鄂尔多斯盆地内的四大古隆起——中央古隆起、乌兰格尔古隆起、渭河古隆起和乌审旗古隆起——各自展现了独特的形成机制和演化历程，对盆地的油气成藏产生了显著影响（图6-1-1）。

中央古隆起起源于早古生代，由裂谷开裂和均衡翘升形成，对奥陶系沉积相和储集层发育具有重要的控制作用，而其后期的构造反转为坳陷沉降区，对油气成藏演化极为有利（邓昆，2008）。乌兰格尔古隆起作为长期继承性隆起，其基底稳定，但新生代的隆升对油气藏保存条件产生了不利影响。渭河古隆起在白垩纪早期形成，新生代的差异化隆升—沉降导致了现今构造的渭河地堑和渭北隆起，其强烈的构造活动对油气藏造成较大破坏。乌审旗古隆起是前寒武纪的古地形高地，主要在寒武纪海侵沉积期显现，对奥陶系盐下储集层发育有控制作用。这些古隆起的存在和演化不仅反映了鄂尔多斯盆地复杂的地质历史，而且对油气勘探和开发策略的制定具有深远的意义。

以中央古隆起为例，中央古隆起是鄂尔多斯盆地内一个重要的古地质构造，对庆阳气田氦气的富集具有显著的影响。根据地质学研究，中央古隆起的存在对盆地内部的沉积作用、油气成藏以及氦气富集等都起到了控制作用（宋立军等，2013）。

首先，中央古隆起通过控制沉积相带及规模储集层的发育，对庆阳气田的氦气富集起到了基础性作用。在奥陶纪时期，中央古隆起的存在使得鄂尔多斯地区与华北地块出现了分异演化，形成了有别于华北地区的构造—沉积分异格局，进而影响了规模储集层的发育。

其次，中央古隆起在晚古生代继承性存在，导致了上、下古生界之间特殊的源—储配置关系。加里东末期的构造抬升作用造成了奥陶系沉积后长时间的沉积间断，形成了由东向西至古隆起区奥陶系顶部地层由新到老依次剥露的岩溶古地貌格局。这种特殊的源—储配置关系为后期天然气成藏奠定了基础，尤其是对天然气中氦气的含量和分布产生了重要影响。

最后，中央古隆起的长期稳定存在为庆阳气田氦气的长期富集和保存提供了有利条件。古隆起区的长期隆起剥蚀作用，形成了稳定的构造环境，有利于氦气的长期保留和富集。因此，中央古隆起通过控制沉积格局、形成特殊的源—储配置关系、提供稳定的构造环境等多方面作用，对庆阳气田氦气的富集起到了关键性的影响。然而，氦气富集的具体机制和过程仍需进一步的地质研究和勘探工作来阐明。

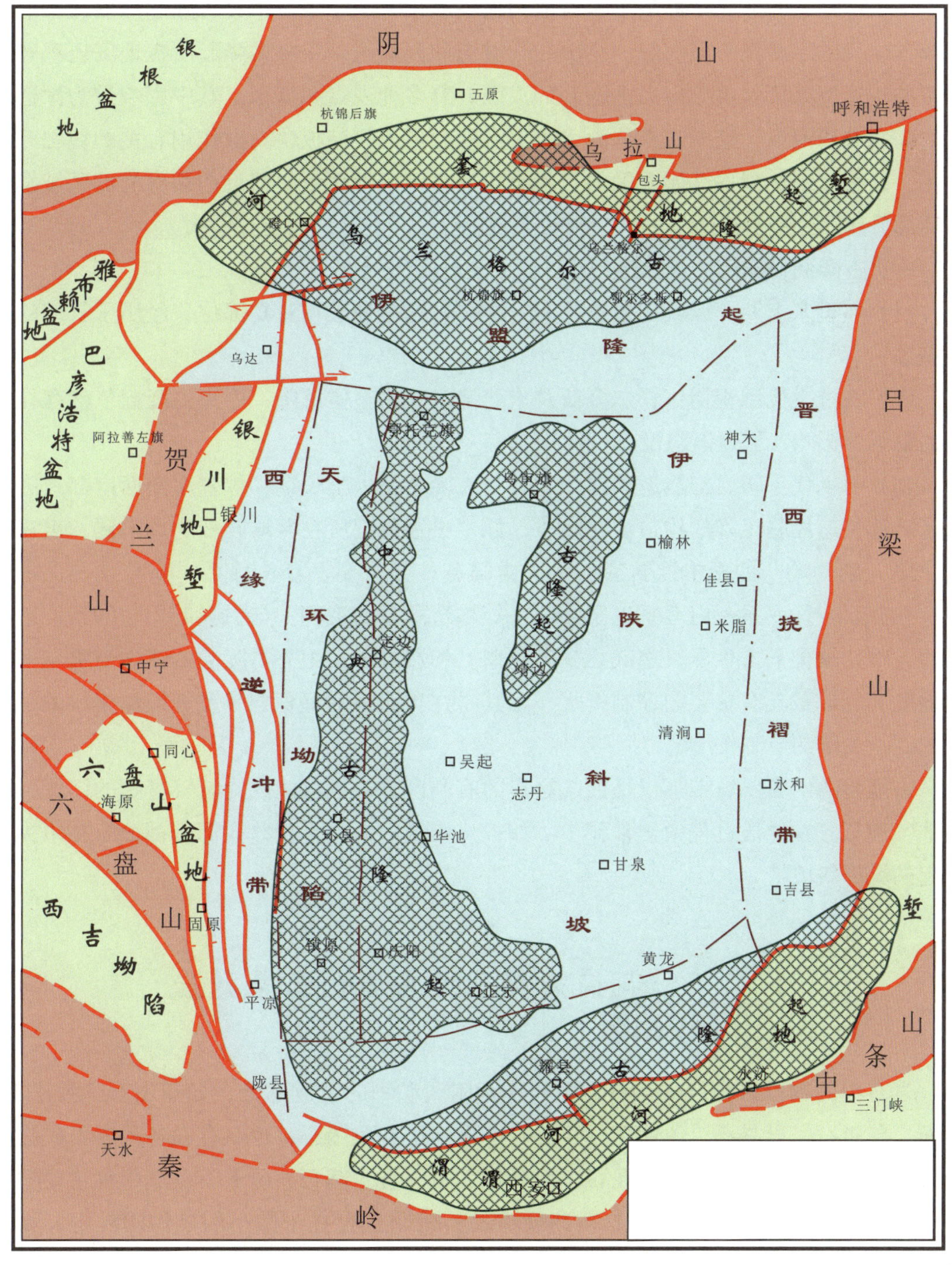

图6-1-1　鄂尔多斯盆地古隆起分布

中央古隆起的形成与鄂尔多斯盆地的地质演化密切相关。中央古隆起可能最早形成于早古生代的寒武纪—奥陶纪。至少在长城纪和蓟县纪，中央古隆起所在地区还都处于正常的构造沉降区。关于中央古隆起的成因，有多种观点和认识。其中影响最为深远的是均衡翘升成因说。这一观点认为，中央古隆起形成于与板块离散作用有关的裂谷开裂作用，是由于旁侧裂谷（如西侧的贺兰裂谷）急剧沉降而引起邻近的裂谷肩部区域发生均衡翘升作用，即形成所谓的“中央古隆起”。

中央古隆起形成后，大体经历了3个主要的演化阶段。

（1）加里东末期：区域构造抬升期，中央古隆起处于相对高部位，经历了长期的抬升剥蚀。

（2）晚古生代沉积期：鄂尔多斯及华北地区开始整体沉降，中央古隆起依然存在一定的继承性影响，但逐渐隐没。

（3）中生代：印支构造运动期，尤其是在晚三叠世延长期，鄂尔多斯西南部地区进入了局部快速拗陷沉降的构造演化阶段，原中央古隆起所在区域转变为坳陷区，出现了由“隆”到“坳”的根本性转变。中央古隆起核部主要发育长城系、蓟县系、上古生界、三叠系、侏罗系—白垩系以及第四系等构造层系的沉积，与古隆起周边的其他地区相比，唯独缺失下古生界（寒武系—奥陶系）构造层系。中央古隆起的存在对鄂尔多斯盆地的油气成藏具有重要的控制作用，尤其是在奥陶系的沉积相带及规模储集层的发育上起到了关键的控制作用。

古隆起的两翼斜坡带不仅是油气聚集的有利区带，也可能成为氦气富集的区域，因为油气和氦气在地质过程中常常伴生。如，庆阳气田的高含氦井大部分都分布在中央古隆起的翼部斜坡带。

第二节　花岗岩类基底充当优质氦源岩

岩石中的铀以多种形式存在，主要作为附属矿物的组成部分，如亚山石、铀矿石、锆石、单氮石、异晶石、锐钛矿、金红石、赤铁矿和焦绿石；也赋存在各种岩石矿物的替代地点中，特别是长石、绿泥石、黑云母、角闪石、辉石、磷灰石，其中铀主要替代钙；与沉积物中的各种胶体和炭质物质有关；吸附或存在于微小的矿物颗粒中，如铀矿，分布在晶体、间隙、小裂缝、裂缝和其他不连续点上。最后2种发生方式通常是岩石中容易浸出的铀的来源。

在正常的火成岩中，大部分钍存在于副矿物中，特别是辉石、独居石、亚山石、锆石、辉石、锐钛石、金红石和钙钛矿；其他矿物中有微量、少量，如萤石、磷灰石、赤铁矿、石英、长石、云母（主要在夹杂物中）；锆石和辉石可能相当丰富，主要赋存于黏土矿物复合物中；其余部分则以吸附相或微小矿物颗粒的形式存在，如沿晶界、微裂缝和岩石孔隙中。钍在沉积岩和变质岩中的位置与刚才提到的火成岩相似；在一些沉积岩中，独居石和其他胶体材料也可能有大量的钍结合（张文，2019）。

铀、钍等放射性元素在各类岩石中广泛分布，不同类型的岩石中铀、钍等放射性元素含量具有明显差异（表6-2-1）。一般认为，热页岩、富有机质页岩和花岗岩中铀、钍等放射性元素含量较高，可视为潜在氦源岩，而灰岩和砂岩的铀含量普遍在2.2×10^{-6}以下，钍含量在2×10^{-6}以下，低于上地壳中铀、钍元素的平均含量，不具备良好的生氦潜力。

表6-2-1　全球岩石平均铀、钍含量（据Brown，2010）

岩石类型	铀/10^{-6}	钍 10^{-6}
热页岩	50	12
页岩	3.7	12
花岗岩	3	13
灰岩	2.2	1.7
砂岩	0.45	1.7

磁力异常的分析揭示了鄂尔多斯盆地基底的地质特征，表明其具有多阶段拼合的地质历史。高磁异常条带主要与盆地基底的强磁性岩体，如太古界至下元古界的深变质片麻岩、变粒岩、基性火山岩和同期次花岗岩有关，而低磁异常则与弱磁性的板岩、片岩、千枚岩、石英岩和大理岩等有关（范立勇等，2023）。这些强磁性岩体不仅是磁力异常的来源，也是氦气的源岩。

以庆阳气田为例，庆阳气田的基底段由基底断层F_1和镇原—佳县两大块组成，整体显示出高磁异常，一般在20～400 nT之间，局部区域甚至高于400 nT（图6-2-1）。在研究区，QS1井（年龄约为2 045±23 Ma）中发现了含有黑云母的角闪片麻岩和片麻质花岗岩。通过测井数据和对应的岩石样本微量元素分析，得知其铀和钍的平均丰度分别为3.44×10^{-6}和18.42×10^{-6}，生氦强度为0.94×10^{-12} $cm^3/(a\cdot g_{岩石})$，显示出良好的生氦潜力。除了庆阳气田，东胜气田、黄龙气田和神木气田都存在高磁异常区域，这些高磁异常区域均与花岗岩、深变质片麻岩等强磁性岩体有关。

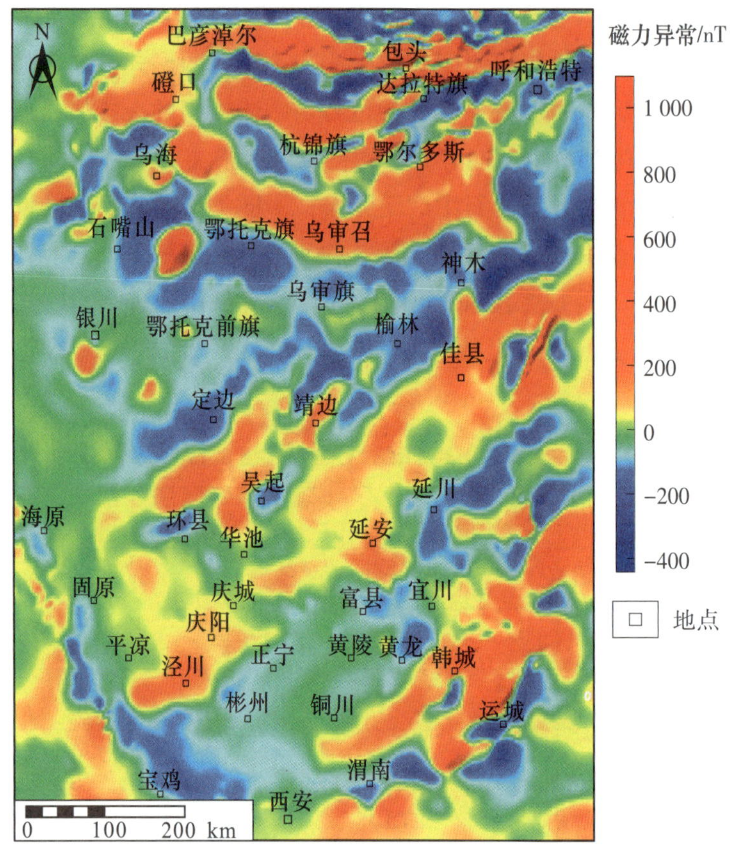

图6-2-1　鄂尔多斯盆地磁化异常分布图（范立勇等，2023）

第三节　深大断裂可作为氦气运移的通道

深大断裂在氦气迁移过程中扮演着至关重要的角色。氦气的生成和聚集是一个复杂的过程，它不仅需要富含氦气的源岩，还需要有利的地质条件来促进氦气的释放和迁移。在氦源岩中，氦气的释放受多种因素控制，其中热能和构造活动是关键的外部因素。特别是当源岩温度超过某个阈值（即封闭温度）时，氦气的扩散能力会显著增强。例如，花岗岩在超过250 ℃的温度下，会在极短的时间内损失大部分氦气。

构造活动形成的断层和裂隙为氦气提供了迁移通道。这些断层和裂隙降低了地层压力，使得含氦的流体能够更有效地迁移。以黄龙气田为例，该地区位于渭北隆起和伊陕斜坡的交界处，这里的断层活动非常频繁，形成了网格状的断层系统。这种地质构造不仅为氦气的释放提供了通道，还为氦气的迁移提供了动力。在黄龙气田中，断层带内的岩石破碎产生了大量裂缝和裂隙，这些裂缝和裂隙降低了地层压力，有利于含氦流体的定向流动（李明等，2010）。这种地质环境为氦气的释放和迁移提供了理想的条件，使得氦气能够从源岩中释放出来，沿着断层通道迁移，并最终在有利的储层中聚集形成富氦天然气藏。

鄂尔多斯盆地的断裂分布与氦气含量的分布之间存在直接联系。这种联系主要体现在断裂作为氦气迁移的主要通道，以及断裂活动对氦气富集区的形成起到关键作用。首先，鄂尔多斯盆地的断裂系统非常发达，这些断裂不仅切割了地层，还深入到基底岩体，形成了复杂的地质结构（潘爱芳等，2005）。断裂带的存在为深部氦气向地表或储层的迁移提供了直接通道。由于氦气在地壳中的溶解度较低，它倾向于从深部源岩中释放并沿着断裂向上迁移。因此，断裂分布的密集区域往往也是氦气含量较高的区域。其次，断裂活动与氦气含量的分布密切相关。在地质历史上，鄂尔多斯盆地经历了多期构造活动，这些活动不仅造成了地层的断裂和变形，还导致了深部岩浆活动和岩体的放射性衰变，从而生成了氦气（Wei et al.，2019）。断裂活动强烈的区域，由于岩石破碎和地层渗透性的增加，更有利于氦气的释放和聚集。最后，氦气含量的分布还受到地质构造环境的影响。在鄂尔多斯盆地，氦气含量较高的区域往往与特定的地质构造环境相吻合，如盆地的中央隆起带、古隆起区以及与基底岩性有关的构造单元。这些区域由于其特殊的地质背景，可能存在更有利的氦气生成和保存条件。

具体到鄂尔多斯盆地的实例，某些断裂带附近的天然气样品中氦气含量较高，这表明断裂活动可能促进了氦气的释放和迁移。例如，黄龙气田和神木气田断裂活动较为频繁，氦气含量在断裂带附近呈现高值，这与断裂为氦气提供了上升的通道有关（图6-3-1）。

综上所述，鄂尔多斯盆地的断裂分布对氦气含量的分布具有重要影响。断裂不仅作为氦气迁移的通道，还通过构造活动促进了氦气的生成和富集。因此，在进行氦气勘探和评价时，深入研究断裂分布特征及其与氦气含量的关系，对于识别和预测氦气富集区具有重要意义。

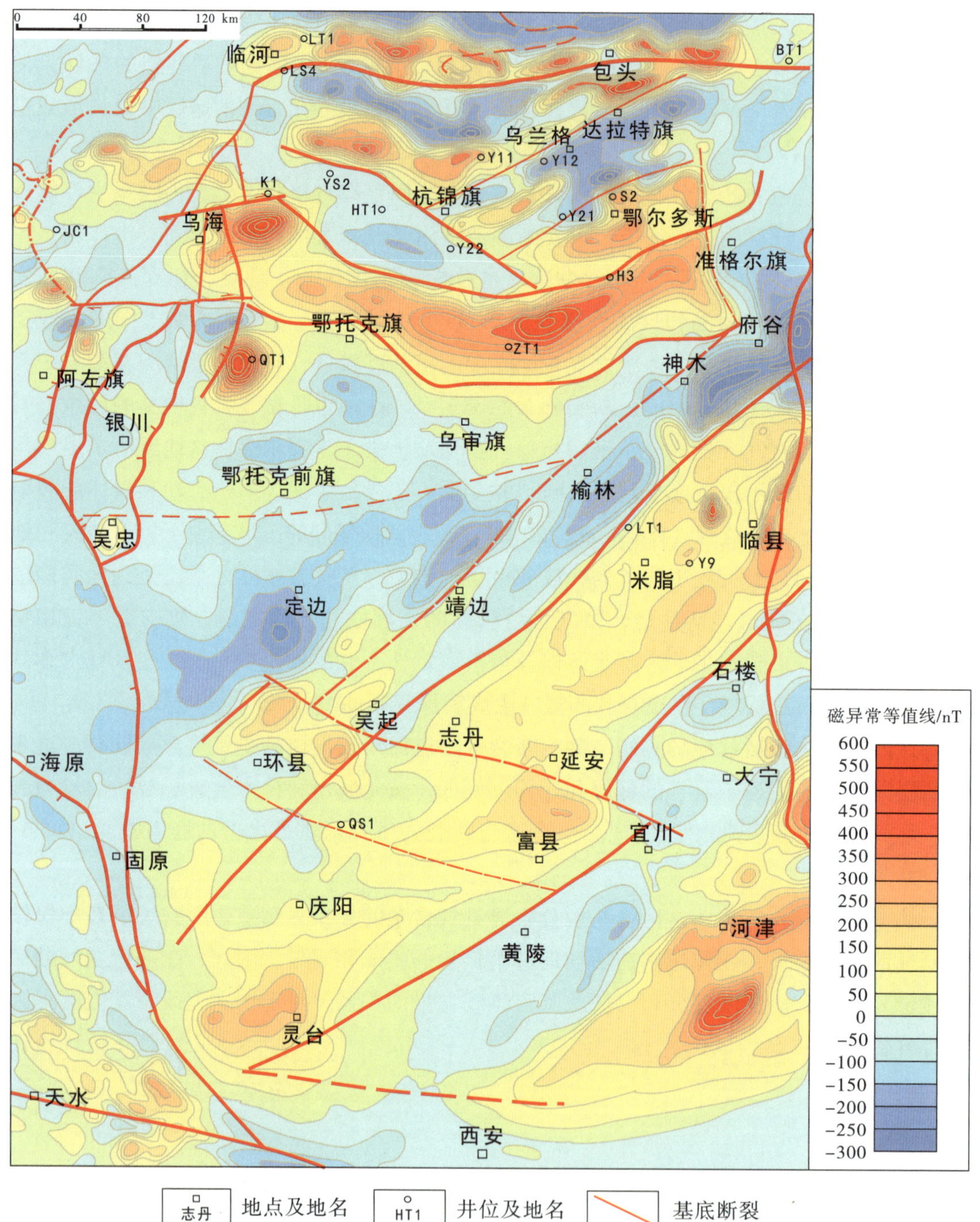

图6-3-1 鄂尔多斯盆地磁化异常与断裂叠合（据包洪平等，2019，修改）

第七章　鄂尔多斯盆地氦气资源潜力和勘探前景

在已报道的沉积盆地内的富氦天然气藏中，大部分天然气藏中的氦以壳源氦贡献为主，以幔源氦贡献为主的气藏不多。因此，本章主要针对壳源氦进行探讨，提出壳源氦源岩评价参数和标准，并对全球壳源氦进行评价。鄂尔多斯盆地的氦气资源量超50×$10^8 m^3$，具有相当可观的勘探前景。根据富氦气藏主控因素和构造沉积背景，优选鄂尔多斯盆地最具勘探潜力的区带。

第一节　壳源氦源岩评价参数

富氦天然气藏中的壳源氦气来自铀、钍等元素的放射性衰变，而放射性衰变是一种反应速率仅与同位素绝对含量相关的一级物理反应过程，所以铀、钍等放射性元素含量高的岩石，通常可作为潜在"氦源岩"（魏国齐等，2014；张文，2019；尤兵等，2022；Ruedemann et al.，1929；Broadhead et al.，2005）。张文等（2018）类比了烃源岩的定义，并将富含铀钍、大量生成和排出氦气的岩石定义为氦源岩。Danabalan 等（2022）提到氦源岩是指其铀钍含量和年龄都足够提供氦气的岩石。前人研究认为，基底岩石中通常积累了大量的氦，只是在没有释放机制的条件下，氦无法从中大量排出，尤兵等（2022）认为这些岩石也可作为氦源岩，故富含铀、钍元素的古老岩石均可作为氦源岩。

有关壳源氦源岩的研究既对氦气来源判识具有理论意义，同时又是指导氦气资源勘探的重要依据之一。本文类比烃源岩的评价参数，提出了氦源岩的评价参数，分别为氦源岩岩石类型，氦源岩铀、钍元素丰度，氦源岩形成时间及氦源岩体积规模（表7-1-1）。这里的氦源岩岩石类型是指氦源岩的岩石特征，其富铀、钍矿物组合和氦源岩元素组成是生成氦气的基本条件；氦源岩铀、钍元素丰度和其形成时间则从根本上控制了气藏中氦气的强度；氦源岩的体积规模则决定了生成氦气的总量（尤兵等，2022）。

表 7-1-1　烃源岩与氦源岩评价参数表

烃源岩评价参数		氦源岩评价参数	
有机质类型	显微组分组成、氢指数、H/C-O/C等	岩石类型	花岗岩、变质岩、沉积岩等
机质丰度	总有机碳含量(*TOC*)	铀、钍元素丰度	U、Th含量
有机质成熟度	镜质体反射率(R_0)或烃源岩热解峰温(T_{max})	形成时间	放射性反应时间
体积规模	烃源岩分布面积×厚度	体积规模	氦源岩分布面积×厚度

天然气藏中的壳源氦的含量主要取决于氦源岩中的铀、钍含量及形成时间，但地质体中铀、钍元素丰度低，仅为10^{-6}级，且半衰期长达数十亿年以上，因此，氦源岩都是弱源岩。这意味着氦源岩形成时间及体积规模进一步影响了天然气藏中的壳源氦含量，岩石体积大且经历了较长的地质时间的氦源岩可以产生有潜在经济价值的氦气。但由于缺乏理论和大量的地质实际支撑，尚无法明确氦源岩的评价标准（尤兵等，2022）。

第二节　壳源氦源岩评价标准及全球氦源岩评价

氦源岩有效性的重要影响因素是壳源氦的氦源岩岩石类型和性质。氦源岩的岩石类型可以是花岗岩、变质岩及沉积岩等，目前大量研究表明，盆地基底花岗岩可作为富氦天然气藏的有效氦源岩（Brown，2010，2019；Danabalan，2017；Zhang et al.，2020），富有机质页岩、铝土岩也可作为潜在氦源岩（表7-2-1）。

表 7-2-1　壳源氦潜在氦源岩岩石类型及特征

潜在氦源岩岩石类型	时代	体积	$U/10^{-6}$	$Th/10^{-6}$	生氦强度	生烃强度	孔隙度
基底花岗岩	老	大	7.78	32.96	较强	无	低
富有机质泥页岩	新	小	16.23	11.66	强	极强	高
铝土岩	新	小	9.43	47.35	强	无	高

注：U、Th平均含量以鄂尔多斯盆地为例

由于铀钍丰度、岩石年龄等氦源评价参数的差异，根据上地壳平均铀钍元素丰度，岩石年龄以上古生界为界，可将氦源评价标准初步分为以下4类（表7-2-2）。

表 7-2-2　氦源岩生氦潜力分类标准

代号	氦源岩生氦潜力分区类别	年龄/Ma	$U/10^{-6}$	$Th/10^{-6}$	单位质量岩石生氦强度/ $[cm^3\cdot(a\cdot g_{岩石})^{-1}]$
a	长岩石年龄，高铀钍丰度	> 251	> 2.7	> 10.5	$>1.34\times10^{-12}$
b	短岩石年龄，高铀钍丰度	< 251	> 2.7	> 10.5	$>1.34\times10^{-12}$
c	长岩石年龄，低铀钍丰度	> 251	< 2.7	< 10.5	$<1.34\times10^{-12}$
d	短岩石年龄，低铀钍丰度	< 251	< 2.7	< 10.5	$<1.34\times10^{-12}$

通过对全球氦源岩进行调研，使用以上评价标准，对全球氦源岩进行具体评价。

一、长岩石年龄，高铀钍丰度

四川盆地威远气田基底花岗岩、潘汉德·胡果顿气田基底花岗岩、鄂尔多斯盆地上古生界泥岩、鄂尔多斯盆地北缘狼山—大青山花岗片麻岩、鄂尔多斯盆地基底花岗片麻岩、上扬子地区五峰组—龙马溪组泥页岩（表 7-2-3），这些岩石的 U、Th 元素丰度高，形成时间古老，单位质量生氦量高，是最优质的氦源岩。

表 7-2-3　长岩石年龄，高铀钍丰度氦源岩统计表

地区/层位	岩性	年龄/Ma	$U/10^{-6}$	$Th/10^{-6}$	单位质量生氦量/ $[cm^3\cdot(a\cdot g_{岩石})^{-1}]$
四川盆地威远气田基底花岗岩	花岗岩	794	7.45	32.34	$1.826\ 73\times10^{-6}$
	花岗岩	805	6.47	30.34	$1.651\ 08\times10^{-6}$
	花岗岩	786	8.63	35.46	$2.058\ 63\times10^{-6}$
潘汉德·胡果顿气田基底花岗岩	花岗岩	530	38.5	6.3	$4.827\ 63\times10^{-6}$
	花岗岩	468	45.3	7.5	$5.682\ 81\times10^{-6}$
	花岗岩	497	33.4	6.1	$4.206\ 33\times10^{-6}$
	花岗岩	573	55.6	8.4	$6.951\ 83\times10^{-6}$
鄂尔多斯盆地上古生界泥岩	黑色含煤炭质泥岩	280	2.74	12.77	$1.619\ 39\times10^{-6}$
	黑色炭质泥岩	281	2.58	4.28	$5.909\ 15\times10^{-7}$
	黑色泥岩	281	4.94	39.36	$4.892\ 26\times10^{-6}$
	炭质泥岩	281	4.59	6.6	$9.280\ 63\times10^{-7}$

续表 7-2-3

地区/层位	岩性	年龄/Ma	U/10^{-6}	Th/10^{-6}	单位质量生氦量/[cm^3·(a·$g_{岩石}$)$^{-1}$]
鄂尔多斯盆地上古生界泥岩	灰黑色泥岩	277	3.95	19.72	$2.493\ 75\times10^{-6}$
	含炭质泥岩	277	8.56	32.84	$4.209\ 69\times10^{-6}$
	炭质泥岩	277	4.69	21.24	$2.697\ 84\times10^{-6}$
鄂尔多斯盆地北缘 狼山—大青山花岗片麻岩	花岗片麻岩	2 827	3.52	11.06	$1.435\ 66\times10^{-6}$
	花岗片麻岩	2 844	1.9	16.43	$2.038\ 29\times10^{-6}$
	花岗片麻岩	2 865	1.9	17.14	$2.122\ 69\times10^{-6}$
	花岗片麻岩	1 600	1.72	15.83	$1.960\ 22\times10^{-6}$
	花岗片麻岩	2 000	1.19	12.96	1.598×10^{-6}
	花岗片麻岩	2 700	1.29	14.78	$1.821\ 4\times10^{-6}$
鄂尔多斯盆地基底花岗片麻岩	花岗片麻岩	2 827	3.52	11.06	$1.435\ 66\times10^{-6}$
	花岗片麻岩	2 844	1.9	16.43	$2.038\ 29\times10^{-6}$
	花岗片麻岩	2 865	1.9	17.14	$2.122\ 69\times10^{-6}$
	花岗片麻岩	1 600	1.72	15.83	$1.960\ 22\times10^{-6}$
	花岗片麻岩	2 000	1.19	12.96	1.598×10^{-6}
	花岗片麻岩	2 700	1.29	14.78	$1.821\ 4\times10^{-6}$
上扬子地区五峰组—龙马溪组泥页岩	泥页岩	447	8.75	17.99	$1.572\ 08\times10^{-6}$
	泥页岩	455	11.27	13.48	$1.746\ 9\times10^{-6}$
	泥页岩	442	10.07	16.94	$1.701\ 29\times10^{-6}$
	泥页岩	424	13.52	17.76	$2.141\ 22\times10^{-6}$
	泥页岩	434	13.49	10.69	$1.934\ 83\times10^{-6}$
	泥页岩	455	10.34	25.23	$1.971\ 63\times10^{-6}$
	泥页岩	450	11.25	13.54	$1.746\ 2\times10^{-6}$
	泥页岩	433	9.46	13.57	$1.531\ 01\times10^{-6}$

续表 7-2-3

地区/层位	岩性	年龄/Ma	$U/10^{-6}$	$Th/10^{-6}$	单位质量生氦量/[cm^3·($a·g_{岩石}$)$^{-1}$]
上扬子地区五峰组—龙马溪组泥页岩	泥页岩	444	10.66	16.55	$1.761\ 32×10^{-6}$
	泥页岩	445	12.74	18.05	$2.055\ 39×10^{-6}$
	泥页岩	431	6.18	19.07	$1.292\ 85×10^{-6}$
	泥页岩	438	5.91	13.15	$1.090\ 48×10^{-6}$
	泥页岩	430	13.43	12.34	$1.974\ 91×10^{-6}$
	泥页岩	455	13.38	16.28	$2.081\ 88×10^{-6}$

二、长岩石年龄，低铀钍丰度

鄂尔多斯盆地马家沟组碳酸盐岩、鄂尔多斯盆地下二叠统砂岩（表7-2-4），这些岩石的U、Th元素丰度低，但形成时间古老，是一般的氦源岩。

表 7-2-4　长岩石年龄，低铀钍丰度氦源岩统计表

地区/层位	岩性	年龄/Ma	$U/10^{-6}$	$Th/10^{-6}$	单位质量生氦量/[cm^3·($a·g_{岩石}$)$^{-1}$]
鄂尔多斯盆地马家沟组碳酸盐岩	灰黑色泥晶灰岩	497	2.95	8.52	$6×10^{-7}$
	无色石盐	478	0.23	0.37	$3.84×10^{-8}$
	灰色泥质白云岩	485	1.40	5.54	$3.28×10^{-7}$
	灰白色膏质白云岩	496	0.52	0.38	$7.37×10^{-8}$
	膏质白云岩	480	2.10	0.82	$2.77×10^{-7}$
	无色石盐	497	0.011	0.02	$1.9×10^{-9}$
	深灰色白云岩	495	1.16	0.74	$1.61×10^{-7}$
	白色盐岩	482	0.019	0.083	$4.67×10^{-9}$
	灰色泥膏岩	478	1.33	6.72	$3.53×10^{-7}$
	深灰色泥质云岩	482	0.82	1.99	$1.56×10^{-7}$

续表7-2-4

地区/层位	岩性	年龄/Ma	U/10^{-6}	Th/10^{-6}	单位质量生氦量/[cm^3·(a·$g_{岩石}$)$^{-1}$]
鄂尔多斯盆地下二叠统砂岩	砂岩	267	1.302	7.973	3.86×10^{-7}
	砂岩	258	1.231	5.969	3.2×10^{-7}
	砂岩	256	1.425	5.207	3.21×10^{-7}
	砂岩	258	1.161	8.002	3.7×10^{-7}
	砂岩	260	1.367	4.76	3.02×10^{-7}
	砂岩	268	1.292	4.288	2.79×10^{-7}
	砂岩	271	1.358	6.492	3.5×10^{-7}
	砂岩	270	2.129	6.679	4.49×10^{-7}
	砂岩	262	1.153	1.42	1.8×10^{-7}
	砂岩	275	1.691	7.661	4.24×10^{-7}

三、短岩石年龄，高铀钍丰度

鄂尔多斯盆地北秦岭（燕山期）部分花岗岩、北秦岭（印支期）部分花岗岩、玻利维亚马尔班花岗岩（表7-2-5），这些岩石岩性以花岗岩为主，U、Th元素丰度高，但形成时间较短，是一般的氦源岩。

表7-2-5　短岩石年龄，高铀钍丰度氦源岩统计表

地区/层位	岩性	年龄/Ma	U/10^{-6}	Th/10^{-6}	单位质量生氦量/[cm^3·(a·$g_{岩石}$)$^{-1}$]
北秦岭(燕山期)花岗岩	花岗岩	129	10.20	14.6	1.65×10^{-6}
北秦岭(印支期)花岗岩	花岗岩	224	12.80	17.57	2.05×10^{-6}
	花岗岩	215	4.22	30.73	1.4×10^{-6}
玻利维亚马尔班花岗岩	花岗岩	10	8.74	17.6	1.56×10^{-6}
	花岗岩	24	9.00	15.3	1.53×10^{-6}
	花岗岩	7.7	8.92	15.1	1.51×10^{-6}
	花岗岩	9.7	8.56	17.4	1.53×10^{-6}

四、短岩石年龄，低铀钍丰度

鄂尔多斯盆地北秦岭大夫峪岩体（燕山期）花岗岩、北秦岭翁峪岩体（印支期）花岗岩、玻利维亚马尔班花岗岩（表7-2-6）。这些岩石岩性以中粒黑云二长花岗岩、中细粒角闪二长花岗岩为主，U、Th元素丰度低，形成时间较短，是品质最差的氦源岩。

表7-2-6　短岩石年龄，低铀钍丰度氦源岩统计表

地区/层位	岩性	年龄/Ma	$U/10^{-6}$	$Th/10^{-6}$	单位质量生氦量/[$cm^3\cdot(a\cdot g_{岩石})^{-1}$]
北秦岭大夫峪岩体(燕山期)花岗岩	中粒黑云二长花岗岩	143	1.98	11.18	5.6×10^{-7}
	中粗粒黑云二长花岗岩	141	3.23	9.67	6.67×10^{-7}
	中粒黑云二长花岗岩	137	1.9	9.88	5.13×10^{-7}
	中粗粒黑云二长花岗岩	145	2.14	11.09	5.76×10^{-7}
	中粗粒黑云二长花岗岩	127	5.72	11.51	1.02×10^{-6}
	中粒黑云二长花岗岩	134	3.18	9.18	6.47×10^{-7}
	中细粒黑云二长花岗岩	150	8.87	9.23	1.34×10^{-6}
	中细粒黑云二长花岗岩	132	3.69	10.67	7.51×10^{-7}
	细粒—中细黑云二长花岗岩	149	3.57	13.08	8.06×10^{-7}
	细粒—中细黑云二长花岗岩	122	2.07	10.23	5.43×10^{-7}
	细粒—中细黑云二长花岗岩	145	2.58	12.44	6.68×10^{-7}
北秦岭翁峪岩体(印支期)花岗岩	中细粒角闪二长花岗岩	225	2.25	16.41	7.42×10^{-7}
	中细粒角闪二长花岗岩	208	4.22	16.84	9.92×10^{-7}
	中细粒角闪二长花岗岩	234	1.81	14.66	6.39×10^{-7}
	中细粒角闪二长花岗岩	205	1.77	10.79	5.23×10^{-7}
	细粒角闪二长花岗岩	221	2.84	33.55	1.31×10^{-6}
	细粒角闪二长花岗岩	224	2.48	12.20	6.49×10^{-7}
	细粒角闪二长花岗岩	221	3.3	29.05	1.23×10^{-6}
	细粒角闪二长花岗岩	229	2.58	10.46	6.11×10^{-7}

续表7-2-6

地区/层位	岩性	年龄/Ma	$U/10^{-6}$	$Th/10^{-6}$	单位质量生氦量/[$cm^3\cdot(a\cdot g_{岩石})^{-1}$]
玻利维亚马尔班花岗岩	花岗岩	44.3	3.56	7.73	6.51×10^{-7}
	花岗岩	44.5	1.26	5.4	3.07×10^{-7}
	花岗岩	44	1.8	3.09	3.06×10^{-7}
	花岗岩	7.9	7.74	12	1.28×10^{-6}
	花岗岩	35	5.79	13.4	1.08×10^{-6}
	花岗岩	10	8.74	17.6	1.56×10^{-6}
	花岗岩	24	9	15.3	1.53×10^{-6}
	花岗岩	7.7	8.92	15.1	1.51×10^{-6}
	花岗岩	9.7	8.56	17.4	1.53×10^{-6}
	花岗岩	8.3	10.2	2.12	1.29×10^{-6}
	花岗岩	8.1	2.02	2.13	3.05×10^{-7}
	花岗岩	7.6	1.65	1.19	2.33×10^{-7}
	花岗岩	13.6	0.81	0.86	1.22×10^{-7}
	花岗岩	9.4	2.57	1.81	3.62×10^{-7}
	花岗岩	8	5.36	1.84	7.00×10^{-7}
	花岗岩	15.3	1.74	1.99	2.67×10^{-7}

在典型（平均）岩石中氦的生成显示为生成时间的函数。到目前为止，富有机质页岩具有最大的生氦潜力，典型的砂岩和碳酸盐岩比一般的页岩具有更小的生氦潜力。生氦强度：富有机质页岩 > 页岩 > 花岗岩 > 碳酸盐岩 > 砂岩（图7-2-1）。

以四川盆地威远气田、鄂尔多斯盆地北缘、美国潘汉德·胡果顿含氦气田基底花岗岩为主的a类潜在氦源岩岩石形成于古生代前，U、Th元素丰度较高，单位质量生氦量大，生氦能力较强，可累计生成大量的氦气，成为优质氦气源岩（图7-2-2）。

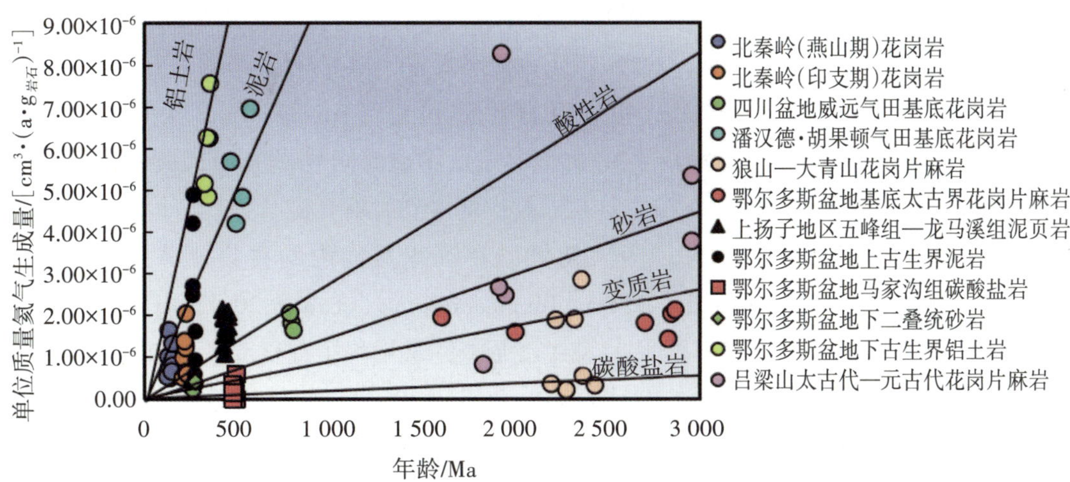

图7-2-1 潜在氦源岩生氦强度与岩石类型关系（据Brown，2010，修改）

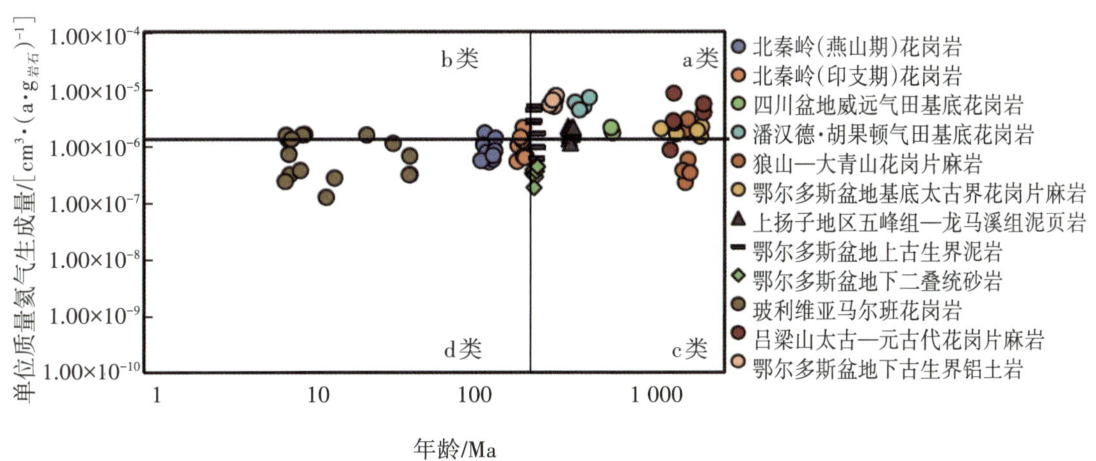

图7-2-2 潜在氦源岩生氦强度与岩石年龄关系

第三节　壳源氦源岩特征

前节所述，盆地基底花岗岩可作为富氦天然气藏的有效氦源岩，富有机质页岩、铝土岩也可作为潜在氦源岩。

一、盆地基底花岗岩

通过统计全球氦气资源的分布，发现目前世界上的绝大部分富氦天然气田主要分布在克拉通内部或周边地区，且克拉通时代越古老，氦气田内氦气丰度越高（陈践发等，2021）。主要原因如下（尤兵等，2022）：元古代至太古代地壳/克拉通的岩石组成主要为花岗岩类或变质岩类，一方面这些岩石富含铀和钍（Adams et al.，1959；Reném，2017），具有较强的 ^{4}He生成潜力；另一方面，基底形成时间早，^{4}He的生成量随着时间逐渐累积，其要么留在矿物的内部，要么扩散或释放到岩石孔隙流体内。因而古老的克拉通内可能累积了大量的氦气，为后期氦气在沉积盆地内的富集成藏提供了氦源（Reimer，1976；Bottomley et al.，1984；Lippmann-pipke et al.，2011；Holland et al.，2013），例如美国黄石公园下方的太古代克拉通中，氦累积了数亿年，在200万年内受构造和岩浆活动的影响迅速释放（Lowenstern et al.，2014）。此外，基底岩石通常体积大，可累积生成大量的氦资源。美国潘汉德—胡果顿地区、Cliffside地区、Riley Ridge地区以及我国的四川盆地威远气田、秦岭造山带北部渭河盆地，这些富氦天然气田下部均有巨大的基底花岗岩体，这些岩体可能是氦气的主要氦源岩（李玉宏等，2011；李玉宏等，2015；Ballentine et al.，2002；Sorenson，2005；Zhang et al.，2015；Wang et al.，2020）（图7-3-1）。

基于质量平衡原理，可计算基底花岗岩体对沉积盆地内天然气藏中氦的贡献，具体计算方法尤兵等（2022）在“富氦天然气藏氦源岩特征及关键评价参数”一文中有详细介绍。Ballentine et al.（2002）以及Danabalan（2017）计算了潘汉德—胡果顿地区盆地内储层岩石原位生成的氦气量及储层外部来源（下伏沉积物和盆地基底花岗岩）氦的贡献。结果表明，即便储层岩石产生的氦全部释放、运移、聚集保存到气藏中，其氦含量仍然低于检测到的天然气藏中放射性氦的含量，如果将下伏沉积物产生的氦计算在内，仍不足以形成像已发现的潘汉德·胡果顿天然气藏中氦的资源量。因此，推断必须有大量的来自盆地基底花岗岩的氦气聚集到天然气藏中。这说明在潘汉德—胡果顿地区盆地基底花岗岩对气藏中的氦具有重要贡献。需要注意的是，由于氦气在氦源岩中的释放效率、抬升剥蚀造成的氦气损失量，以及地质历史时期气藏中氦气的补给和逸散均具有较强的不确定性，气藏中氦气的准确来源仍然是一个难题。对于潘汉德—胡果顿地区，Brown（2019）建立了大气田中沉积物和基底来源氦的生成和运移的模型，明确了不同部位氦气的来源和运移特征。但由于模型中地质参数缺乏实验室校准（如扩散系数、亨利系数等），且对基底氦源岩的厚度及氦气释放和运移机制认识不足，使得模型受实际地质参数约束较差，所以目前也仅能从定性的角度确定2类氦源岩的相对贡献，尚无法定量评价不同类型氦源岩的贡献。Chen et al.（2023）通过氦的质量平衡计算和氖同位素组成特征，明确了北美Williston盆地的基底岩石对沉积盆地内氦和氖的重要贡献，并且通过建立氦的运输模型证明了扩散作用和基底岩石的氦通量对沉积盆地流体中氦分布的控制作用。Halford et al.（2022）也应用质量平衡原理确认了美国科罗拉多高原的4个富氦天然气藏的氦源，认为前寒武纪花岗岩基底是主要氦源，且深大断裂为氦气的运移提供了有效通道。此外，前人采用真空破碎、加热熔融和阶段升温3种方法提取了我国关中盆地基底花岗岩中的氦气，验证了花岗岩可作为渭河盆地富氦气藏的有效氦源岩。实验结果表明，花岗岩中的氦气主要赋存于矿物晶格中，其中氦气释放率达80%以上，并且温度是控制花岗岩中氦气释放的首要因素（尤兵等，2022）。上述研究表明，盆地基底花岗岩可以作为富氦天然气藏的有效氦源岩。

二、富有机质泥页岩

根据各类岩石的铀、钍含量可知，花岗岩生氦能力虽强于砂岩和碳酸盐岩，但弱于页岩，特别是富有机质泥页岩（图7-3-2）。在威远气田中，作为烃源岩的下寒武统筇竹寺组富有机质页岩的铀含量范围可达（13.7～47.7）$\times10^{-6}$，而花岗岩体（741 Ma）的铀含量为（2.55～16.94）$\times10^{-6}$，明显低于页岩的铀含量（Zhao et al.，2016；Wang et al.，2020），目前两者对威远气田中氦气的相对贡献尚不清楚。虽然威远气田页岩中铀含量更高，生氦能力更强，且烃类气体可作为运载体携带氦气一起运移成藏，但伴随有机质的热演化生烃过程，页岩可以同时产生烃类和氦气，且生成烃类的强度远远高于生成氦气的强度，这将不可避免地导致氦气浓度被生成的甲烷等烃类气体稀释，使得氦浓度低于经济利用的丰度（尤兵等，2022）。Brown（2010）计算发现生烃潜力最小的页岩（S_2=2 $mg_{HC}/g_{岩石}$）在10亿年内产生的烃类气体的量是其产氦量的3 000倍，由此可见氦的产量与天然气的产量相比非常低。

此外，在沉积物中，铀、钍元素主要富集于黏土矿物或颗粒包膜中，同时，页岩的矿物颗粒直径较花岗岩小得多。根据^{4}He的衰变反冲释放机理，页岩中产生的^{4}He更容易丢失而不易保存，也就是说，岩石的孔隙流体相对于固体岩石、矿物更富集氦。然而，岩石的孔隙度对孔隙流体中氦的富集速率也有很重要的影响，氦气在高孔隙度氦源岩的孔隙流体中富集较慢，而在低孔隙度氦源岩的孔隙流体中容易富集。沉积岩相比火成岩和变质岩往往具有更高的孔隙度，这可能是其不易形成高浓度氦气的原因（尤兵等，2022）。总的来说，在强生烃能力和高孔隙度2个因素的影响下，富有机质页岩独自作为氦源岩能否形成富氦天然气藏还有待进一步探讨。

目前的勘探实践表明，达到工业利用水平的氦气藏大部分与花岗岩和古老地层有关，而以富有机质页岩为氦源岩的气田中不易形成富氦天然气藏（Ballentine et al.，2002；Danabalan，2017；尤兵等，2022）。例如，四川盆地下志留统龙马溪组富有机质页岩具有高铀含量［(5.99～13)$\times10^{-6}$］（Zhao et al.，2016），并且是龙马溪组页岩气的优质烃源岩，但由于其强烈的生烃作用，气藏中氦浓度被严重稀释，大多数气藏的氦含量低于0.1%（Wang et al.，2020）。再如，鄂尔多斯盆地三叠系延长组长7段油页岩，作为

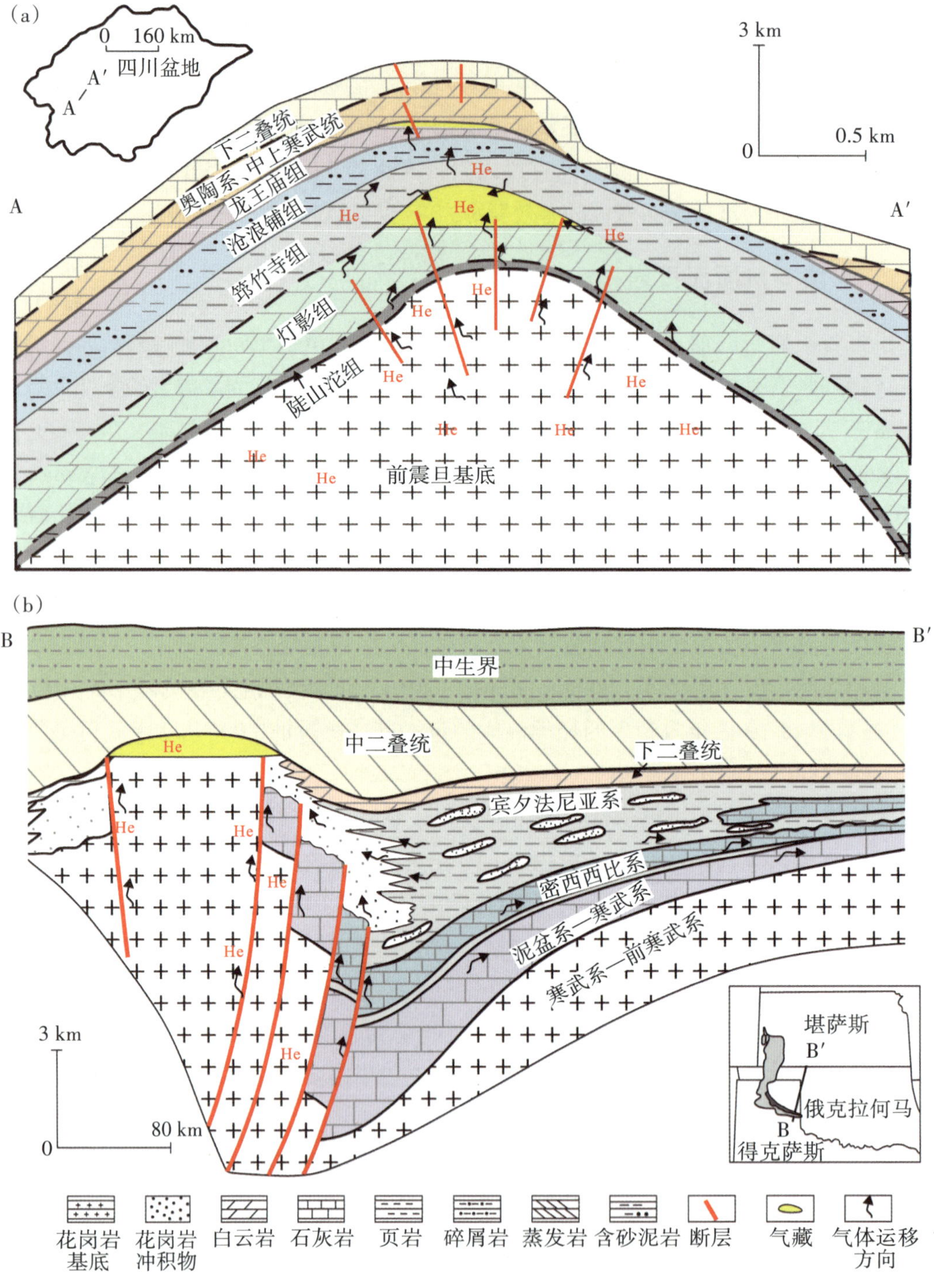

图7-3-1　中国威远富氦天然气藏（a）和美国潘汉德富氦天然气藏（b）剖面

（据 Sorenson，2005；Wang et al.，2020；尤兵等，2022，修改）

中生界油气藏的主要烃源岩，其铀、钍平均含量为 35.46×10^{-6} 和 13.56×10^{-6}，生氦强度达 9.8 L/($km^3\cdot a$)（李玉宏等，2017），但在天然气藏中未检出氦气或氦含量低于 0.1%（庄一鹏等，2011）。因此，在没有盆地外部氦源或特殊的富集机制情况下，富有机质页岩单独作为氦源岩时，很难形成富氦或高氦天然气藏，也可以说此时页岩是非主要的氦源岩。但这并不意味着，产自富有机质页岩中的氦气对整个天然气藏中氦气的贡献为零（尤兵等，2022）。由于目前氦源定量评价的方法尚不完善，我们只能认为在发育了花岗岩基底的沉积盆地内，富氦天然气藏中的壳源氦气多为混源且主要源自基底花岗岩，至于富有机质页岩是否可以作为有效氦源岩以及有效氦源岩的评判标准为何还有待进一步研究。

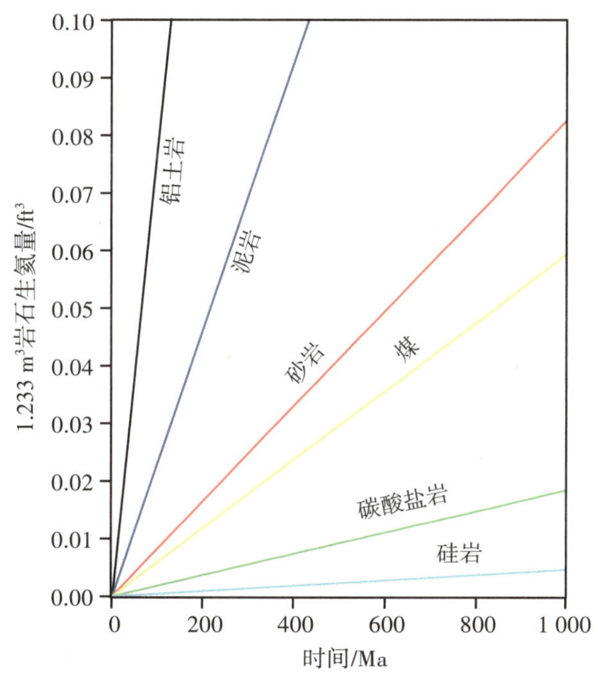

图 7-3-2　各类岩石生氦量与时间关系（据 Brown，2010，修改）

三、铝土岩

铝土岩（bauxite）是天然气藏中的一种重要成分，主要由铝质矿物构成，具有较高的铝含量（Al_2O_3：SiO_2>1），其主要矿物成分包括一水硬铝石、一水软铝石和三水铝矿。铝土岩主要通过铝硅酸盐矿物在强烈的化学风化和半风化作用下，搬运到岩溶洼地、湖泊、海湾和潟湖盆地，直接沉积或经过进一步的陆解作用形成。

作为潜在氦源岩，铝土岩丰富的 U、Th 含量虽然意味着更高的生氦强度，但松散的孔隙结构也暗示着更大的溶解量以及更苛刻的脱溶条件，如果仅依靠构造抬升完成 He

资源脱溶富集，铝土岩与片麻岩具有相近的脱溶深度（赵栋等，2024）。以鄂尔多斯盆地和晋中盆地本溪组—太原组铝土岩（年龄约为300 Ma）为例，当He累积至摩尔分压为1%～5%时，单位体积铝土岩释放的He在1.5～4.0 km的深度范围内即可全部溶于孔隙水中，换言之，铝土岩需抬升至浅埋深区域才能规模性脱溶出游离He。陇东探区虽然在鄂尔多斯盆地东部燕山期构造抬升的带动下发生了“跷跷板”式的构造反转，但受制于有限的抬升幅度（埋深约为4.0 km），难以产生规模性的脱溶富集（付金华等，2021；孟卫工等，2021；南珺祥等，2022；赵栋等，2024）。但在鄂尔多斯盆地东缘石西探区和晋中盆地的天然气藏（埋深＜2.0 km）以及运城—临汾地区的地热井中却发现了良好的He显示（He含量介于0.089%～13.40%之间），从而证实了铝土岩在浅埋藏条件下能够为富氦天然气藏形成做出一定贡献（赵栋等，2024）。

我们通过对Al/Si值的分析，将岩样分为3个不同的级别：Al/Si＞1的样品中Al_2O_3含量高，属于铝土岩；Al/Si值介于0.5～1之间的样品中Al_2O_3含量中等，属于含铝土泥岩；Al/Si＜0.5的样品中Al_2O_3含量低，属于泥岩。分析结果显示，样品的CIA（岩石化学蚀变指数）范围介于53.6～88.53之间，平均值为75.34，反映出样品经历了强、中等和弱的化学风化作用。

通过对异常参数δCe和δEu的分析，可以推断成矿物质的聚集环境。具体而言，这些参数的曲线呈现向右倾斜特征，轻稀土元素（LREE）曲线陡峭，而重稀土元素（HREE）曲线较为平缓，这种分布模式与秦岭花岗岩的特征一致，提示秦岭花岗岩可能是该地区的主要物源之一（图7-3-3）。

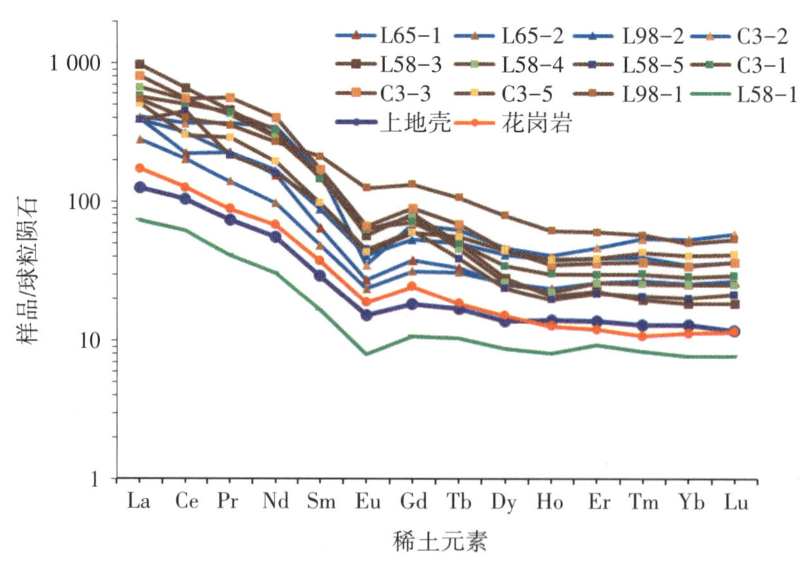

图7-3-3　鄂尔多斯盆地庆阳地区太原组含铝岩石稀土元素球粒陨石标准配分模式

稀土元素分析表明，研究区内轻稀土元素（LREE）含量范围为76.6～844.54 μg/g，重稀土元素（HREE）含量范围为8.54～48.44 μg/g，总稀土元素（ΣREE）值介于85.14～972.79 μg/g之间，均值为562.16 μg/g，显著高于大陆上地壳的平均稀土元素总量（UCC=146.35 μg/g）。稀土元素的配分模式显示出与上地壳相似的特征，推断源岩主要来自上地壳。

具体数据表明，ΣLREE/ΣHREE值介于7.5～19.38之间，均值为13.65，表明轻稀土元素富集显著。Nd/Yb值范围为3.81～15.93，均值为7.79，显示轻稀土元素相较重稀土元素更为富集；La/Sm均值为4.55，表明轻稀土元素中—高分异，可能受到岩浆或热液活动带来的地幔物质影响。δCe值介于0.74～1.56之间，均值为1，δEu值介于0.33～0.75 μg/g之间，均值为0.57，显示出轻微的负异常（表7-3-1）。

微量元素方面，铝土岩中的Ba和Sb含量显著高于地壳平均丰度，Ba含量达到400 μg/g，Sb含量达到0.5 μg/g，这些高含量表明铝土岩具有明显的热液沉积特征。此外，铝土岩中的U、V和Mo等元素对氧化还原条件非常敏感，是恢复古海洋氧化还原状态的理想指标。通过对这些微量元素含量和特征参数的详细分析，可以确定Th/U、U/Th、V/（V+Ni）、V/Cr及Ni/Co的比值，这些比值是判断样品氧化还原条件的有效工具。具体而言，当V/Cr > 4.25时，环境为还原性；V/Cr值在2～2.45之间表示环境为弱氧化性；而V/Cr < 2则表示环境为氧化性。同样，Ni/Co > 7表示环境为还原性，Ni/Co值在5～7之间表示环境为弱氧化性，而Ni/Co < 5表示环境为氧化性。U/Th值亦是判断氧化还原条件的重要参数，当U/Th > 1.25时，表示为还原环境，0.75～1.25之间表示为弱氧化环境，而U/Th < 0.75则表示为氧化环境。岩石样品V/（V+Ni）值在0.44～0.77之间，平均为0.65，指示还原环境。σEu值介于0.33～0.75之间，平均为0.57，σCe值介于0.74～1.11之间，平均为1，V/Cr值介于0.65～1.79之间，平均为1.3，指示有氧环境。Ni/Co值在0.63～85.85之间，平均为7.15，指示还原环境。σU值在0.54～1.59之间，平均为0.78，指示有氧环境。U/Th值介于0.12～1.28之间，平均为0.28，指示氧化—还原过渡环境（表7-3-2）。总体上，庆阳气田铝土岩的沉积环境以氧化—弱还原为主，通过Rb/Sr值判断铝土岩沉积的古气候以半潮湿—半干燥—干燥为主，岩相以海陆过渡相为主。

铝土岩中铀和钍元素的富集现象是一个复杂的地质过程，涉及多种因素的共同作用。首先，铝土岩的源岩类型和物质来源是铀、钍元素初始含量的决定因素。例如，富含铀和钍的花岗岩和酸性火山岩在风化过程中产生的残积物质为铝土岩的形成提供了丰富的铀、钍来源。其次，铝土岩的形成过程中经历了强烈的化学风化作用，这一过程释放出大量的铀和钍。在氧化环境下，铀易溶于水，以U^{6+}形态存在，迁移能力强；而在还原环境中，铀会沉淀形成不溶性的U^{4+}化合物，从而在还原环境中富集。钍由于其低溶解性，主要以不溶性的Th^{4+}形态存在，与铀的行为有所不同，其富集过程与颗粒物的吸附作用密切相关。最后，铝土岩中的次生矿物，如黏土矿物、铁和锰氧化物等，具有较强的吸附能力，可以有效吸附和固定铀、钍元素，进一步促进其富集。成岩作用和热液活动也是铀、钍富集的重要机制，通过热液流体的搬运和沉淀作用，铀、钍在特定地质环境中重新分布并富集。古气候条件，如温暖湿润的气候，有利于强烈的化学风化作用，促进铀、钍的释放和迁移。同时，地质历史时期的大规模海侵或冰期消退等事件也通过改变风化作用和沉积环境，间接影响了铀、钍的富集过程。

综上所述，铝土岩中铀、钍元素的富集是源岩特性、化学风化、氧化还原条件、矿物吸附、成岩作用及古气候等多因素综合作用的结果，这些研究不仅有助于揭示铝土岩的形成机制，还为铝土矿的勘探和开发提供了科学依据。

表 7-3-1 鄂尔多斯盆地庆阳地区太原组—马家沟组岩样稀土元素含量与参数

样品编号	层位	岩性	稀土元素含量/(μg·g^{-1})														特征参数					
			La	Ce	Pr	Nd	Sm	Eu	Gd	Tb	Dy	Ho	Er	Tm	Yb	Lu	ΣREE	LREE/HREE	$(Nd/Yb)_N$	$(La/Sm)_N$	σEu	σCe
L58-3	太原组	铝土岩	231.95	404.10	43.43	137.74	23.99	3.33	16.86	1.88	7.15	1.19	3.74	0.51	3.15	0.47	879.50	24.16	15.93	6.24	0.51	0.99
L58-4	太原组	铝土岩	158.44	331.73	40.60	136.34	23.22	3.67	16.20	1.71	6.68	1.28	4.32	0.65	4.33	0.64	729.82	19.38	11.46	4.40	0.58	1.01
L58-5	太原组	铝土岩	92.27	276.04	20.47	75.01	14.88	2.64	12.71	1.46	6.06	1.12	3.62	0.53	3.46	0.55	510.83	16.30	7.89	4.00	0.59	1.56
C3-1	太原组	铝土岩	136.45	310.43	42.30	153.45	22.35	3.76	14.66	1.89	8.80	1.71	4.98	0.77	4.90	0.75	707.18	17.39	11.41	3.94	0.63	1.00
C3-3	太原组	铝土岩	192.24	337.76	53.30	189.68	26.17	3.89	18.60	2.57	11.43	2.01	6.04	0.94	5.91	0.94	851.47	16.58	11.69	4.74	0.54	0.82
C3-5	马家沟	铝土岩	121.04	185.41	27.67	90.79	15.03	2.51	12.37	2.11	11.38	2.18	6.50	1.11	6.99	1.07	486.14	10.13	4.73	5.20	0.56	0.79
L98-1	太原组	铝土岩	130.29	246.10	33.96	126.58	32.43	7.32	27.56	4.03	20.32	3.52	10.02	1.48	8.59	1.37	653.58	7.50	5.36	2.59	0.75	0.91
C3-2	太原组	铝土质泥岩	97.36	225.88	34.87	161.5	24.91	2.04	14.31	2.34	1.86	2.33	7.76	1.38	9.20	1.51	597.24	10.78	6.39	2.52	0.33	0.95
L98-2	太原组	铝土质泥岩	93.82	192.26	21.56	78.68	13.49	2.38	11.05	1.90	10.60	2.15	6.46	1.02	5.96	0.94	442.27	10.04	4.81	4.49	0.60	1.05
L65-1	太原组	铝土质泥岩	95.36	137.30	21.56	72.51	9.96	1.59	7.86	1.26	6.43	1.32	4.35	0.69	4.41	0.67	365.25	12.54	5.98	6.18	0.55	0.74
L65-2	太原组	铝土质泥岩	66.77	124.41	13.37	45.62	7.48	1.38	6.52	1.17	6.66	1.36	4.36	0.69	4.36	0.68	284.84	10.04	3.81	5.76	0.60	1.02

续表7-3-1

样品编号	层位	岩性	稀土元素含量/(μg·g^{-1})														特征参数					
			La	Ce	Pr	Nd	Sm	Eu	Gd	Tb	Dy	Ho	Er	Tm	Yb	Lu	ΣREE	LREE/HREE	$(Nd/Yb)_N$	$(La/Sm)_N$	σEu	σCe
L58-1	太原组	炭质泥岩	17.56	37.74	3.93	14.37	2.53	0.46	2.21	0.39	2.23	0.46	1.53	0.21	1.31	0.20	85.14	8.97	3.98	4.47	0.60	1.11
X1	—	花岗岩	41.02	77.51	8.45	31.99	5.75	1.10	5.06	0.70	3.86	0.72	2.01	0.28	1.93	0.30	180.68	11.17	6.03	4.61	0.62	1.02
X2	—	上地壳	30.00	64.00	7.10	26.00	4.50	0.88	3.80	0.64	3.50	0.80	2.30	0.33	2.20	0.30	146.35	9.55	4.30	4.30	0.65	1.08

表 7-3-2　鄂尔多斯盆地庆阳地区太原组—马家沟组岩样微量元素含量与参数

样品编号	层位	岩性	微量元素含量/(μg·g^{-1})									特征参数							
			^{238}U	^{232}Th	^{51}V	^{59}Co	^{60}Ni	^{63}Cu	^{85}Rb	^{88}Sr	^{137}Ba	Th/U	U/Th	V/(V+Ni)	V/Cr	Ni/Co	Rb/Sr	Sr/Cu	Sr/Ba
L58-3	太原组	铝土岩	11.85	49.60	150.20	3.02	118.38	27.77	40.62	540.53	386.66	4.18	0.24	0.56	1.69	39.16	0.08	19.47	1.40
L58-4	太原组	铝土岩	10.51	59.39	113.38	6.44	123.18	17.94	81.87	477.82	462.31	5.65	0.18	0.48	0.84	19.12	0.17	26.64	1.03
L58-5	太原组	铝土岩	7.44	37.89	136.09	17.67	56.87	32.46	154.65	457.38	572.34	5.09	0.20	0.71	1.29	3.22	0.34	14.09	0.80
C3-1	太原组	铝土岩	9.65	40.24	238.48	18.03	75.54	40.28	148.28	483.15	729.75	4.17	0.24	0.76	1.13	4.19	0.31	11.99	0.66
C3-3	太原组	铝土岩	7.68	49.63	94.34	26.62	119.92	39.57	46.59	421.43	451.19	6.47	0.15	0.44	0.65	4.50	0.11	10.65	0.93
C3-5	马家沟	铝土岩	8.86	45.36	144.62	25.16	98.32	28.19	64.65	311.73	462.54	5.12	0.20	0.60	1.01	3.91	0.21	11.06	0.67
L98-1	太原组	铝土岩	46.47	36.28	178.95	64.01	89.09	96.79	240.93	557.70	760.67	0.78	1.28	0.67	1.73	1.39	0.43	5.76	0.73
C3-2	太原组	铝土质泥岩	5.98	42.27	91.32	13.44	37.96	44.09	248.01	378.67	539.27	7.07	0.14	0.71	1.79	2.82	0.65	8.59	0.70
L98-2	太原组	铝土质泥岩	7.15	35.89	158.33	26.80	71.04	49.31	289.09	431.54	845.79	5.02	0.20	0.69	1.58	2.65	0.67	8.75	0.51
L65-1	太原组	铝土质泥岩	4.03	33.04	174.65	15.03	35.61	209.80	286.10	293.12	967.46	8.20	0.12	0.83	1.29	2.37	0.98	1.40	0.30
L65-2	太原组	铝土质泥岩	3.88	24.63	138.82	21.46	40.34	37.45	262.21	290.05	763.67	6.35	0.16	0.77	1.40	1.88	0.90	7.75	0.38
L58-1	太原组	炭质泥岩	1.35	6.33	21.37	24.82	15.53	21.48	17.28	200.09	312.28	4.68	0.21	0.58	1.17	0.63	0.09	9.32	0.64

第四节　鄂尔多斯盆地壳源氦源岩评价

我们将鄂尔多斯盆地壳源氦源岩分为基底型氦源岩和沉积型氦源岩两大类。鄂尔多斯盆地基底厚度远大于上覆沉积层，具有较高的生氦潜力，然而，基底岩性变化复杂，形成时间不一，不同地区基底岩U、Th含量差异明显。上覆沉积盖层以陆相碎屑岩和碳酸盐岩为主，大约厚3 000～8 000 m，其不同层位、不同岩性生氦潜力均存在差异。

一、基底型氦源岩

鄂尔多斯盆地基底经历了太古代—古元古代构造运动，形成了一套整体磁性较强、以高级变质片麻岩和变粒岩为主的太古界变质岩系，与另一套整体磁性偏弱，以大理岩、混合岩和花岗片麻岩为主的古元古界变质岩系的稳定结晶基底（刘成林等，2023）。太古界陆块上叠加了古元古界的火山—沉积岩序列，从北到南依次为乌拉山群、上集宁群—贺兰山群、恒山—吕梁群、界河口群、涑水—中条群。

对基底西部石榴夕线黑云斜长片麻岩与东部片麻状二云母花岗岩的钻孔样品进行SHRIMP锆石U-Pb定年，分别获得了2 031±10 Ma和2 035±10 Ma的年龄。北部乌拉山—大青山岩性主要为闪长质变质岩和碱性变质岩，狼山主要为闪长质变质岩，南部秦岭主要为花岗片麻岩。根据重力和磁力资料解释，太古界和古元古界大致呈北东—南西相间分布。根据放射性原理和铀、钍衰变方程［式(1)］，可计算出氦源岩的生氦强度。

$$^{4}He=1.207\times10^{-13}U+2.868\times10^{-14}Th \tag{1}$$

式中，^{4}He为氦源岩的生氦强度，单位为$cm^3/(a\cdot g_{岩石})$；U为铀丰度，单位为10^{-6}；Th为钍丰度，单位为10^{-6}。

盆地基底岩石U、Th平均丰度分别为3.15×10^{-6}和12.38×10^{-6}，生氦强度为$0.735\times10^{-12}\ cm^3/(a\cdot g_{岩石})$（表7-4-1）。鄂尔多斯地区基底厚度远大于上覆沉积层，具有较高的生氦潜力。

鄂尔多斯盆地基底岩性变化复杂，形成时间不一，不同地区基底岩石U、Th含量差异明显。东胜气田钻遇的新太古界花岗岩和花岗片麻岩的U元素质量分数为（0.14～7.13）$\times10^{-6}$（平均为1.99×10^{-6}）、Th元素质量分数为（1.45～28.93）$\times10^{-6}$（平均为10.32×10^{-6}），古元古界花岗片麻岩的U元素质量分数为（0.26～2.32）$\times10^{-6}$（平均为0.76×10^{-6}），Th元素质量分数为（1.74～23.51）$\times10^{-6}$（平均为9.43×10^{-6}）；鄂尔多斯盆地北缘狼山—大青山古元古界花岗片麻岩的U元素质量分数为（0.26～2.32）$\times10^{-6}$（平均为0.76×10^{-6})、Th元素质量分数为（1.74～23.56）×10^{-6}（平均为9.43×10^{-6}）；北秦岭地区花岗岩和花岗片麻岩的U元素质量分数为（0.28～3.88）×10^{-6}（平均为1.85×10^{-6}）、Th元素质量分数为（1.66～27.21）×10^{-6}（平均为10.28×10^{-6}）；同时，鄂尔多斯盆地东缘吕梁山地区新太古界花岗岩的U元素质量分数为（0.89～8.55）×10^{-6}（平均为3.00×10^{-6}）、Th元素质量分数为（9.19～43.79）×10^{-6}（平均为18.15×10^{-6}），古元古界花岗岩的U元素质量分数为（0.21～6.06）×10^{-6}（平均为2.84×10^{-6}）、Th元素质量分数为（1.00～67.05）×10^{-6}（平均为17.46×10^{-6}），其U、Th含量均低于威远构造基底花岗岩。由此可见，鄂尔多斯盆地新太古界岩石U、Th含量普遍远高于古元古界的花岗岩和花岗片麻岩（表7-4-2）。

表7-4-1　鄂尔多斯盆地潜在氦源岩参数统计表

潜在层系	年龄/亿年	岩性	分布区	U丰度平均值/10^{-6}	Th丰度平均值/10^{-6}	生氦强度/[10^{-12}cm^3·(a·g$_{岩石}$)$^{-1}$]
太古界—下元古界	23～25	黑云母片岩、花岗片麻岩	北东—南西条带	(3.97～0.26)/1.29(12)	(18.75～1.42)/8.19(12)	0.391
中元古界长城系	15.35～17.85	板岩	盆地北部、西南	(4.33～0.39)/1.29(29)	(8.33～0.75)/2.49(29)	0.227
下古生界下奥陶统马家沟组	4.87	泥质白云岩	古陆周边	(8.98～1.53)/4.30(8)	(25.61～2.28)/10.60(8)	0.82
上古生界石炭系、二叠系	2.85±5	泥岩	全盆地	(16.12～3.22)/9.68(26)	(54.28～1.57)/22.68(26)	1.82
		煤	全盆地	(40.49～2.87)/14.99(15)	(88.12～2.00)/35.19(15)	2.82
		铝土岩	盆地西南	(11.85～1.35)/7.14(11)	(59.39～6.33)/38.57(11)	1.97

注：(3.97～0.26)/1.29(12)=(最大值～最小值)/平均值(样品数)

表7-4-2 鄂尔多斯盆地氦源岩样品Th、U元素丰度统计表

序号	样品编号	层位	岩性	Th/10^{-6}	U/10^{-6}
1	HT1-2	长城系	浅红色、棕紫色含砾石英砂岩	8.34	0.56
2	HT1-1	长城系	灰绿色、棕紫色细粒石英砂岩	9.34	1.30
3	HT1-5	太古界	黑云母片岩	5.70	1.16
4	HT2-1	太古界	花岗片麻岩	16.43	1.90
5	HT2-2	太古界	花岗片麻岩	17.14	1.90
6	HT2-3	太古界	花岗片麻岩	15.83	1.72
7	S2-4	太古界	条带状黑云正长花岗片麻岩	2.96	1.19
8	S2-5	太古界	花岗片麻岩	14.78	1.29
9	H3-6	太古界	杂色花岗岩	1.45	0.34
10	CRM-a1	太古界	灰色片麻岩	27.21	3.88
11	CRM-a2	太古界	灰白色花岗岩	12.58	2.15
12	CRM-a3	太古界	灰白色中—细粒花岗岩	7.05	1.54
13	CRM-a4	太古界	花岗岩	7.90	1.98
14	CRM-a5	太古界	片麻岩	10.40	1.80
15	CRM-a6	太古界	花岗质片麻岩	1.66	0.51
16	CRM-a7	太古界	肉红色花岗岩	6.28	1.32
17	CRM-a8	太古界	二长花岗斑岩	11.55	2.29
18	CRM-a9	太古界	片岩	2.38	0.28
19	CRM-a10	太古界	深色二云母石英片岩	15.79	2.77
20	EB-1	古元古界	二长花岗片麻岩	1.74	0.40
21	EB-2	古元古界	花岗片麻岩	4.41	0.91
22	EB-3	古元古界	紫苏英云闪长质片麻岩	15.59	0.26
23	EB-4	古元古界	二长花岗闪长岩	15.24	2.32
24	EB-5	古元古界	二长花岗片麻岩	2.93	0.36

续表 7-4-2

序号	样品编号	层位	岩性	Th/10^{-6}	U/10^{-6}
25	EB-6	古元古界	含石榴子石片麻岩	23.51	0.53
26	EB-7	古元古界	英云闪长片麻岩	2.61	0.57
27	NW-02	元古界	黑云斜长片岩	26.22	3.56
28	NW-03	元古界	角闪岩	1.00	0.21
29	NW-04	元古界	斑状石英岩	6.29	1.23
30	NW-05	元古界	灰白色花岗岩	20.04	2.25
31	NW-07	元古界	角闪片岩	19.32	2.99
32	XX-03	太古界	灰黑色黑云花岗片麻岩	10.40	2.95
27	XX-04	太古界	二云片岩	11.37	1.78
28	LX-02-a	太古界	浅灰色粗粒花岗岩	29.29	8.55
29	LX-02-b	太古界	灰黑色云母片岩	17.24	3.67
30	LX-02-c	太古界	浅灰色细粒花岗岩	43.79	2.09
31	LX-03	太古界	深灰色变质安山岩	9.19	1.99
32	LX-05	元古界	暗灰色石英岩夹千枚岩	5.54	4.79
33	GJ-01-a	太古界	肉红色花岗岩	14.21	2.11
34	GJ-01-b	太古界	灰色角闪片麻岩	9.69	0.89
35	GJ-04	元古界	肉红色粗粒变质花岗岩	6.21	2.88
36	GJ-05	元古界	灰白色黑云母中粒花岗岩	21.18	4.12
37	GJ-08	元古界	灰白色粗粒变质黑云母花岗岩	67.05	6.06
38	GJ-10	元古界	黑云母花岗片麻岩	1.70	0.27
39	L2-1	太原组	泥岩	19.32	5.30
40	L82-1	太原组	泥岩	21.57	10.23
41	QT15-1	太原组	泥岩	29.13	23.70

续表 7–4–2

序号	样品编号	层位	岩性	$Th/10^{-6}$	$U/10^{-6}$
42	L29–1	太原组	泥岩	17.00	4.94
43	L98–1	太原组	泥岩	3.68	4.66
44	QT3–3	太原组	泥岩	25.23	8.40
45	S1–1	太原组	黑色泥岩	15.04	3.00
46	S1–2	太原组	黑色含煤炭质泥岩	4.88	3.07
47	S1–3	太原组	黑色炭质泥岩	7.33	5.13
48	S2–1	太原组	黑色泥岩	39.36	4.94
49	S2–2	太原组	炭质泥岩	6.60	4.59
50	HT1–6	太原组	炭质泥岩	11.06	3.52
51	H3–1	太原组	灰黑色泥岩（微含炭质）	19.72	3.95
52	H3–3	太原组	含炭质泥岩	32.84	8.56
53	H3–5	太原组	炭质泥岩	21.24	4.69

二、沉积型氦源岩

鄂尔多斯盆地基底形成之后，盆地经历了晋宁、加里东、海西、印支、燕山及喜马拉雅等多期构造运动，形成了以陆相碎屑岩和碳酸盐岩为主的沉积层，厚约为3 000～8 000 m（包洪平等，2019；刘池洋等，2021；李相博等，2021；任战利等，2021；何发岐等，2023）。不同沉积层系年代不同，U、Th元素丰度不同，生氦能力各异（刘成林等，2023）。

（一）长城系

中元古界长城系具有明显裂陷槽式（坳拉谷）沉积特征，盆地西缘及南缘为主裂陷槽，可能代表了秦、祁、贺三叉裂谷系最早活动的沉积记录，厚度多在千余米，向盆地西缘深坳陷区有明显加厚趋势，沉积厚度局部可达2 000～3 000 m以上。除了鄂尔多斯盆地东部，长城系在鄂尔多斯盆地均有分布，最大厚度可达1 000 m，岩性主要为石英砂岩［图7–4–1（e）］、长石（岩屑）石英砂岩、炭质板岩及结晶灰岩（大理岩）。长城系黑色板岩是潜在氦源岩，主要分布在盆地北部和西南部。中元古代初始年龄取17.17亿年，U、Th平均丰度分别为2.36×10^{-6}和8.28×10^{-6}，生氦强度为0.522×10^{-12} cm^3/（a·$g_{岩石}$）。由于中元古界长城系潜在氦源岩岩石年代较老，U、Th元素丰度较高，在平面和深度上的发育规模也较大，可见其具有较高的生氦潜力。

（二）下奥陶统马家沟组

下奥陶统马家沟组在鄂尔多斯盆地西南部中央古隆起和北部伊盟隆起缺失严重，主要发育在鄂尔多斯盆地中东部，根据沉积演化特征，马家沟组可以分为6个段：马一段、马三段和马五段主要为蒸发台地沉积，岩性主要为膏盐岩和白云岩；马二段、马四段和马六段主要为碳酸盐岩台地沉积，岩性主要为白云岩和石灰岩。以T61井为例，马五段的白云岩夹有薄层泥质白云岩，厚度约为45 m，Th和U元素含量相对较高，具有一定的生氦潜力。

下古生界下奥陶统马家沟组马五段泥质白云岩为潜在氦源岩［图7-4-1(f)］，平均年龄为4.87亿年，U、Th平均丰度分别为1.71×10^{-6}和9.80×10^{-6}，生氦强度为0.487×10^{-12} cm^3/（a·$g_{岩石}$）。

（三）石炭系—二叠系

上古生界石炭系—二叠系泥岩、炭质泥岩、煤是烃源岩，砂岩、铝土岩是天然气储层［图7-4-1(g)(h)(i)］。泥岩和煤在全盆地广泛分布，平均年龄为2.92亿年，其中二叠系太原组泥岩U、Th平均丰度分别为9.69×10^{-6}和22.68×10^{-6}，泥岩厚度为30 m左右，生氦强度为1.82×10^{-12} cm^3/（a·$g_{岩石}$）；二叠系太原组煤层U、Th平均丰度分别为16.12×10^{-6}和44.13×10^{-6}，最大厚度为14 m左右，生氦强度为3.21×10^{-12} cm^3/（a·$g_{岩石}$）。由于相较基底氦源岩，上古生界石炭系—二叠系泥岩和煤的厚度不大，故严重制约了该层系的生氦潜力。

上古生界石炭系铝土岩主要分布在盆地东部和西南部，平均年龄为3.17亿年，U、Th平均丰度分别为11.23×10^{-6}和39.89×10^{-6}，生氦强度为1.97×10^{-12} cm^3/（a·$g_{岩石}$）。铝土岩最大厚度约为15 m，厚度较小，极大制约了其生氦潜力。鄂尔多斯盆地陇东地区太原组沉积环境和古地貌控制了铝土岩储层的分布，潜坑和阶地型微古地貌富集铝土岩。铝土岩储层的主要矿物为硬水铝石，Al_2O_3成分占90%以上，硬水铝石格架易溶矿物组分遭受溶蚀，形成大量溶蚀孔。铝土岩储集空间主要是颗粒内溶孔、基质溶孔、粒间溶孔、晶间孔隙及微裂隙等，孔径主要介于20～200 μm之间，整体上以亚微米—微米级孔喉为主，储层孔隙度平均为10.6%，渗透率平均为4.04×10^{-3} μm^2；气藏受岩性圈闭控制，燕山期盆地东部构造抬升，铝土岩储层上倾方向被非渗透性的铝土质泥岩层所限，存在岩性相变有效遮挡条件，有利于形成岩性圈闭，进而有利于氦气聚集。

研究表明，上古生界石炭系—二叠系泥岩中U、Th与Al_2O_3和TiO_2含量呈中等正相关，与Ta、Nb、Rb、Cs、Sc、Zr和Hf含量呈正相关，表明U、Th的富集与陆源碎屑输入有关（图7-4-2，图7-4-3）。沉积地层中的U元素主要富集在生产力和有机质含量高的还原环境，与U/Th、Ni/Co和V/Cr呈正相关（图7-4-4），这是因为U的富集主要受沉积环境影响，在还原环境下容易和有机质形成络合物。泥岩中的U与P/Ti、Ba/Al呈明显正相关，说明高古生产力有利于铀在泥岩中的富集（图7-4-5）。

(a)深色二云母石英片岩，北秦岭，太古界；(b)深色二云母石英片岩(+)，北秦岭，太古界；(c)黑云母片岩，HT1井，太古界，4 213.69 m；(d)紫苏花岗片麻岩，乌拉山—大青山，古元古界；(e)石英砂岩，HT1井，长城系，3 973.0 m；(f)泥质白云岩，M109井，马五$_{2}^{1}$亚段，2 410.82 m；(g)砂岩中的高岭石，M109井，本溪组，2 396.88 m；(h)砂岩中的伊利石，M109井，太原组，2 348.60 m；(i)铝土岩中的水铝石团块斑状分布，L81井，太原组，3 910.19 m

图7-4-1　鄂尔多斯盆地潜在氦源岩野外露头、钻井岩心、薄片及扫描电镜照片

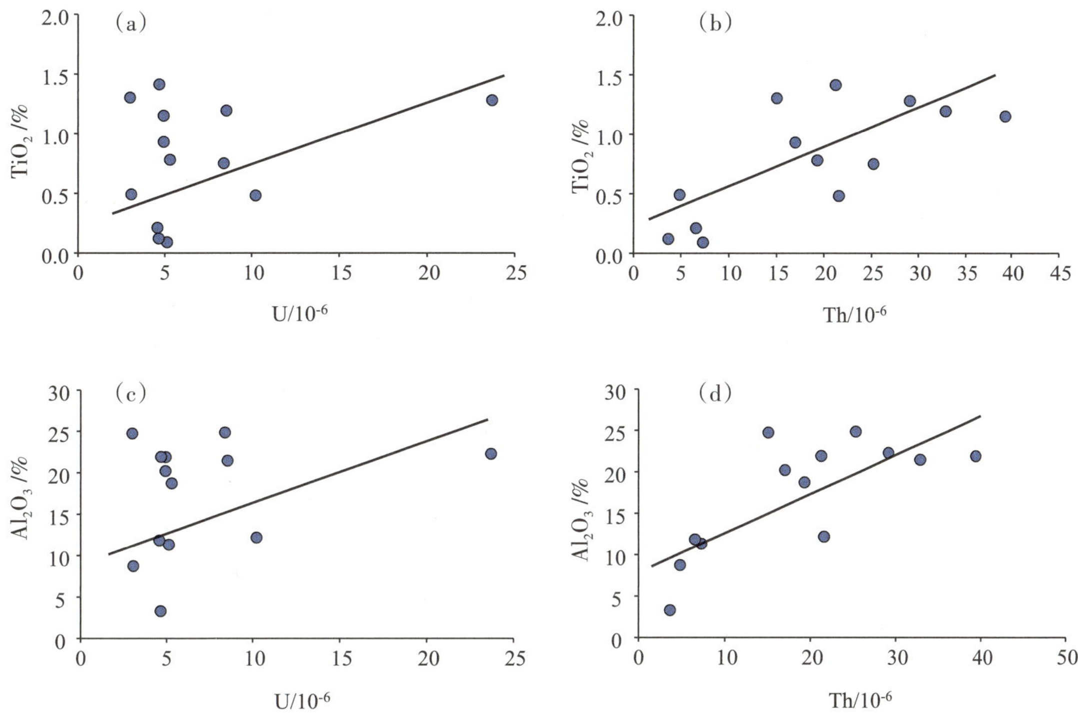

(a)鄂尔多斯盆地泥岩中U与TiO_2相关性交会图;(b)泥岩中Th与TiO_2相关性交会图;(c)泥岩中U与Al_2O_3相关性交会图;(d)泥岩中Th与Al_2O_3相关性交会图

图7-4-2　鄂尔多斯盆地泥岩中U、Th元素与主量元素相关性交会图

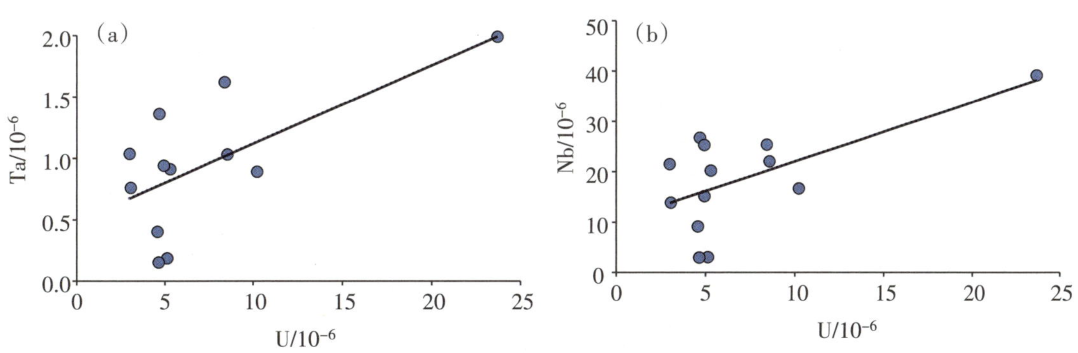

图7-4-3　鄂尔多斯盆地泥岩中U、Th元素与微量元素相关性交会图

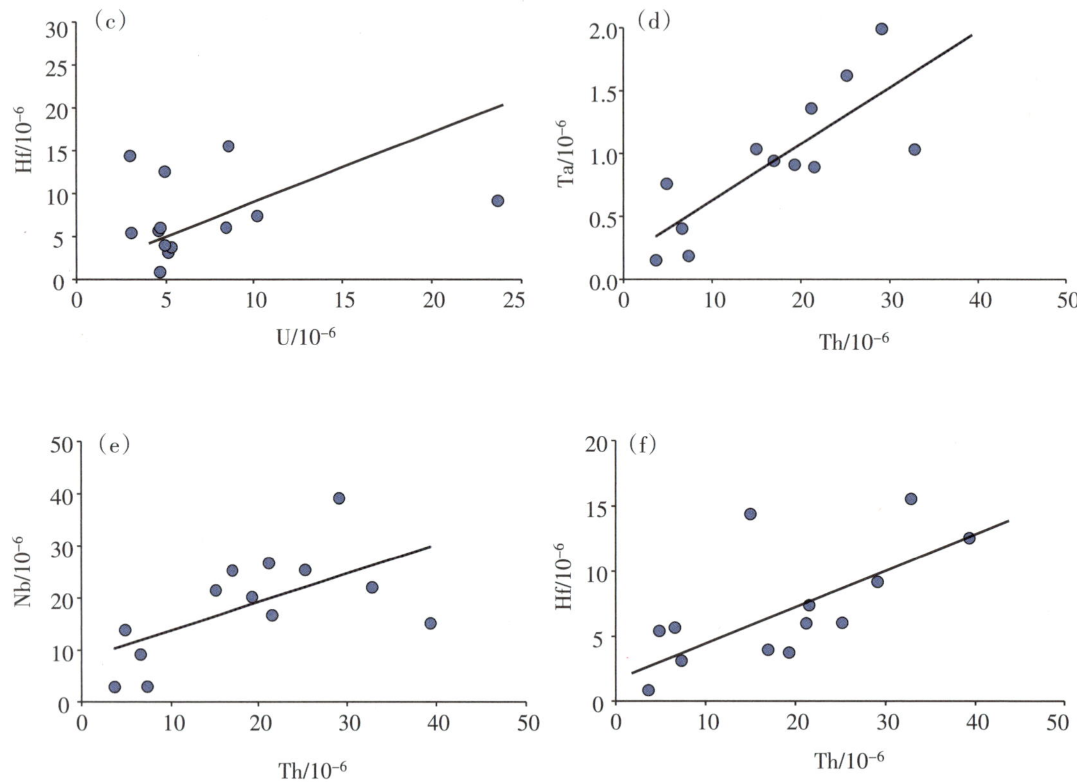

(a)鄂尔多斯盆地泥岩中U与Ta相关性交会图;(b)泥岩中U与Nb相关性交会图;(c)泥岩中U与Hf相关性交会图;(d)泥岩中Th与Ta相关性交会图;(e)泥岩中Th与Nb相关性交会图;(f)泥岩中Th与Hf相关性交会图

图7-4-3(续)　鄂尔多斯盆地泥岩中U、Th元素与微量元素相关性交会图

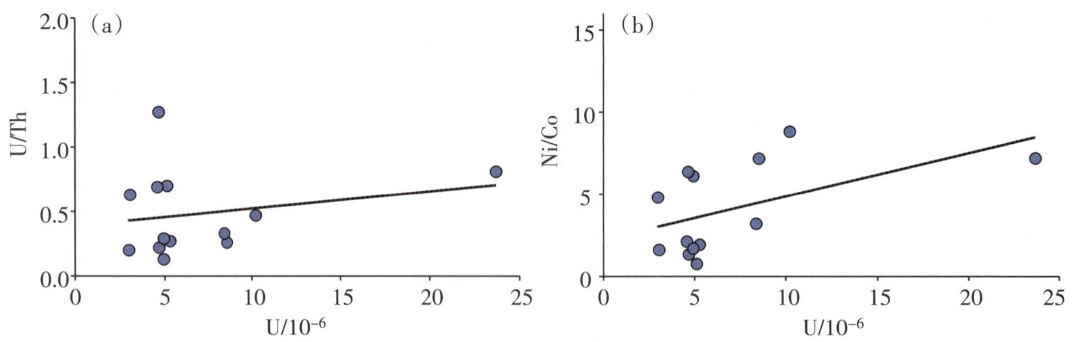

图7-4-4　鄂尔多斯盆地泥岩中U元素与U/Th(a)、Ni/Co(b)相关性交会图

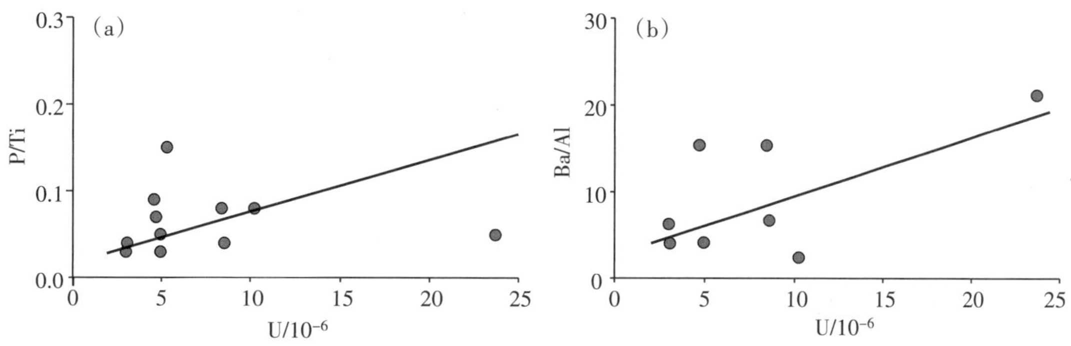

图7-4-5　鄂尔多斯盆地泥岩中U元素与P/Ti（a）、Ba/Al（b）相关性交会图

第五节　鄂尔多斯盆地氦气资源有利区带优选

从全球视角来看，氦气资源的分布极不均匀，主要分布在美国、卡塔尔、阿尔及利亚、俄罗斯等国。鄂尔多斯盆地为中国重要的含油气盆地之一，根据最新的研究成果，鄂尔多斯盆地的氦气资源量超$50\times10^8\,m^3$，在氦气勘探方面展现出了巨大的潜力和前景。中国虽然氦气资源短缺，但鄂尔多斯盆地的氦气勘探成果表明，中国在氦气资源开发方面具有很大的潜力和发展空间。未来，随着勘探技术的不断进步和地质研究的深入，鄂尔多斯盆地有望成为中国重要的氦气资源基地之一。

优选有利区带有助于优化勘探战略，合理分配勘探投资，降低风险。在明确的有利区带内，勘探工作可以更加有的放矢，避免在不具备成藏条件的区域进行无效投入。同时，这也有助于提高资金使用效率，确保每一分投入都能获得最大的勘探回报。此外，富氦气藏的有利区带优选还能促进相关勘探技术的发展和创新。为了更有效地识别和评估这些区带，需要不断研发和应用新的勘探技术和方法，如高精度的地球物理勘探技术、地质化学分析技术，以及先进的数据处理和解释技术等。

鄂尔多斯盆地富氦气藏的有利区带优选对于保障国家能源安全和战略储备具有重要意义。通过增加国内氦气资源的供应，可以减少对外依赖，增强国家在全球氦气资源配置中的话语权和影响力。因此，鄂尔多斯盆地富氦气藏有利区带的优选对指导氦气勘探具有多方面的重要战略意义，它不仅能够提高勘探效率和成功率，促进技术创新，还能推动地方经济发展，保障国家能源安全。所以，加强这方面的研究和实践，对于中国氦气资源的勘探与开发具有长远的战略价值。

通过对鄂尔多斯盆地富氦气藏有利区带的优选，能够更精确地定位潜在的氦气资源区域，提高勘探效率和成功率。这需要综合考虑地质构造、地层分布、烃源岩特性、储层物性、盖层封闭性，以及区域构造活动等多种因素。例如，富含有机质的页岩层系、富含铀和钍的古老岩石以及与之相关的地质构造带，都是寻找富氦气藏的重要地质要素。

氦气分布受古构造位置、基底断裂发育情况、氦源岩、烃源岩、保存条件和现今构造位置等地质因素影响。鄂尔多斯盆地内富含U和Th元素的基底花岗岩、变质岩，和上古生界石炭系—二叠系的煤层、泥岩层和铝土岩层提供氦气，其中，基底生成的氦气以基底断裂为通道向上运移至沉积层系，与近源生成的氦气和烃类气体共同运移至储集层，形成含氦天然气藏。氦气与烃类气为“异源同储”，两种气相对关系变化影响天然气中氦的丰度。盆地内广泛发育的石千峰组厚层泥岩作为良好的盖层，使氦气得到有效保存。这些地质因素不同的时—空配置，形成鄂尔多斯盆地富氦—中氦区、低氦区和贫氦区等不同丰度的含氦天然气分布区（刘成林等，2024），具体划分如下。

富氦区（氦气含量为0.10%～0.30%）古构造位置为中央古隆起和伊盟古陆，基底断裂发育；生氦强度为（5.66～9.28）$\times 10^{-12}$ cm^3/（a·$g_{岩石}$），石炭系—二叠系煤系烃源岩生气强度为（10.00～20.00）$\times 10^{8}$ m^3/km^2，主力氦源岩为基底花岗岩和花岗片麻岩，体量大，有效生氦时间长，生氦强度与生烃强度比值大；石千峰组泥岩盖层厚度为290～330 m，使氦气可以有效保存；现今构造位置为伊盟隆起、伊陕斜坡和天环坳陷，如已发现的东胜气田和庆阳气田。根据以上富氦条件推测，目前鄂尔多斯盆地尚未发现天然气田的地区中，靠近渭北隆起的斜坡地带可能为富氦区。

中氦区（氦气含量为0.03%～0.10%）古构造位置为斜坡边缘，基底断裂较发育；生氦强度为（6.04～6.77）$\times 10^{-12}$ cm^3/（a·$g_{岩石}$），生气强度为（20.00～30.00）$\times 10^{8}$ m^3/km^2，氦源岩为基底花岗岩、花岗片麻岩和上覆泥灰岩、泥岩、煤和铝土岩，体量较大，有效生氦时间较长，生氦强度与生烃强度比值较大；泥岩盖层厚度为270～290 m，保存条件较好；现今构造位置为伊陕斜坡边缘，如已发现的子洲—米脂气田。推测在盆地目前尚未发现天然气田的地区，伊陕斜坡周边可能存在中氦区。

低氦区（氦气含量为0.01%～0.03%）古构造位置为斜坡，基底断裂不发育；生氦强度为6.04×10^{-12} cm^3/（a·$g_{岩石}$），生气强度为25.00×10^{8}～40.00×10^{8} m^3/km^2，主力氦源岩为泥灰岩、泥岩、煤和铝土岩，体量小，有效生氦时间短，生氦强度与生烃强度比值小；泥岩盖层厚度为260～290 m，保存条件较好；现今构造位置为伊陕斜坡，如已发现的榆林气田。推测在盆地目前尚未发现天然气田的地区，伊陕斜坡中部可能存在低氦区（图7-5-1）。

综上所述，结合鄂尔多斯盆地富氦气藏主控因素和构造沉积背景，目前靠近渭北隆起的斜坡地带、位于伊陕斜坡东北部的神木气田东部、伊陕斜坡和渭北隆起的交会部位的宜君—黄龙断坡带、天环坳陷与西缘逆冲带相邻处的苏里格西区西部为富氦气藏有利区。

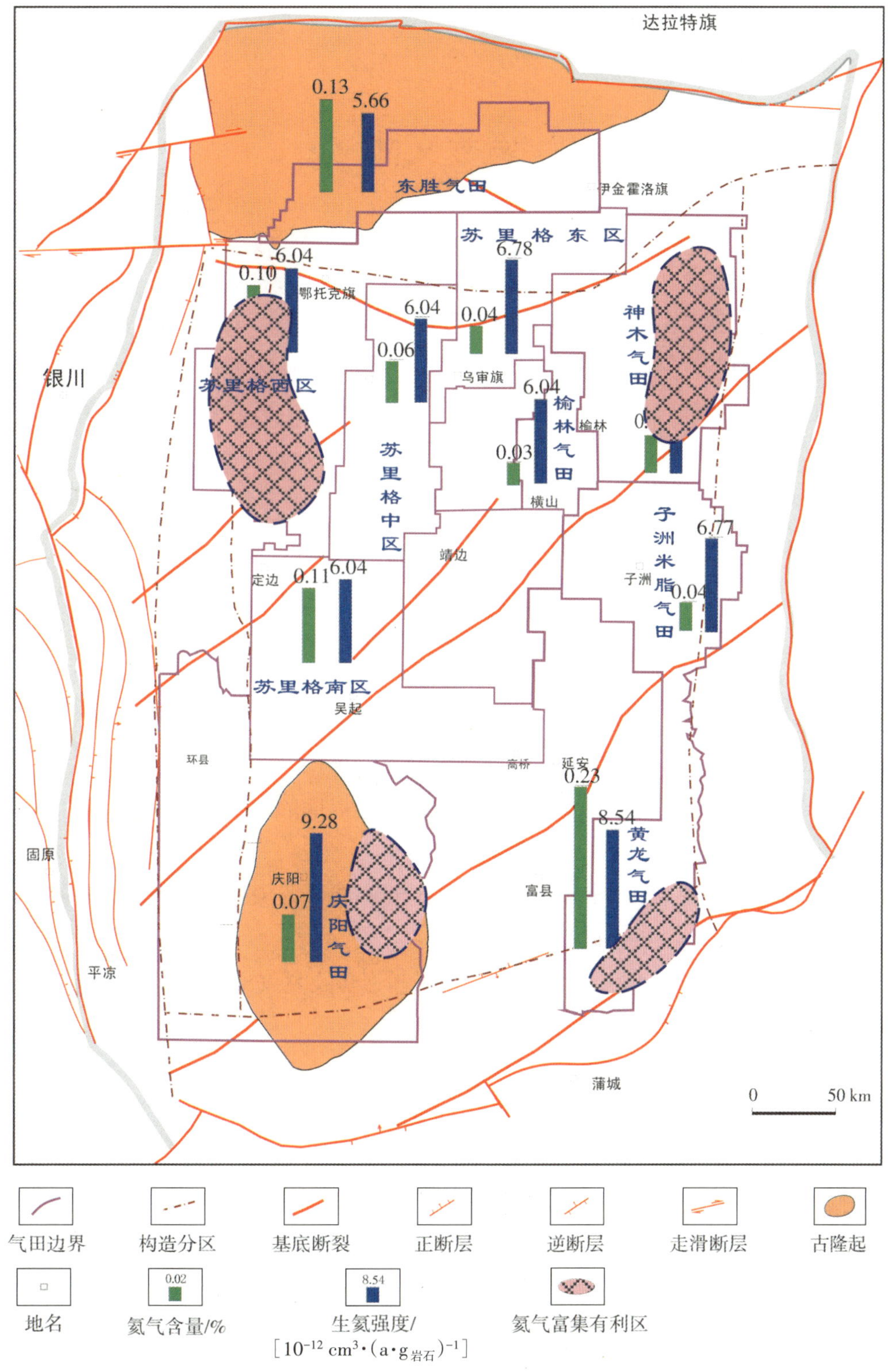

图7-5-1　鄂尔多斯盆地发现含氦气田氦气丰度及生氦强度分布

参考文献

白瑾. 1987. 从五台山下前寒武系变形特征论某些构造形迹的运动学意义[J]. 中国地质科学院院报(2):201-213.

包洪平,邵东波,郝松立,等. 2019. 鄂尔多斯盆地基底结构及早期沉积盖层演化[J]. 地学前缘,26(1): 33-43.

蔡佳,刘福来,刘平华,等. 2016. 内蒙古乌拉山-大青山地区变泥质岩的地球化学特征及构造意义[J]. 岩石学报,32(7): 1980-1996.

曹佰迪. 2012. 鄂尔多斯盆地晋西挠褶带Y气田成藏控制因素研究[D]. 西安:长安大学.

曹敏道. 1994. 世界面积最大的气田——潘汉德·胡果顿气田[J]. 石油知识(3):11-12.

陈朝兵,冯炎松,汪淑洁,等. 2017. 宜川—黄龙地区低丰度气藏成因探讨[J]. 西北大学学报(自然科学版),47(3):422-430.

陈传平,何家雄,熊涛. 2004. 莺歌海盆地浅层CO_2可能的岩石化学成因[J]. 天然气地球科学(4):418-421.

陈践发,刘凯旋,董勍伟,等. 2021. 天然气中氦资源研究现状及我国氦资源前景[J]. 天然气地球科学,32(10): 1436-1449.

陈磊,刘宗铭,孙洁. 2023. 中国氦气市场供需形势及氦气产业发展建议[J]. 国际石油经济,31(10):76-83.

陈新军,丁一,易晶晶,等. 2023. 氦气资源的分类、特征及富集主控因素分析[J]. 石油实验地质,45(1): 41-48.

陈燕燕,陶士振,杨秀春,等. 2023. 页岩气和煤层气中氦气的地球化学特征和富集规律[J]. 天然气地球科学,34(4):684-696.

陈悦,陶士振,杨怡青. 2023. 中国氦气地球化学特征、聚集规律与前景展望[J]. 中国矿业大学学报,52(1): 145-167.

陈占军. 2016. 苏里格气田不同区带盒8段、山1段气藏成藏要素差异性及含气控制因素研究[D]. 西安:西北大学.

单俊峰，吴炳伟，金科，等. 2022. 鄂尔多斯盆地宜川—黄龙地区上古生界储层特征及其对天然气成藏的影响[J]. 特种油气藏，29(6)：29-38.

邓昆. 2008. 鄂尔多斯盆地中央古隆起形成演化与天然气聚集关系[D]. 西安：西北大学.

翟明国. 2021. 鄂尔多斯地块是破解华北早期大陆形成演化和构造体制谜团的钥匙[J]. 科学通报，66(26)：3441-3461.

邸领军. 2003. 鄂尔多斯盆地基底演化及沉积盖层相关问题的控究[D]. 西安：西北大学.

丁涛. 2010. 苏北地区含氦天然气资源综合利用前景展望[J]. 内蒙古石油化工，36(17)：64.

丁志剑. 2023. 鄂尔多斯盆地西南部前石炭系古地貌恢复与含气性评价[D]. 西安：西安石油大学.

董春艳，刘敦一，李俊建，等. 2007. 华北克拉通西部孔兹岩带形成时代新证据：巴彦乌拉—贺兰山地区锆石SHRIMP定年和Hf同位素组成[J]. 科学通报(16)：1913-1922.

董晓杰，徐仲元，刘正宏，等. 2012. 内蒙古大青山北麓2.7 Ga花岗质片麻岩的发现及其地质意义[J]. 地球科学(中国地质大学学报)37(S1)：20-27.

杜建国，刘文汇. 1991. 三水盆地天然气中的氦和氩同位素地球化学研究[J]. 天然气地球科学，2(6)：283-285.

杜利林，杨崇辉，任留东，等. 2009. 山西五台山区滹沱群变质玄武岩岩石学、地球化学特征及其成因意义[J]. 地质通报，28(7)：867-876.

范立勇，单长安，李进步，等. 2023. 基于磁力资料的鄂尔多斯盆地氦气分布规律[J]. 天然气地球科学，34(10)：1780-1789.

范立勇，赵伟波，康锐，等. 2024. 黄龙天然气田富氦地质条件与成藏模式[J]. 中国科技论文，19(9)：951-961.

范瑛琦，李明丰，李保军，等. 2022. 氦气提纯技术进展[J]. 石油炼制与化工，53(10)：127-134.

方继瑶. 2019. 宜川—黄龙地区马家沟组古岩溶储层形成机理[D]. 成都：成都理工大学.

付金华，李明瑞，张雷，等. 2021. 鄂尔多斯盆地陇东地区铝土岩天然气勘探突破与油气地质意义探索[J]. 天然气工业，41(11)：1-11.

付金华，魏新善，罗顺社，等. 2019. 庆阳深层煤成气大气田发现与地质认识[J]. 石油勘探与开发，46(6)：1047-1061.

付锁堂，马达德，陈琰，等. 2015. 柴达木盆地阿尔金山前东段天然气勘探[J]. 中国石油勘探，20(6)：1-13.

付晓飞，宋岩．2005. 松辽盆地无机成因气及气源模式[J]. 石油学报，26(4)：23-28.

甘保平，第五春荣，王伯隆，等．2019. 贺兰山古元古代花岗岩年代学及地球化学特征：对华北克拉通西部孔兹岩带形成和演化的制约[J]. 岩石学报，35(8)：2325-2343.

高星，陈洪德，朱平，等．2009. 苏里格气田西部盒8段储层成岩作用及其演化[J]. 天然气工业，29(3)：17-20，131.

高宇，刘全有，吴小奇，等．2023. 鄂尔多斯盆地东胜与大牛地气田壳源氦气成藏差异性[J]. 天然气地球科学，34(10)：1790-1800.

高长海，查明．2007. 柴达木盆地北缘断裂构造与油气聚集[J]. 石油天然气学报(1)：11-15，58，6，5.

耿元生，万渝生，沈其韩，等．2000. 吕梁地区早前寒武纪主要地质事件的年代框架[J]. 地质学报，74(3)：216-223.

耿元生，杨崇辉，万渝生．2006. 吕梁地区古元古代花岗岩浆作用——来自同位素年代学的证据[J]. 岩石学报，22(2)：305-314.

郭念发，尤孝忠，雷一心，等．2000. 黄桥CO_2气田特征及其勘探远景[J]. 天然气工业，20(4)：14-18，9.

郭庆，聂建委，李金付，等．2020. 苏里格气田西区天然气成藏模式研究及应用效果[J]. 地球物理学进展，35(5)：1784-1791.

韩伟，刘文进，李玉宏，等．2020. 柴达木盆地北缘稀有气体同位素特征及氦气富集主控因素[J]. 天然气地球科学，31(3)：385-392.

韩伟，刘文进，李玉宏．2019. 柴达木盆地北缘地区氦气资源调查实现突破，有望改变我国贫氦面貌[J]. 天然气地球科学，30(2)：273.

何登发，包洪平，孙方源，等．2020. 鄂尔多斯盆地中央古隆起的地质结构与成因机制[J]. 地质科学，55(3)：627-656.

何登发，贾承造，童晓光，等．2004. 叠合盆地概念辨析[J]. 石油勘探与开发，31(1)：1-7.

何登发，李德生，童晓光，等．2008. 多期叠加盆地古隆起控油规律[J]. 石油学报(4)：475-488.

何发岐，王付斌，王杰，等．2022. 鄂尔多斯盆地东胜气田氦气分布规律及特大型富氦气田的发现[J]. 石油实验地质，44(1)：1-10.

何发岐，王杰，赵永强，等．2022. 鄂尔多斯盆地东胜富氦气田成藏特征及其大地构造背景[J]. 古地理学报，24(5)：937-950.

何发岐，张威，丁晓琪，等．2023. 鄂尔多斯盆地乌审旗古隆起对岩溶气藏的控制机理

[J]. 石油与天然气地质,44(2):276-291.

何衍鑫,田伟,王磊,等. 2023. 基于自然伽马能谱测井的氦气资源评价方法:以塔里木盆地古城地区为例[J]. 天然气地球科学,34(4):719-733.

贺俊琪,郭振兴,马力强,等. 2023. 坦桑尼亚鲁夸湖(Rukwa)氦气勘探现状和采集模式探讨[C]//中国地球物理学会油气地球物理专业委员会. 第五届油气地球物理学术年会论文集. 保定:中国石油集团东方地球物理勘探有限责任公司:615-620.

胡健民,刘新社,李振宏,等. 2012. 鄂尔多斯盆地基底变质岩与花岗岩锆石SHRIMP U-Pb定年[J]. 科学通报,57(26):2482-2491.

黄军平,黄正良,刘立航,等. 2022. 鄂尔多斯盆地乌拉力克组页岩储层孔径表征及其主控因素[J]. 中南大学学报(自然科学版),53(9): 3418-3433.

惠洁,康锐,赵伟波,等. 2024. 鄂尔多斯盆地氦气特征及生成潜力[J]. 天然气地球科学,35(9):1688-1698.

贾承造,魏国齐. 1996. 塔里木盆地古生界古隆起和中、新生界前陆逆冲带构造及其控油意义[M]//童晓光,梁狄刚,贾承造. 塔里木盆地石油地质研究新进展. 北京:科学出版社,225-234.

贾立民. 2014. 青海省北部托来南山地区新生代构造变形及演化[D]. 北京:中国地质大学(北京).

贾凌霄,马冰,王欢,等. 2022. 全球氦气勘探开发进展与利用现状[J]. 中国地质,49(5): 1427-1437.

简平,张旗,刘敦一,等. 2005. 内蒙古固阳晚太古代赞岐岩(sanukite)——角闪花岗岩的SHRIMP定年及其意义[J]. 岩石学报(1): 153-159.

康麒龙. 2022. 鄂尔多斯盆地中生界油气成藏构造及油气藏形成特点[D]. 西安:西北大学.

李晗婧. 2016. 山西中条山中南部铜多金属矿成矿规律和找矿方向[D]. 石家庄:河北地质大学.

李会军,张文才,朱雷. 2007. 苏里格气田优质储层控制因素[J]. 天然气工业(12): 16-18,158.

李剑,王晓波,徐朱松,等. 2024. 中国氦气资源成藏规律与开发前景[J]. 天然气地球科学,35(5): 851-868.

李明,高建荣. 2010. 鄂尔多斯盆地基底断裂与火山岩的分布[J]. 中国科学:地球科学,40(8): 1005-1013.

李朋朋,刘全有,朱东亚,等. 2024. 含油气盆地氦气分布特征与成藏机制[J]. 中国科学:地球科学,54(10):3195-3218.

李平,马向贤,张明震,等.2023.矿物中氦的扩散过程及控制因素研究进展[J].天然气地球科学,34(4):697-706.

李生福,师永民,石勇,等.2012.柴达木盆地基底岩石圈结构对盆地构造性质的约束[J].天然气地球科学,23(5):930-938.

李相博,刘化清,陈启林,等.2010.鄂尔多斯盆地天环坳陷迁移演化与坳陷西翼油气成藏[J].地质科学,45(2):490-499.

李相博,王宏波,黄军平,等.2021.鄂尔多斯盆地怀远运动不整合面特征及油气勘探意义[J].石油与天然气地质,42(5):1043-1055.

李玉宏,卢进才,李金超,等.2011.渭河盆地富氦天然气井分布特征与氦气成因[J].吉林大学学报(地球科学版),41(S1):47-53.

李玉宏,王行运,韩伟.2015.渭河盆地氦气资源远景调查进展与成果[J].中国地质调查,2(6):1-6.

李玉宏,李济远,周俊林,等.2022.国内外氦气资源勘探开发现状及其对中国的启示[J].西北地质,55(3):233-240.

李玉宏,王行运,韩伟.2016.陕西渭河盆地氦气资源赋存状态及其意义[J].地质通报,35(Z1):372-378.

李玉宏,张文,王利,等.2017.壳源氦气成藏问题及成藏模式[J].西安科技大学学报,37(4):565-572.

李玉宏,张文,周俊林,等.2022.花岗岩在氦气成藏中的双重作用:氦源与储集[J].西北地质,55(4):95-102.

李玉宏,周俊林,李济远.2022.工业氦气的来源及提取[J].石油知识(6):8-9.

李玉宏,周俊林,张宇轩,等.2023.休戚相关 同气相求——战略性稀有气体资源氦气[J].自然资源科普与文化(3):4-13.

李玉宏,周俊林,张文,等.2018.渭河盆地氦气成藏条件及资源前景[M].北京:地质出版社.

李争,段奕.2009.阿尔及利亚三叠盆地成藏主控因素分析[J].天然气技术,3(5):10-13,77.

李子颖,方锡珩,陈安平,等.2010.鄂尔多斯盆地东胜砂岩型铀矿叠合成矿模式[J].矿床地质,29(S1):145-146.

廖维仁.1984.用深冷法从天然气中回收氦气[J].天然气工业(2):69-74,8.

刘宝宪,王红伟,马占荣,等.2011.鄂尔多斯盆地东南部宜川—黄龙地区马五段白云岩次生灰化作用特征与成因分析[J]. 天然气地球科学,22(5):789-795.

刘超,孙蓓蕾,曾凡桂,等. 2021. 鄂尔多斯盆地东缘石西区块含氦天然气的发现及成因初探[J]. 煤炭学报,46(4): 1280-1287.

刘超辉,刘福来,赵国春. 2013. 吕梁杂岩界河口群的源区特征及构造背景:来自锆石U-Pb年龄和Hf同位素的证据[J]. 岩石学报,29(2):517-532.

刘成林,张亚雄,王馨佩,等. 2024. 中国与美国氦气地质条件和资源潜力对比及启示[J]. 世界石油工业,31(2): 1-10.

刘池洋,王建强,张东东,等. 2021. 鄂尔多斯盆地油气资源丰富的成因与赋存—成藏特点[J]. 石油与天然气地质,42(5):1011-1029.

刘池洋,赵红格,桂小军,等. 2006. 鄂尔多斯盆地演化—改造的时空坐标及其成藏(矿)响应[J]. 地质学报(5): 617-638.

刘贵洲,窦立荣,李鹏宇,等. 2022. 氦气珍稀 亟需发展[J]. 天然气与石油,40(5): 126-131.

刘金华,葛政俊,李晓凤. 2023. 苏北盆地 CO_2 气藏成藏规律及富氦成因[J]. 天然气地球科学,34(3): 477-485.

刘军,王波,周飞,等. 2023. 柴达木盆地东坪气田氦源岩成因及其对天然气藏中氦气的影响[J]. 天然气地球科学,34(4):601-617.

刘凯旋,陈践发,付娆,等. 2022. 富氦天然气藏成藏特征及主控因素[J]. 石油学报,43(11): 1652-1663.

刘凯旋,陈践发,付娆,等. 2022. 威远气田富氦天然气分布规律及控制因素探讨[J]. 中国石油大学学报(自然科学版),46(4): 12-21.

刘琼,胡孝林,于水,等. 2013. 阿尔及利亚东西部盆地油气地质差异性探讨[J]. 石油实验地质,35(2):167-173.

刘全有,金之钧,王毅,等. 2009. 塔里木盆地天然气成因类型与分布规律[J]. 石油学报,30(1): 46-50.

刘显阳,魏柳斌,刘宝宪,等. 2021. 鄂尔多斯盆地西南部寒武系风化壳天然气成藏特征[J]. 天然气工业41(4): 13-21.

刘新社,任德生,候云东,等. 2017. 鄂尔多斯盆地天环坳陷北段上古生界裂缝特征及对气水分布的影响[J]. 地质力学学报,23(5): 646-653.

卢良兆. 1991. 内蒙集宁地区太古宙麻粒岩相变质作用的PTt轨迹及其大地构造意义[J]. 岩石学报(4): 1-12,99.

马明,范桥辉. 2023. 常规天然气伴生氦气成藏条件——以柴达木盆地北缘地区为例

[J]. 天然气地球科学,34(4): 587-600.

马明. 2020. 鄂尔多斯地区早古生代构造演化特征及其动力学背景[D]. 西安:西北大学.

马铭株,徐仲元,张连昌,等. 2013. 内蒙古武川西乌兰不浪地区早前寒武纪变质基底锆石 SHRIMP 定年及 Hf 同位素组成[J]. 岩石学报,29(2):501-516.

马新民,司丹,马峰,等. 2014. 柴达木盆地北缘马北地区古今构造与油气藏的耦合[J]. 现代地质,28(1):131-138.

马旭东,范宏瑞,郭敬辉. 2013. 阴山地块晚太古代岩浆作用、变质作用对地壳演化及BIF成因的启示[J]. 岩石学报,29(7): 2329-2339.

孟卫工,李晓光,吴炳伟,等. 2021. 鄂尔多斯盆地宁古 3 井太原组含铝岩系天然气成藏特征及地质意义[J]. 中国石油勘探,26(3):79-87.

南珺祥,柳娜,王邢颖,等. 2022. 鄂尔多斯盆地陇东地区太原组铝土岩储层特征及形成机理[J]. 天然气地球科学,33(2):288-296.

潘爱芳,赫英,黎荣剑,等. 2005. 鄂尔多斯盆地基底断裂与能源矿产成藏成矿的关系[J]. 大地构造与成矿学(4): 37-42.

彭威龙,林会喜,刘全有,等. 2023. 塔里木盆地氦气地球化学特征及有利勘探区[J]. 天然气地球科学,34(4): 576-586.

彭威龙,刘全有,张英,等. 2022. 中国首个特大致密砂岩型(烃类)富氦气田——鄂尔多斯盆地东胜气田特征[J]. 中国科学:地球科学,52(6): 1078-1085.

乔建新. 2013. 伊盟隆起中—新生代构造演化及其油气效应[D]. 西安:西北大学.

秦胜飞,窦立荣,陶刚,等. 2024. 天然气藏氦气富集理论及富氦资源勘探思路[J/OL]. 石油勘探与开发, 1-15[2024-09-25]. http://kns. cnki. net/kcms/detail/11. 2360. TE. 20240909. 1649. 004. html.

秦胜飞,李济远,梁传国,等. 2022. 中国中西部富氦气藏氦气富集机理——古老地层水脱氦富集[J]. 天然气地球科学,33(8): 1203-1217.

秦胜飞,李济远,陶刚,等. 2024. 氦气简史[J]. 石油知识(1): 9-28.

秦胜飞,李济远,王佳美,等. 2022. 中国含油气盆地富氦天然气藏氦气富集模式[J]. 天然气工业,42(7):125-134.

秦胜飞,李济远. 2021. 世界氦气供需现状及发展趋势[J]. 石油知识(5):44-45.

秦胜飞,陶刚,罗鑫,等. 2023. 氦气富集与天然气成藏差异、勘探误区[J]. 天然气工业, 43(12): 138-151.

秦胜飞,赵姿卓,吴伟,等. 2024. 煤层气与页岩气含氦性及氦气富集条件[J]. 天然气地球科学,35(05):890-901.

秦胜飞，周国晓，李济远，等. 2023. 氦气与氮气富集耦合作用及其重要意义[J]. 天然气地球科学，34（11）：1981-1992.

秦胜飞，邹才能，戴金星，等. 2006. 塔里木盆地和田河气田水溶气成藏过程[J]. 石油勘探与开发，33（3）：282-288.

秦胜飞. 2022. 放射性成因氦气如何在气藏中富集[J]. 石油知识（5）：13-15.

秦胜飞. 2023. 氦气在天然气藏中主要富集模式[J]. 石油知识（1）：8-10.

冉启贵，陈发景，张光亚. 1997. 中国克拉通古隆起的形成、演化及与油气的关系[J]. 现代地质，11（4）：478-487.

任文军，张庆龙，张进，等. 1999. 鄂尔多斯盆地中央古隆起板块构造成因初步研究[J]. 大地构造与成矿学，23（2）：191-196.

任战利，祁凯，李进步，等. 2021. 鄂尔多斯盆地热动力演化史及其对油气成藏与富集的控制作用[J]. 石油与天然气地质，42（5）：1030-1042.

任战利，张盛，高胜利，等. 2007. 鄂尔多斯盆地构造热演化史及其成藏成矿意义[J]. 中国科学（D辑：地球科学）（S1）：23-32.

石林辉，李进步，段志强，等. 2023. 苏里格气田断层对气水分布的影响[C]//中国石油学会天然气专业委员会. 第33届全国天然气学术年会（2023）论文集（01地质勘探）. 长庆油田分公司勘探开发研究院；低渗透油气田勘探开发国家工程实验室：413-418.

宋立军，刘池洋，赵靖舟，等. 2013. 鄂尔多斯盆地海相古隆起形成演化、改造与天然气聚集[C]//第五届中国石油地质年会论文集：159-174.

孙润林，龙海洋，谭建华，等. 2024. 氦储运技术研究进展[J]. 天然气与石油，42（3）：25-30.

唐金荣，张宇轩，周俊林，等. 2023. 全球氦气产业链分析与中国应对策略[J]. 地质通报，42（1）：1-13.

陶成，刘文汇，腾格尔，等. 2015. 天然气藏 He 的累积模式及定年应用初探[J]. 地质学报，89（7）：1302-1307.

陶高强. 2012. 西伯利亚地台里菲系—寒武系油气成藏规律分析[D]. 长春：吉林大学.

陶明信，沈平，徐永昌，等. 1997. 苏北盆地幔源氦气藏的特征与形成条件[J]. 天然气地球科学，8（3）：1-8.

陶士振，陈悦，杨怡青. 2024. 中国氦气资源及区带分类体系、控藏要素有效性与富集模式[J]. 天然气地球科学，35（5）：869-889.

陶士振，吴义平，陶小晚，等. 2024. 氦气地质理论认识、资源勘查评价与全产业链一体化评价关键技术[J]. 地学前缘，31（1）：351-367.

陶士振,杨怡青,陈悦,等. 2024. 氦气资源形成地质条件、成因机理与富集规律[J]. 石油勘探与开发,51(2):436-452.

陶小晚,李建忠,赵力彬,等. 2019. 我国氦气资源现状及首个特大型富氦储量的发现:和田河气田[J]. 地球科学,44(3):1024-1041.

田刚. 2017. 鄂尔多斯盆地中元古界热史及其含油气系统分析[D]. 西安:西安石油大学.

万渝生,耿元生,沈其韩,等. 2000. 孔兹岩系——山西吕梁地区界河口群的年代学和地球化学[J]. 岩石学报,16(1):49-58.

汪文洋. 2016. 川中古隆起形成及其对震旦系—寒武系油气成藏的控制作用[D]. 北京:中国石油大学(北京).

汪泽成,赵文智,徐安娜,等. 2006. 四川盆地北部大巴山山前带构造样式与变形机制[J]. 现代地质,20(3): 429-435.

王海东,刘成林,范立勇,等. 2025. 古隆起背景下多源供氦氦气富集模式——以鄂尔多斯盆地庆阳气田为例[J]. 天然气地球科学,36(3):430-443.

王建民,张三. 2018. 鄂尔多斯盆地伊陕斜坡上的低幅度构造特征及成因探讨[J]. 地学前缘,25(2): 246-253.

王建其,刘祥,第五春荣. 2017. 晋陕交界涑水杂岩LA-ICP-MS锆石U-Pb年龄和Hf同位素组成及其地质意义[J]. 地质通报,36(Z1):392-401.

王建强. 2010. 鄂尔多斯盆地南部中新生代演化—改造及盆山耦合关系[D]. 西安:西北大学.

王杰,贾会冲,陶成,等. 2023. 鄂尔多斯盆地杭锦旗地区东胜气田氦气成因来源及富集规律[J]. 天然气地球科学,34(4): 566-575.

王杰,刘文汇,秦建中,等. 2008. 苏北盆地黄桥CO_2气田成因特征及成藏机制[J]. 天然气地球科学,19(6):826-834.

王猛,唐洪明,卢浩,等. 2017. 苏里格气田东区盒8段-山1段-山2段储集层致密化差异性及影响因素研究[J]. 矿物岩石地球化学通报,36(5): 855-866.

王四海,费琪,高金川. 2013. 俄罗斯西伯利亚地台油气资源地质特征探析[J]. 地质科技情报,32(6):86-94.

王涛,侯明才,陈洪德,等. 2014. 海西构造旋回阴山幕式造山与鄂尔多斯盆地北部旋回充填的耦合关系[J]. 成都理工大学学报(自然科学版),41(3):310-317.

王晓锋,刘全有,刘文汇,等. 2022. 中国东部含油气盆地幔源氦气资源富集成藏机理[J]. 中国科学:地球科学,52(12):2441-2453.

王信国，曹代勇，占文锋，等．2006. 柴达木盆地北缘中、新生代盆地性质及构造演化[J]. 现代地质(4)：592-596.

王永强，王玥，李传浩，等．2023. 庆阳气田沉积及砂体展布特征[J]. 石化技术，30(10)：144-145，226.

魏国齐，王东良，王晓波，等．2014. 四川盆地高石梯—磨溪大气田稀有气体特征[J]. 石油勘探与开发，41(5)：533-538.

魏泽坤，冯旭亮，马佳月，等．2023. 鄂尔多斯盆地东南部重磁场特征及其氦气勘探意义[J]. 西北地质，56(5)：98-110.

吴素娟，张永生，邢恩袁，2015. 鄂尔多斯盆地变质基底中碎屑锆石的LA-ICP-MSU-Pb年龄及其构造意义[J]. 地质学报，89(11)：2171-2186.

吴小奇，陶小晚，刘景东．2014. 塔里木盆地轮南地区天然气地球化学特征和成因类型[J]. 天然气地球科学，25(1)：53-61.

吴义平，王青，陶士振，等．2024. 壳源氦气成藏主控因素及资源评价方法研究[J]. 地学前缘，31(1)：340-350.

吴远宽．1997. 氦气回收技术[J]. 真空与低温(1)：37-52.

谢菁，陈建洲，李青，等．2023. 柴达木盆地北缘富氦天然气分布与成藏模式[J]. 天然气地球科学，34(3)：486-495.

谢增业，李志生，魏国齐，等．2016. 腐泥型干酪根热降解成气潜力及裂解气判识的实验研究[J]. 天然气地球科学，27(6)：1057-1066.

邢国海．2008. 天然气提取氦气技术现状与发展[J]. 天然气工业，28(8)：114-116，149-150.

徐鹏，熊联友，赵光明，等．一种氦气生产系统和生产方法：中国，CN109631494[P]. 2019-04-16.

徐永昌，沈平，刘文汇，等．1996. 东部油气区天然气中幔源挥发份的地球化学——Ⅱ. 幔源挥发份中的氦、氩及碳化合物[J]. 中国科学(D辑：地球科学)，26(2)：187-192.

徐永昌，沈平，陶明信，等．1996. 东部油气区天然气中幔源挥发份的地球化学——Ⅰ. 氦资源的新类型：沉积壳层幔源氦的工业储集[J]. 中国科学(D辑：地球科学)，26(1)：1-8.

许光，李玉宏，王宗起，等．2023. 我国氦气资源调查评价进展[J]. 地质学报，97(5)：1711-1716.

闫博，李强，何衍鑫，等．2023. 基于类比法的塔里木盆地氦气资源评价[J]. 地质论评，69(S1)：435-436.

杨俊杰. 2002. 鄂尔多斯盆地构造演化与油气分布规律[M]. 北京:石油工业出版社.

杨鹏,任战利,张金功,等. 2018. 新生代渭河盆地沉积—构造迁移与渭北隆起及东秦岭耦合关系探讨[J]. 地质科学,53(3): 876-892.

杨怡青,陶士振,陈悦. 2024. 美国典型富氦无机成因气田中氦气地质特征与聚集机制[J]. 地学前缘,31(1): 327-339.

杨振,朱世发,贾业,等. 2020. 鄂尔多斯盆地天环坳陷北部山1-盒8段地层水地球化学特征及成因[J]. 科学技术与工程,20(7): 2634-2642.

姚红生,陈兴明,周韬. 2024. 苏北盆地黄桥地区盐城组氦气成藏地质条件及富集规律[J]. 石油实验地质,46(5):906-915。

尤兵,陈践发,肖洪,等. 2022. 富氦天然气藏氦源岩特征及关键评价参数[J]. 天然气工业,42(11): 141-154.

尤兵,陈践发,肖洪,等. 2023. 壳源富氦天然气藏成藏模式及关键条件[J]. 天然气地球科学,34(4):672-683.

余琪祥,史政,王登高,等. 2013. 塔里木盆地西北部氦气富集特征与成藏条件分析[J]. 西北地质,46(4):215-222.

张宝收,张本健,汪华,等. 2024. 四川盆地金秋气田:一个典型以中生界沉积岩为氦源岩的含氦-富氦气田[J]. 石油与天然气地质,45(1): 185-199.

张朝鲲,弓明月,田伟,等. 2023. 塔里木盆地雅克拉地区氦气资源评价与成藏模式[J]. 天然气地球科学,34(11): 1993-2008.

张朝鲲,弓明月,田伟,等. 2024. 氦气资源的盖层特征探究——以塔里木盆地为例[J]. 地质论评,70(3):1192-1204.

张成弓. 2013. 鄂尔多斯盆地早古生代中央古隆起形成演化与物质聚集分布规律[D]. 成都:成都理工大学.

张成立,苟龙龙,白海峰,等. 2021. 鄂尔多斯地块基底研究新的思考与认识[J]. 岩石学报,37(1):162-211.

张成立,苟龙龙,第五春荣,等. 2018. 华北克拉通西部基底早前寒武纪地质事件、性质及其地质意义[J]. 岩石学报,34(4): 981-998.

张驰,关平,张济华,等. 2023. 中国氦气资源分区特征与成藏模式[J]. 天然气地球科学,34(4): 656-671.

张春林,邢凤存,张月巧,等. 2023. 鄂尔多斯盆地早古生代庆阳和乌审旗古隆起构造演化及其对寒武系岩相古地理的控制[J]. 石油与天然气地质,44(1): 89-100.

张道涵,魏俊浩,付乐兵,等. 2017. 贺兰山北段牛头沟金矿床成矿流体和成矿物质来源:来自H-O-S-Pb同位素的证据[J]. 大地构造与成矿学,41(2): 325-337.

张福礼,孙启邦,王行运,等. 2012. 渭河盆地水溶氦气资源评价[J]. 地质力学学报,18(2): 195-202.

张禾. 2017. 山西吕梁杂岩岩浆混合作用及界河口群形成背景[D]. 南京:南京大学.

张进,马宗晋,任文军. 2004. 鄂尔多斯西缘逆冲褶皱带构造特征及其南北差异的形成机制[J]. 地质学报(5): 600-611.

张明升,张金功,张建坤,等. 2014. 氦气成藏研究进展[J]. 地下水,36(3): 189-191.

张瑞英,张成立,第五春荣,等. 2012. 中条山前寒武纪花岗岩地球化学、年代学及其地质意义[J]. 岩石学报,28(11):3559-3573.

张威. 2013. 中卫及周缘地区早古生代地层划分与对比研究[D]. 青岛:中国海洋大学.

张文,陈文,李玉宏,等. 2024. 国内外典型富氦气藏稀有气体地球化学特征及对氦气成藏过程的示踪意义 [J]. 天然气地球科学,35(6): 1099-1112.

张文,李玉宏,王利,等. 2018. 渭河盆地氦气成藏条件分析及资源量预测[J]. 天然气地球科学,29(2): 236-244.

张文. 2019. 关中和柴北缘地区战略性氦气资源成藏机理研究[D]. 北京:中国矿业大学(北京).

张文忠. 2009. 苏里格地区上古生界气田异常低压成因研究[D]. 北京:中国地质大学(北京).

张小龙. 2015. 鄂尔多斯地区中上元古界分布与沉积环境及其油气勘探潜力[D]. 西安:西北大学.

张晓宝,周飞,曹占元,等. 2020. 柴达木盆地东坪氦工业气田发现及氦气来源和勘探前景[J]. 天然气地球科学,31(11):1585-1592.

张阳,蔡鑫磊,王行运,等. 2016. 渭河盆地地热水溶(氦)气资源前景展望[J]. 天然气技术与经济,10(4): 23-26,82.

张宇轩,吕鹏瑞,牛亚卓,等. 2022. 全球氦气资源成藏背景、地质特征与产能格局初探[J]. 西北地质,55(4): 11-32.

张云鹏,李玉宏,卢进才,等. 2016. 柴达木盆地北缘富氦天然气的发现——兼议成藏地质条件[J]. 地质通报,35(Z1):64-371.

张哲,黄骞,王春燕,等. 2024. 中国氦气全产业链发展现状与展望[J]. 油气与新能源,36(2):1-9.

张志芹,韩坤帅,夏伟强. 2015. 浅析氦气的成藏模式[J]. 地下水,37(5): 259-262.

赵安坤,王东,时志强,等. 2022. 四川盆地及周缘地区氦气资源调查研究进展与未来工作方向[J]. 西北地质,55(4): 74-84.

赵斌,王登红,侯可军,等. 2012. 中条山涑水杂岩的同位素年代学研究及其地质意义[J]. 地球科学与环境学报,34(1):1-8.

赵栋,王晓锋,刘文汇,等. 2024. 壳源富氦天然气藏潜在氦源岩主要特征及有效性分析[J]. 天然气地球科学,35(3):507-517.

赵国春. 2009. 华北克拉通基底主要构造单元变质作用演化及其若干问题讨论[J]. 岩石学报,25(8) : 1772-1792.

赵欢欢,梁慨慷,魏志福,等. 2023. 松辽盆地富氦气藏差异性富集规律及有利区预测[J]. 天然气地球科学,34(4): 628-646.

赵俊峰. 2007. 鄂尔多斯盆地直罗—安定期原盆恢复[D]. 西安:西北大学.

周飞,王波,李哲翔,等. 2019. 柴达木盆地冷湖构造带天然气地球化学特征及成藏主控因素[J]. 天然气地球科学,30(10):1496-1507.

周海. 2019. 华北克拉通北缘西段古生代构造演化——来自达茂地区岩浆岩的证据[D]. 西安:西北大学.

周军,陈玉麟,王璿清,等. 2022. 氦气资源产量及市场发展现状分析[J]. 天然气化工-C1化学与化工,47(5): 42-48.

周喜文,耿元生. 2009. 贺兰山孔兹岩系的变质时代及其对华北克拉通西部陆块演化的制约[J]. 岩石学报,25(8) : 1843-1852.

朱东亚,刘全有,李朋朋,等. 2024. 富氦气藏源储关系及富集机理[J/OL]. 地质学报,98(11):3182-3201[2024-10-13]. https://doi. org/10. 19762/j. cnki. dizhixuebao. 2024437.

朱光有,张岩,张志遥,等. 2024. 非传统石油地质学理论的内涵与外延[J]. 天然气地球科学,35(5):763-784.

庄一鹏,陈波. 2011. 甘泉—富县地区浅层天然气地球化学特征与气源对比[J]. 辽宁化工,40(5): 496-499.

Adams J A S, Osmond J K, Rogers J J W. 1959. The geochemistry of thorium and uranium [J]. Physics and Chemistry of the Earth, 3: 298-348.

Ansarinasab H, Mehrpooya M, Parivazh M M. 2017. Evaluation of the cryogenic helium recovery process from natural gas based on flash separation by advanced exergy cost method-Linde modified process[J]. Cryogenics, 87: 1-11.

Ballentine C J, Burgess R, Marty B. 2002. Tracing fluid origin, transport and interaction in the crust[J]. Reviews in Mineralogy and Geochemistry, 47(1): 539-614.

Ballentine C J, Burnard P G. 2002. Production, release and transport of noble gases in the continental crust[J]. Reviews in Mineralogy and Geochemistry, 47(1): 481–538.

Ballentine C J, O'nions R K, Oxburgh E R, et al. 1991. Rare–gas constraints on hydrocarbon accumulation, crustal degassing and groundwater–flow in the Pannonian Basin[J]. Earth and Planetary Science Letters, 105(1–3): 229–246.

Ballentine C J, Sherwood L B. 2002. Regional groundwater focusing of nitrogen and noble gases into the Hugoton–Panhandle giant gas field, USA[J]. Geochimica et Cosmochimica Acta, 66(14): 2483–2497.

Ballentine C, Barry P, Fontijn K, et al. 2017. Continental Rifting and ^{4}He Reserves[C]. Paris: Goldschmidt.

Barry P H, Lawson M, Meurer W P, et al. 2017. Determining fluid migration and isolation times in multiphase crustal domains using noble gases[J]. Geology, 45(9): 775 - 778.

Bottomley D J, Ross J D, Clarke W B. 1984. Helium and neon isotope geochemistry of some ground waters from the Canadian Precambrian Shield[J]. Geochimica et Cosmochimica Acta, 48 (10): 1973–1985.

Bowersox J R. 2018. Assessing the potential helium resources in central Kentucky[C]//2018 AAPG 47th Annual AAPG–SPE Eastern Section Joint Meeting. Pittsburgh: AAPG.

Broadhead R F. 2005. Helium in New Mexico–geologic distribution, resource demand, and exploration possibilities[J]. New Mexico Geology, 27(4): 93–101.

Brown A A. 2010. Formation of high helium gases: A guide for explorationists[C]//AAPG Convention. New Orleans: AAPG, 1–5.

Brown A. 2019. Origin of helium and nitrogen in the Panhandle–Hugoton Field of Texas, Oklahoma, and Kansas, United States[J]. AAPG Bulletin, 103(2): 369–403.

Byrne D J, Barry P H, Lawson M, et al. 2018. Noble gases in conventional and unconventional petroleum systems[J]. Geological Society, London, Special Publications, 468 (1): 127–149.

Byrne D J, Barry P H, Lawson M, et al. 2020. The use of noble gas isotopes to constrain subsurface fluid flow and hydrocarbon migration in the East Texas Basin[J]. Geochimica et Cosmochimica Acta, 268: 186–208.

Byrne D J, Broadley M W, Halldórsson S A, et al. 2021. The use of noble gas isotopes to trace subsurface boiling temperatures in Icelandic geothermal systems[J]. Earth and Planetary Science Letters, 560: 116805.

Chen B, Liu Y, Fang L, et al. 2023. A review of noble gas geochemistry in natural gas from sedimentary basins in China[J]. Journal of Asian Earth Sciences, 246: 105578.

Dai J, Ni Y, Qin S, et al. 2017. Geochemical characteristics of He and CO_2 from the Ordos (cratonic) and Bohaibay(rift) basins in China[J]. Chemical Geology, 469: 192–213.

Dai J, Xia X, Li Z, et al. 2012. Inter–laboratory calibration of natural gas round robins for δ^2H and $\delta^{13}C$ using off–line and on–line techniques[J]. Chemical Geology, 310: 49–55.

Danabalan D, Gluvas J G, Macpherson C G, et al. 2022. The principles of helium exploration[J]. Petroleum Geoscience, 28(2): 2021–2029.

Danabalan D. 2017. Helium: Exploration methodology for a strategic resource[D]. Durham: Durham University.

Dong Y, Zhang G, Hauzenberger C, et al. 2011. Palaeozoic tectonics and evolutionary history of the Qinling orogen: Evidence from geochemistry and geochronology of ophiolite and related volcanic rocks[J]. Lithos, 122(1–2): 39–56.

Dubois M K, Goldstein R H, Hasiotis S T. 2012. Climate–controlled aggradation and cyclicity of continental loessic siliciclastic sediments in Asselian – Sakmarian cyclothems, Permian, Hugoton embayment, USA[J]. Sedimentology, 59(6): 1782–1816.

Halford D T, Karolytė R, Barry P H, et al. 2022. High helium reservoirs in the Four Corners area of the Colorado Plateau, USA[J]. Chemical Geology, 596: 120790.

Hobart M. King. Helium: A byproduct of the natural gas industry[EB/OL]. (2022–02–10) [2024–10–13]https: //geology. com/articles/helium/.

Holland G, Lollar B S, Li L, et al. 2013. Deep fracture fluids isolated in the crust since the Precambrian era[J]. Nature, 497(7449): 357–360.

Konert G, Afifi A M, Al–Hajri S A, et al. 2001. Paleozoic stratigraphy and hydrocarbon habitat of the Arabian Plate [J]. Geo Arabia, 6(3): 407–442.

Krooss B M, Littke R, Müller B, et al. 1995. Generation of nitrogen and methane from sedimentary organic matter: implications on the dynamics of natural gas accumulations[J]. Chemical Geology, 126(3–4): 291–318.

Kurz M D, Jenkins W J, Hart S R. 1982. Helium isotopic systematics of oceanic islands and mantle heterogeneity[J]. Nature, 297(5861): 43–47.

Liégeois F, Baldeweg T, Connelly A, et al. 2003. Language fMRI abnormalities associated with FOXP2 gene mutation[J]. Nature Neuroscience, 6(11): 1230–1237.

Lippmann–Pipke J, Lollar B S, Niedermann S, et al. 2011. Neon identifies two billion year old fluid component in Kaapvaal Craton[J]. Chemical Geology, 283(3–4): 287–296.

Liu K, Chen J, Fu R, et al. 2023. Distribution characteristics and controlling factors of helium-rich gas reservoirs[J]. Gas Science and Engineering, 110: 204885.

Liu Q Y, Wu X Q, Jia H C, et al. 2022. Geochemical characteristics of helium in natural gas from the Daniudi Gas Field, Ordos Basin, Central China[J]. Frontiers in Earth Science (10): 823308.

Liu S, Zhao G, Wilde S A, et al. 2006. Th-U-Pb monazite geochronology of the Lüliang and Wutai Complexes: Constraints on the tectonothermal evolution of the Trans-North China Orogen [J]. Precambrian Res, 148: 205-224.

Lowenstern J B, Evans W C, Bergfeld D, et al. 2014. Prodigious degassing of a billion years of accumulated radiogenic helium at Yellowstone[J]. Nature, 506(7488): 355-358.

Lüning S, Craig J, Loydell D K, et al. 2000. Lower Silurian 'hot shales' in North Africa and Arabia: regional distribution and depositional model[J]. Earth-Science Reviews, 49 (1): 121-200.

Macheyeki A S, Delvaux D, Batist M D, et al. 2008. Fault kinematics and tectonic stress in the seismically active Manyara-Dodoma Rift Segmentin Central Tanzania-Implications for the East African Rift[J]. Journal of African Earth Sciences, 51(4): 163-188.

Mamyrin B A, Tolstikhin I N. 2013. Helium Isotopes in Nature[M]. 1st ed. Amsterdam: Elsevier.

Mtili K M, Byrne D J, Tyne R L, et al. 2021. The origin of high helium concentrations in the gas fields of southwestern Tanzania[J]. Chemical Geology, 585: 120542.

Mulaya E, Gluyas J, McCaffrey K, et al. 2022. Structural geometry and evolution of the Rukwa Rift Basin, Tanzania: Implications for helium potential[J]. Basin Research, 34(2): 938-960.

Ozima M, Podosek F A. 2002. Noble Gas Geochemistry[M]. Cambridge: Cambridge University Press.

Peng Y, Leung H C M, Yiu S M, et al. 2012. IDBA-UD: a de novo assembler for single-cell and metagenomic sequencing data with highly uneven depth[J]. Bioinformatics, 28 (11): 1420-1428.

Pippin W F. 1970. The Biology and vector capability of Triatoma Sanguisuga Texana Usinger and Triatoma Gerstaeckeri (StÅL) compared with Rhodnius Prolixus (StÅL) (Hemiptera: Triatominae) 1[J]. Journal of Medical Entomology, 7(1): 30-45.

Prinzhofer A A, Huc A Y. 1995. Genetic and post-genetic molecular and isotopic fractionations in natural gases[J]. Chemical Geology, 126(3-4): 281-290.

Qian J H, Wei C J. 2016. P–T–t evolution of garnet amphibolites in the Wutai–Hengshan area, North China Craton: Insights from phase equilibria and geochronology[J]. Journal of Metamorphic Geology, 34: 423–446.

Quader M A, Rufford T E, Smart S. 2021. Integration of hybrid membrane–distillation processes to recover helium from pre–treated natural gas in liquefied natural gas plants[J]. Separation and Purification Technology, 263: 118355.

Reimer G M. 1976. Helium detection as a guide for uranium exploration: Open–file report 76–240[R]. Reston: U. S. Geological Survey, 1–14.

Renĕm. 2017. Nature, sources, resources, and production of thorium[M]//AKITSU T. Descriptive Inorganic Chemistry Researches of Metal Compounds. London: IntechOpen, 201–212.

Rogersgs. 1921. Helium–bearing natural gas[R]. Washington: Geological Survey.

Rudnick R L, Fountain D M. 1995. Nature and composition of the continental crust: A lower crustal perspective[J]. Reviews of Geophysics, 33(3): 267–309.

Ruedemann P, Oles L M. 1929. Helium–its probable origin and concentration in the Amarillo Fold, Texas[J]. AAPG Bulletin, 13(7): 799–810.

Schoell M. 1980. The hydrogen and carbon isotopic composition of methane from natural gases of various origins[J]. Geochimica et cosmochimica Acta, 44(5): 649–661.

Shi W, Dong S W, Hu J M. 2020. Neotectonics around the Ordos Block, North China: A review and new insights[J]. Earth - Science Reviews, 200: 102969.

Sorenson R P. 2005. A dynamic model for the Permian Panhandle and Hugoton fields, western Anadarko Basin[J]. AAPG Bulletin, 89(7): 921–938.

Tongish, Claude A. 1980. Helium–its relationship to geologic systems and its occurrence with the natural gases, nitrogen, carbon dioxide, and argon[R]. Dept. of the Interior, Bureau of Mines.

Wan Y S, Xie H Q, Yang H, et al. 2013. Is the Ordos block archean or paleoproterozoic in age? Implications for the Precambrian evolution of the North China Craton[J]. American Journal of Science, 313: 683–711.

Wang W R, Liu X, Hu J, et al. 2014. Late Paleoproterozoic medium–P high grade metamorphism of basement rocks beneath the northern margin of the Ordos Basin, NW China: Petrology, phase equilibrium modelling and U–Pb geochronology[J]. Precambrian Res, 251: 181–196.

Wang W R, Zhao Y, Liu X, et al. 2019. Metamorphism of diverse basement gneisses of the Ordos Basin: Record of multistage Paleoproterozoic orogenesis and constraints on the evolution of the western North China Craton[J]. Precambrian Res, 328: 48–63.

Wang X, Chen J, Li Z, et al. 2016. Rare gases geochemical characteristics and gas source correlation for Dabei Gasfield in Kuche Depression, Tarim Basin[J]. Energy Exploration & Exploitation, 34(1): 113–128.

Wang X, Liu W, Li X, et al. 2020. Radiogenic helium concentration and isotope variations in crustal gas pools from Sichuan Basin, China[J]. Applied Geochemistry, 117: 104586.

Wang X, Liu W, Shi B, et al. 2015. Hydrogen isotope characteristics of thermogenic methane in Chinese sedimentary basins[J]. Organic Geochemistry, 83: 178–189.

Wang X, Wei G, Li J, et al. 2018. Geochemical characteristics and origins of noble gases of the Kela 2 Gas Field in the Tarim Basin, China[J]. Marine and Petroleum Geology, 89: 155–163.

Wang Z, Li Y, Algeo T J, et al. 2024. Criticalmetal enrichment in Upper Carboniferous karst bauxite of North China Craton[J]. Mineralium Deposita, 59: 237–254.

Wei G, Zhu Q, Yang W, et al. 2019. Cambrian faults and their control on the sedimentation and reservoirs in the Ordos Basin, NW China[J]. Petroleum Exploration and Development, 46(5): 883–895.

Xiong S Q, Tong J, Ding Y Y, et al. 2016. Aeromagnetic data and geological structure of continental China: A review[J]. Applied Geophysics, 13(2): 227–237, 416.

Xu B, Charvet J, Chen Y, et al. 2013. Middle Paleozoic convergent orogenic belts in western Inner Mongolia(China): Framework, kinematics, geochronology and implications for tectonic evolution of the Central Asian Orogenic Belt[J]. Gondwana Research, 23(4): 1342–1364.

Xu S, Zheng G D, Zheng J J, et al. 2017. Mantle–derived helium in foreland basins in Xinjiang, Northwest China[J]. Tectonophysics, 694: 319–331.

Yakutseni V P. 2014. World helium resources and the perspec–tives of helium industry development [J]. Nefte–gazovaya Geologiya. TeoriyaI Praktika, 9(1).

Yatsevich I, Honda M. 1997. Production of nucleogenic neon in the earth from natural radioactive decay[J]. Journal of Geophysical Research: Solid Earth, 102(B5): 10291–10298.

Yin C Q, Zhao G C, Sun M, et al. 2009. LA–ICP–MS U–Pb zircon ages of the Qianlishan Complex: Constrains on the evolution of the Khondalite Belt in the Western Block of the North China Craton[J]. Precambrian Research, 174(1–2): 78–94.

Yin C Q, Zhao G C, Guo J H, et al. 2011. U–Pb and Hf isotopic study of zircons of the Helanshan Complex: Constrains on the evolution of the Khondalite Belt in the Western Block of the North China Craton[J]. Lithos, 122(1–2): 25–38.

Yin C Q, Zhao G C, Wei C J, et al. 2014. Metamorphism and partial melting of high-pressure pelitic granulites from the Qianlishan Complex: Constraints on the tectonic evolution of the Khondalite Belt in the North China Craton[J]. Precambrian Research, 242: 172-186.

Zhang J, Yang W, Yi H Y, et al. 2015. Feasibility of high-helium natural gas exploration in the Presinian strata, Sichuan Basin[J]. Natural Gas Industry B, 2(1): 88-94.

Zhang W, Li Y H, Zhao F H, et al. 2019. Using noble gases to trace groundwater evolution and assess helium accumulation in Weihe Basin, central China[J]. Geochimica et Cosmochimica Acta, 251: 229-246.

Zhang W, Li Y H, Zhao F H, et al. 2020. Granite is an effective helium source rock: Insights from the helium generation and release characteristics in granites from the North Qinling Orogen, China[J]. Acta Geologica Sinica(English Edition), 94(1): 114-125.

Zhao G C, Wilde S A, Sun M, et al. 2008. SHRIMP U-Pb zircon ages of granitoid rocks in the Lüliang complex: Implications for the accretion and evolution of the Trans-North China Orogen[J]. Precambrian Research, 160(3-4): 213-226.

Zhao W Z, Li J Z, Yang T, et al. 2016. Geological difference and its significance of marine shale gases in South China[J]. Petroleum Exploration and Development, 43(4): 547-559.

Zhou Z, Ballentine C J, Kipfer R, et al. 2005. Noble gas tracing of groundwater/coalbed methane interaction in the San Juan Basin, USA[J]. Geochimica et Cosmochimica Acta, 69(23): 5413-5428.

Zuza A V, Wu C, Reith R C, et al. 2018. Tectonic evolution of the Qilian Shan: An Early Paleozoic orogen reactivated in the Cenozoic[J]. GSA Bulletin, 130(5-6): 881-925.